GIS 数学方法(原书第二版)

Mathematical Techniques in GIS(Second Edition)

〔英〕彼得·戴尔(Peter Dale)　著

李宏伟　朱　燕　樊　超　王志坚　译

科 学 出 版 社

北 京

图字：01-2021-1786 号

内 容 简 介

本书以介绍地理信息的基本特征为出发点，系统讲述地理信息系统的基础数学知识。全书共 14 章，主要内容包括：地理信息的特征、数值和数值分析、代数、常见的几何形状、平面与球面三角形、微积分、矩阵和行列式、向量、曲线和曲面、二维三维转换、地图投影、基础统计、相关和回归、最优解。这些基础的数学知识，不仅是学习 GIS 专业必须具备的，对于学习测量学、地图学等也同样有益。

本书既可作为普通高等院校各学科对 GIS 有兴趣的学生（包括人文与社会科学学生）了解 GIS 基础数学知识的教材，也可以作为 GIS 专业学生案头查阅的基础数学工具书或参考书。

图书在版编目（CIP）数据

GIS 数学方法：原书第二版/(英)彼得 · 戴尔(Peter Dale)著；李宏伟等译. 一北京：科学出版社，2021.11

书名原文：Mathematical Techniques in GIS(Second Edition)

ISBN 978-7-03-070169-5

Ⅰ. ①G… Ⅱ. ①彼…②李… Ⅲ. ①地理信息系统-数学方法 Ⅳ. ①P208.2

中国版本图书馆 CIP 数据核字（2021）第 217916 号

责任编辑：杨 红 郑欣虹 / 责任校对：杨 赛

责任印制：张 伟 / 封面设计：迷底书装

科 学 出 版 社 出版

北京东黄城根北街 16 号

邮政编码：100717

http://www.sciencep.com

北京厚诚则铭印刷科技有限公司 印刷

科学出版社发行 各地新华书店经销

*

2021 年 11 月第 一 版 开本：787 × 1092 1/16

2023 年 6 月第三次印刷 印张：15

字数：361 000

定价：89.00 元

（如有印装质量问题，我社负责调换）

译 者 前 言

翻译科技书是一件十分辛苦的事，我们对此显然估计不足。本书译稿几经修改，才形成今天的文字，但是究其细节，仍感觉与原书有不小差距。

彼得 · 戴尔(Peter Dale)是伦敦大学学院(University College London，UCL)土地信息管理学教授，在土地测量、土地与地籍信息系统等方面有深厚的造诣。他也是杰出的土地测量师，还是国际测量师联合会名誉主席，并被授予国际测量师联合会奖，以表彰他在测量方面做出的贡献。

本书第二版共 14 章，依次为地理信息的特征、数值和数值分析、代数、常见的几何形状、平面与球面三角形、微积分、矩阵和行列式、向量、曲线和曲面、二维三维转换、地图投影、基础统计、相关和回归、最优解。这些基础的数学知识，不只是学习 GIS 专业必须具备的，对于学习测量学、地图学等同样是有益的。

译者组织翻译这本书的初衷，是为学习 GIS 的学生提供一本基础的数学参考书。除了署名的译者之外，研究生赵家瑶、邓圣乾、施方林、徐哲、孙红政也为书稿的翻译做了许多工作，在此一并表示感谢。

希望本书能为那些初学 GIS 或对 GIS 有兴趣而数学知识储备不足的读者，或者非 GIS 领域的 GIS 使用者带来些许帮助。

第二版前言

许多希望使用地理信息系统(geographic information system, GIS)的人数学基础不足，在《GIS 数学方法》(第二版)中，仍然关注那些不熟悉数学方法及需要理解空间数据操作背后基本数学原理的读者群体。第二版中增加了许多素材，前 9 章解释基础数学知识，向读者介绍相关方法和常用数学符号；后面 5 章在前 9 章的基础上，重点强调了数学方法在地理信息系统技术和地球信息科学中的使用。第二版中列举了很多例子，并在每章末尾都进行小结，总结每章的主要内容。

第一版前言

本书是为那些缺乏数学基础的 GIS 读者编写的，这些读者希望理解地理信息操作和表达的条件和依据。例如，若想理解 GIS 中大范围数据的快速转换、浏览，就需要有数学方法的支撑。在这些数学方法中，有许多是建立在严格逻辑基础上的精确方法，还有一些是基于统计分析，只追求最优解而非完全和唯一解的方法。对于没有数学基础的读者而言，理解和掌握这些数学方法的基本原理是重要的。

数学有其自身的逻辑及符号表达方式，这常常会影响对 GIS 中问题的理解。那些不熟悉数学表示方法的读者，不可避免地会对 GIS 望而生畏。在许多情况下，读者应该对数学方法有最低限度的理解。本书中，一些公式的推导置于特定的图框中，读者可以在闲暇时阅读消化，而不会打断对内容的完整论述。随着论述的深入，数学方法及符号的使用也越来越多，作者将会对此有所取舍。

当我们选择讨论的 GIS 主题时，对数学方法的取舍尤为明显，有很多数学方面的论述可能都必须删除掉，因为从数学角度看，书中的每一章都可以扩充成一部数学著作，而且大多数可能都需要几本书才能完成。本书是一本导论性质的教材，要求读者阅读时要转向思考 GIS 中应用的那些数学方法，以便从书中获得更有价值的信息。

本书始于地理数据介绍，并很快转向关注“在哪里”的问题而非“是什么”的问题。我们约定地理数据已经通过测量手段获取，所以除了识别测量误差之外，本书尽量回避讨论测绘科学技术方法。即使在处理模糊概念时，纯数学方法也能提供任何人都能验证的精确答案；即使是统计分析应用一些数据处理方法，也可以通过计算机编程来获得一致的答案；即使是在潜在的数学假设不满足或者假设未被正确形式化的情况下，纯数学方法也可以发挥很大的作用。表面上答案的精确性并不意味着这个答案就是正确的，例如，为了理解 GIS 的输出结果，读者需要理解输入到系统中的数据的质量、数据处理背后的算法及图形显示的局限性。

本书内容只涉及数学学科的一小部分。本书侧重于基本数学方法，试图采用一系列步骤建立起数学方法的整体特征，作为深入理解 GIS 数学方法的基础，也为寻求处理空间相关数据时出现的更复杂操作形式奠定基础。

地理信息系统背后的技术支撑数据采集、处理和显示。GIS 的强大功能表现在它的图形输出、地图创建、空间分析等方面。GIS 用户需要了解输出的质量，以便根据获得结果的完整性向其他人提出建议。GIS 的价值不在于按下哪个功能键，而在于所生成的信息的质量。地理信息的质量意味着应用的适应性和安全性。

因此，本书着眼于一些基本原理，介绍了空间数据操作，通过这些操作，地理信息系统用户可能会更好地了解他们所做的工作是否会产生出真正有价值的“优质产品”。

目　录

第 1 章　地理信息的特征

1.1　地理信息和数据

通常认为，地理学是关于“地图”却又不同于“地图”的科学。毋庸置疑，地理学不仅覆盖这两个方面，而且内涵更丰富。归根结底，地理学可以定义为通过观察和测量来感知周围的世界、处理有关环境的数据，并将信息通过文本或者图像等方式呈现出来，达到理解客观世界的目的。需要强调的是，地理学尤其关注事物或对象究竟为什么会出现在它所在的特定地方，这是地理学的基本特点。

近年来，出版了许多有助于理解地理信息系统(geographic information system，GIS)的工具书。尽管对 GIS 的含义有各种各样的解释，但大多数人都愿意接受这样的定义，即 GIS 是在计算机硬、软件系统支持下，对具有地球空间参考的数据进行记录、管理、整合、运算、分析、显示的技术系统。这里的“空间参考”是指地球对象的位置，可以用测量数据加以描述；“数据”是对客观地球对象的记录，可以以某种方式测量并转化成信息。

“信息”是人们做决定时的参考依据。生活中需要面临很多令人困惑的问题。例如，一个人要从家到最近的购物商场就面临许多不同的路线选择，每一条路线都有自己的特征，如路上的坑洼、斜坡、转弯、转向和路口、路灯、井盖等。每条路线的所有特征都可以被测量和记录，但是大多数使用者真正想知道的是最短的路线是哪条。这一系列信息都可以从基础数据中获取。

术语“最短”有模棱两可的特点，因为它所表达的“最短”可以是时间方面，也可以是距离方面，这显然是不同的概念。所需收集数据的类型取决于信息的用途。期望得到的结果决定了所需要输入的数据类型，以及处理数据的方法。可以先从一组数据入手，看看从这些事实和数字中能领会到什么。通常，最有效的方法是借助图形来取得这些信息，尤其是地图和图表。倡导使用 GIS 的人们经常引用 19 世纪发生在伦敦的一个案例：把霍乱爆发的位置标注在地图上，然后清楚地看到感染者在被污染的水井旁边形成了一个集群。

当处理数据时，有两条黄金法则：一是质量差的数据，无论用什么好的处理方法，都会造成信息失真；二是质量好的数据，使用糟糕的处理方法也会造成信息失真。

如果数据可以被转化成优质信息，数据和处理方法也必须是高质量的，换言之，数据和处理方法应当是“适用的”或者是“使用安全的”。本书将着重讨论数据处理方法中所需的基本数学准则。

1.2　数 据 类 型

数据本质上呈两种形态，即分类形态和数字形态。如同它们的字面意思一样，分类数据是指被放置在一个类别或者根据一个分类体系整理的数据。这些数据有时称为标定数据，它们是没有数值的。一个水果是苹果还是梨，或者其他，取决于对象本身及水果分类的方法。对于许多对象来说，都有着国际和科学的分类标准，尽管偶尔也会存在争议，例如，一个新的发现是归属于现有类的一个子类还是代表了一个全新的物种。

仅通过少量的数据来分类是不够科学的。例如，在一个特别的区域进行土地利用类型的划分，虽然每个国家都有全国土地利用分类系统，但这并不意味着所有记录土地使用的系统都遵循这个分类系统，而且每个国家不会使用相同的分类系统。一个建筑可能有多种不同的用途，例如，地下室用作体育场，第一层用作商店，第二层用于商务办公，顶层用于居住。关于建筑的使用应该如何分类，尽管有国家的条文规定，但是调查人员的意见可能仍然会产生分歧。本书的目的不是分析数据分类中的问题，而是为了强调这可能会是一个影响数据质量的问题。

一旦数据被归类，它们就可以进行对比参照，而无须量化。因此，数据可以按照一定顺序排列，例如，a 比 b 大，b 比 c 大，依此类推。这类数据被形容为序数，如一组优选数据(区域 a 相较区域 b 来说更适宜居住)。各种统计检验的存在就是为了处理和分析序数数据之间等级或顺序上的差异。这里不再对此展开讨论。

数据被归类后，通常需要指出它们的量级，可以利用离散变量或连续变量来实现。离散变量只能对特定点赋值，而连续变量是指数值连续渐变，允许在一定区间内任意取值。一些数据只能用完整数计量(称为整数，类似一个家庭中的全部孩子有多少个)，而有些数据可以按连续量表取值(如每个孩子的身高)。当然，人们可以用十进制来表达平均每个家庭有 2.54 个孩子(详见第 2 章)，即使不可能存在 0.54 个孩子。这种数据对于某些实际用途是有帮助的，尤其对于第 12 章谈到的关于可靠性估计问题。

离散变量是精确的并且经常被标识为整数(0, 1, 2, 3, …)。更具体地说，离散变量可以沿无中间值的刻度尺，以设定的间隔取一系列不同的值，此类数据通常称为区间数据(图 1.1)。

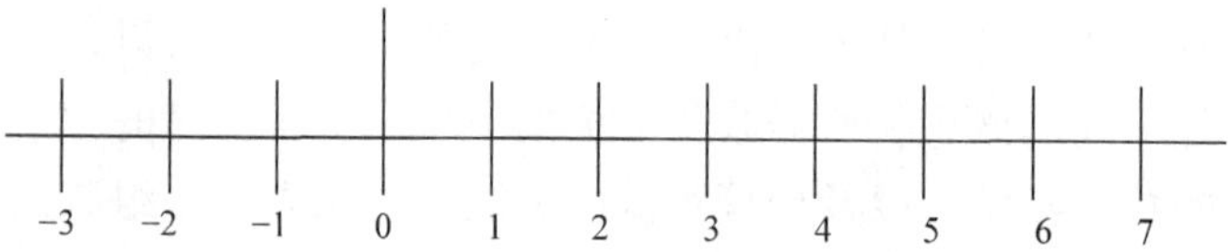

图 1.1　刻度尺

数据虽然有正有负，但这些值仅能基于它们之间的差异进行数量级的比较。只有在变量值为绝对值的情况下，才能得到关于它们相对大小的有效结论。例如，可以说一个拥有四个孩子的家庭与有两个孩子的家庭相比，绝对是两倍的关系，因为“0 个小孩”是一个绝对的参考点。然而，在一个零刻度可以任意选择的温度计上，就不能简单地认为温度16℃是8℃的两倍。

最高水平的量测是比例量表，它与等距量表的不同之处在于，它有一个绝对的零点(如温度的绝对零点大约是−273℃)。绝对温度、长度和宽度都是用比例量表测量的例子。它们都是连续变量，并不局限于整数形式，而是可以在零到无穷大间取任何值。数量常表示一个可连续变化的量，如一条边的长度、一个区域的面积，是一个标准的计量单位(如米或平方米)；数值则代表测量值与计量单位之间的比率大小。

地理数据有一个区别于其他数据形式的独特性质，那就是位置。地理数据可以被标注在地图上，并且可以用点、线、面来表示。从理论角度来说，点是没有维度的，线是一维的(长度)，面有两个维度，体有三个维度。实际上，地图上的一个点是一个小圆块，或者由一条有宽度和方向的线形成的非常小的区域。每个点都有属性(即“是什么”)，说明了某些性质或与其有关的性质，并且每个点都有位置(即“在哪里”)。如表 1.1 所示，当用户使用地图时，“是什么”可以被分类为例子中的点、线、面。

表 1.1　地图上的点、线、面

特征	点	线	面
物理对象	建筑的一角	道路网络	规划区
统计值	采样点	等值线	分层设色
区域	中心点	边界线	多边形
表面	高程点	轮廓线	晕渲
文本	房屋数目	街道名称	区域名称

定义任何点的位置必须参考与其相关的点。最常用的参考系统是由标准尺寸大小格子构成的矩形格网。对于绝对的位置(区别于相对位置)，格网必须有一个用于测量的起始点。点可能位于起始的最东边(或者是右边)和起始的最北边(或者页面的顶端)；使用标准的计量单位得到的两个距离称为坐标系，或者更具体点来讲，称为笛卡儿直角坐标系。

在图 1.2 中，以原点为参考，P 点在笛卡儿直角坐标系中的坐标是(x, y)，在此图中表示为(6，5)。如果在原点上增加高程，就能扩展为三维坐标。虽然有些国家将 x 方向定为朝向北方或者向上方，但在本书中约定，以左下方的点为原点，页面横向为 x 方向，页面纵向为 y 方向(这与许多计算机软件图形包是相反的，它们一般是以屏幕左上方顶端点作为原点)。高程表示为 z 方向。任意一个三维对象点的坐标将表示为(x, y, z)，在二维平面上，$z=0$。

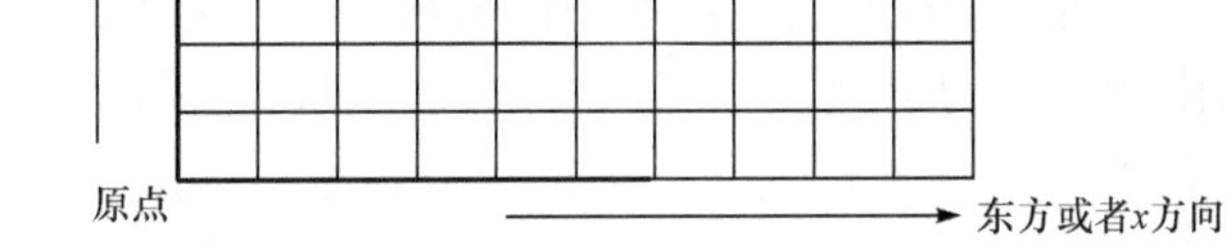

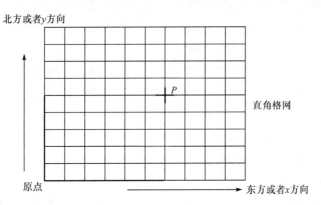

图 1.2　笛卡儿直角坐标系

可以用简单的数学方法分析在直角坐标系中的点的位置。有时使用不规则或扭曲的格网有助于问题的理解。例如，当试图在一张摊平的纸张上显示三维坐标时(图 1.3)，尽管遵循的基本准则相同，但数据操作会稍微复杂一些。

另一种可选择的方法是利用极坐标测量点的坐标位置(图 1.4)，通过原点相对于某些参考线的距离和方向来描述点。这里，方向称为方位，通常从北方向(或纸张的上方)沿顺时针方向测量。在图 1.4 中，P 点相对于原点的极坐标为(θ,d)，d 是距离，希腊字母 θ (读作“theta”)是方向或者是相对于北方向的方位。

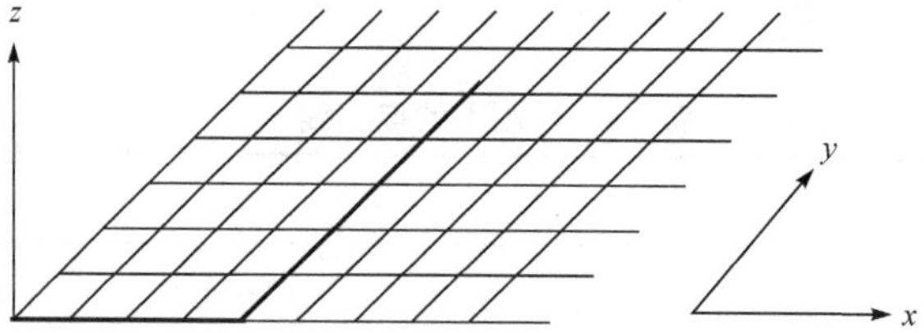

图 1.3　不规则格网

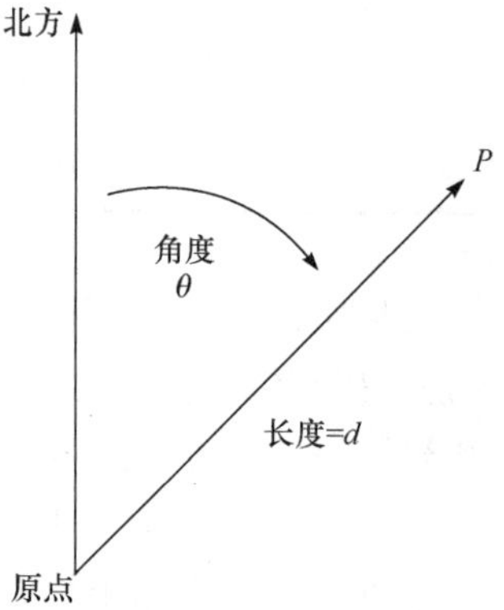

图 1.4　极坐标

角度和距离是在比率比例尺上量测的实例。距离通常表示为一个比率，例如，两点之间的空间距离与标准长度的比值。在国际单位制下，长度的标准单位是米，曾被定义为在巴黎保持恒温状态时铂棒上两个标记之间的距离。现在明确通过规定光速为每秒 299792458m 来定义。利用三角公式可以将极坐标(θ,d)转换成笛卡儿坐标(向东和向北，或者 x 和 y)，反之亦然。

角度反映旋转量与完全旋转量之间的比率，它既可以表示为$360°$的任意一部分，每度可以分为 60 分$(60')$，每分可以分成 60 秒$(60'')$；也可以用梯度表示，如 400 梯度，100 梯度等于四分之一圈；或者用 2π rad 表示，π 是圆的直径与其周长之比。

角度测量很重要，在测量中位置可以用球坐标表示，正如地球是一个球体。一个点的纬度是其平行于赤道向南或向北的角度距离，通常用希腊字母 ϕ 表示；一个点的经度是相对格林尼治标准子午线的向西或向东的角度，通常用希腊字母 λ 表示 (图 1.5)。

任意点的海拔或高程是作为参考平面或表面之上的距离来测度的，该参考面是与地球的大小和形状最为近似的数学模型。球面点的坐标通常不用希腊字母表示，而是表示为(ϕ, λ)或者(ϕ, λ, H)。希腊字母的应用在数学中是很常见的，完整的字母表见表 1.2。

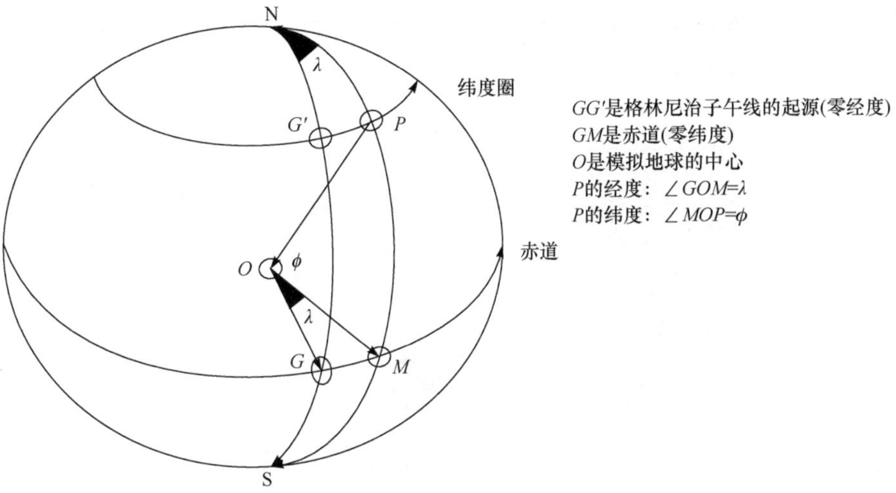

图 1.5　纬度和经度

表 1.2　希腊字母表

字母	名称	字母	名称	字母	名称
Α α	alpha	Ι ι	Iota	Ρ ρ	rho
Β β	beta	Κ κ	Kappa	Σ σ	sigma
Γ γ	gamma	Λ λ	lambda	Τ τ	tau
Δ δ	delta	Μ μ	Mu	Υ υ	upsilon
Ε ε	epsilon	Ν ν	Nu	Φ ϕ	phi
Ζ ζ	zeta	Ξ ξ	Xi	Χ χ	chi
Η η	eta	Ο ο	omicron	Ψ ψ	psi
Θ θ	theta	Π π	Pi	Ω ω	omega

为了更精确地测量，地球的形状被视为一个椭球，围绕其短轴旋转，而不是假设为一个理想球体(第 4 章讲述)。然而，在许多实际应用中，地球可以被看作一个球体。这里涉及两个重要词汇：一个词是“精确”，表示与地球形状的近似性；另一个词是“精度”，表示测量值的精确性，而不管该测量值正确与否。“精度”常用小数点的位数来描述，这代表了测量值精确到小数点后多少位，例如，距离 2.105m 比 2m 更精确，尽管后者可能更接近真实值。

在平面上，一条直线代表了两点之间的最短距离。在曲面(如球体)上，一条直线会发生弯曲，由于光在大气中的折射，视觉上弯曲得更为明显。对于后一种情况产生的结果本书不做处理。在第 11 章中，将考虑如何将曲面上的测量数据通过地图投影转化到平面上。在此之前，大地平面上进行的测量需要调整为合适的数学平面，称为球面或者参考椭球面，并使其能够近似于海平面。由平均海水面定义并假设其延伸到山脚下的平面称为大地水准面。在大地测量学中，测量的长度和计算出来的长度是有很大区别的。大地测量学是一门研究地球尺寸和形状的科学。图 1.6 描述了铅垂线(*vv'*)表示的垂直方向可能没有通过地球中心这一实际点(线

*nn'*垂直于数学平面 *A'B'*)，这是由于它受到附近地形的影响而发生偏移。稍后本书会讨论这些问题，现在把重点放在平面和二维表示上。

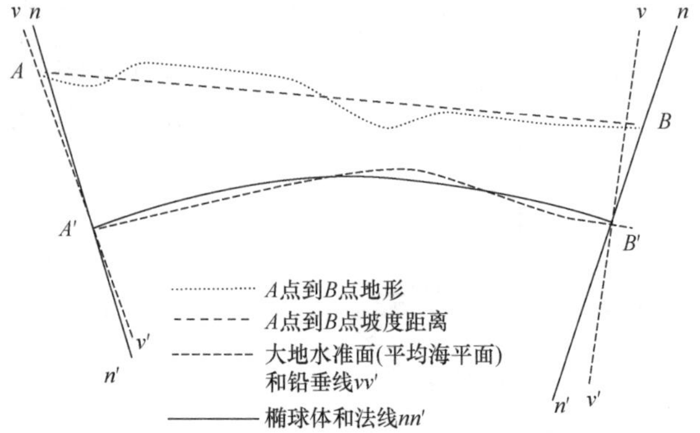

图 1.6　直线的距离

GIS 可以处理矢量的或者栅格的线对象。一方面，矢量是一种同时表示了方向和距离的量。本小节前文描述的极坐标就是一个矢量的例子。每一条直线都有长度和方向(如图 1.7 中的 *AB*)，一条曲线可以被看作由一系列直线或者矢量组成的。在第 8 章中将对矢量对象进行更加详细的讨论。另一方面，一条线也可以看作由一系列有限尺寸的点相互连接起来组成(图 1.8)。电视屏幕或者点阵打印机上的曲线，在人们眼中也许十分平滑，但是实际上都是由网格上的一系列点组成的。这样的表现手法称为栅格影像，每个小方格称为一个像素。

图 1.7　矢量线

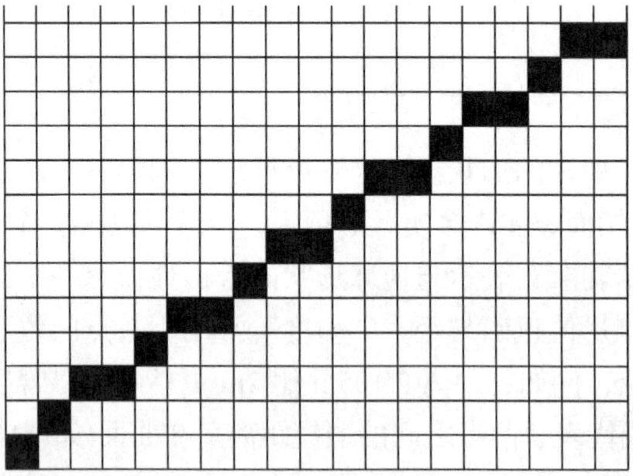

图 1.8　栅格影像中的线

栅格影像可以用来表示线或者面。栅格数据的处理对于电脑来说是简单的，但是需要大量的计算机存储空间。一个面积为 20cm×20cm 的单位网格或者每厘米 100 点的单元(分辨率 0.1mm)就需要一个 400 万字节的可用存储空间。而对于用矢量表示的一条直线段而言，仅需要记录其起始点和终点的坐标。

像素表达的优点之一是每个像素可以分配一个表示点特征的数值或者数值集合。这些数字可能代表了点的颜色，例如，用于彩色电视机中红色、绿色和蓝色的比例(称为 RGB)；也可能代表了那些被扫描仪接收的电磁波谱中的不同波长。这些值可以在电脑上通过“数据处理”来分析，或者可视化为一幅人类大脑可以分析和解译的图像。

在平面上的一条线可以被看作一个独立的单元；也可以被看作两个面的分割线：一个面在线的左边，另一个面在线的右边。拓扑学的相关研究就包括对象与给定的区域相邻、包含(对象被包括在里面)和连通(线面与其他线面相关联)。

图 1.9 中，区域 B 和区域 A 是相邻接的，区域 C 包含在区域 A 之中。点 P 和点 Q 相连，线 PQ 呈直线还是弯曲状态无关紧要，重要的是 PQ 将区域 A 和区域 B 分隔到相对的两边。在数学上研究对象属于哪个群体很重要，而且分析这个问题已经形成了一个形象化和速记的特殊形式，称为集合论。

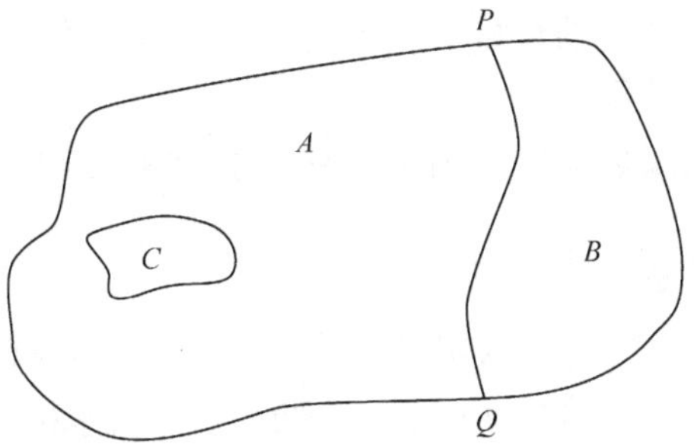

图 1.9　拓扑

如表 1.1 所示，点、线、面(和体)有尺寸、形状和位置，还有类别。它们都是组成一组信息的一部分。一个集合，也称为一类，是可以被单独作为一个实体的相关对象的集。一个集合可能是有限的，如字母表中的字母；也可能是无限的，如整数集。一个集合通常用一对圆括号表示，如(所有人类)，或者在特殊情况下，也可以用角括号表示，如<罗马字母表中的字母>。符号“∈”表示一个对象是一个特定集合的一员，{“a” ∈<罗马字母表>}，∉ 表示一个对象不是集合的一个成员{“6” ∉<罗马字母表>}。“$A\subset B$”表示集合 A 是集合 B 的子集(“$A \not\subset B$”表示集合 A 不是集合 B 的一个子集)，“$A\supset B$”表示集合 A 包含集合 B。“$A\cup B$”是集合 A 和集合 B 的并集，也即集合 A 和集合 B 的合成。符号“∩”代表交运算，“$A\cap B$”就是集合 A 和集合 B 的交集，见图 1.10。

本书不关心拓扑的原理也不关心数据分类的过程，而关注分类的结果，在第 12 章和第 13 章中，将接触经常用于几何和 GIS 中的基本统计技术。本书将主要关注 2～3 个维度(长度、宽度和高度；或经度、纬度和高程)，以及如何处理这些相关数据。当然，除此以外还有时间维度，并且严格来说，不但应该只考虑一个点的(x,y)或者(x,y,z)坐标，还要考虑(x,y,z,t) (t 指的是时间)。而且，从数学的角度来看，没有理由来解释为什么不考虑我们所处的世界是更多维的，但是这已经超出了本书的研究范围。本书将专注于处理空间位置及与位置有关的属性问题。

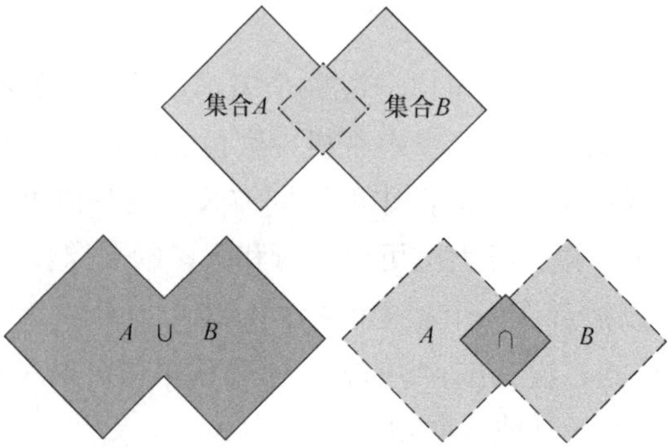

图 1.10　集合 A 和 B 的并或交

小　　结

绝对值：有绝对零点且测得的数量与其他值无关的数量值，在数学上也可以作为数字的大小，不用考虑数字是正还是负。

准确性：最接近真实值或数量的正确值。有别于精度，精度表示的是数量的精确性，而不管它是否接近真值。

邻接：在拓扑学中表示两个区域相邻的术语。

方位：一个物体的方向，通常表示相对于北方向顺时针测量的一个角度。

笛卡儿坐标：一组数据，表示原点到平行于两个或三个坐标轴方向上的距离。

分类数据：由类别或种类所区别的数据。

连通性：在拓扑学中表示线或者面相连接的术语。

包含：在拓扑学中表示对象在给定面或体中的术语。

连续变量：可以任意取中间值并且没有限制的量，如一个整数。

数据：没有被加工成信息的原始数据。

小数：与整数的十分之一、百分之一或千分之一等相关的数字，是整数的一部分。

小数位：小数点往右的位数。

小数点：在整数后，象征着一系列小数的开始。小数点通常用句号(.)表示，而有些国家则使用逗号(,)表示，因此，一千就表示为 1000,00 而不是 1000.00。

离散变量：在一组不同值中仅取一个值的量，如一个整数。

距离：两个点之间的空间量，通常不需要在直线方向测量。

东距：在笛卡儿坐标系上从东方向到原点的距离。

椭球体：压扁的球体，比正球体更近似于地球形态的数学模型。

赤道：地球表面上到南北极距离相等的一条想象线。

大地测量学：研究地球形态和大小的学科。

大地水准面：基于海平面并想象其延伸至陆地的地球表面。

GIS：用来记录、分析、处理和显示与位置相关信息的地理信息系统。

大圆：过球体中心的平面与球体表面相交得到的圆周。

信息：被处理成可用于辅助决策的形式的数据。

整形：整数，如 1，2，3，4，…

交集：两个或者更多的数据集重叠的元素。

区间数据：等间隔取值的离散数据集。

纬度：点相对于赤道向南或向北的角度距离。

经度：地球表面上一点相对于子午线向东或向西的角度距离，子午线通常取经过位于英国的格林尼治标准子午线。

子午线：地球表面上经过南极点、北极点及给定点的大圆。

标称数据：仅通过类和类别就能分辨的数据，如苹果和梨。

北距：笛卡儿坐标系中从北方向到原点的距离。

数值数据：被表示为一系列数字的数据。

有序数据：被整理为一个序列的数据，如优选数据。

原点：在笛卡儿坐标系上作为起始点并用于测量向北或向东距离的一个固定点。

纬度圈：地球表面的小圆，在圆上的所有点具有相同纬度。

像素：在显示屏上可以被识别的最小区域。

极坐标：基于方位和距离测量的坐标系统，这里的距离不是指直线距离，而是指地球表面沿着大圆的距离。

精度：数量的准确性，如所表示数量的小数点位数。

栅格：由平行线构成的矩形图案，能将屏幕分割成一系列的像素点。

比率量表数据：连续且绝对的数据。

直角坐标系：坐标轴垂直的笛卡儿坐标系。

小圆：球体表面上的一条线，并且这个面上的线不通过球体中心。

球面坐标：基于经度角和纬度角测得的位置坐标。

拓扑学：几何性质和关系方面的研究，与大小和形状无关。

并集：两个数据集的组合。

矢量：有方向和量级的量(这个术语也适用于只有一行和一列的矩阵，见第 7 章)。

第 2 章　数值和数值分析

2.1　运算规则

支撑各种地理分析的数学方法包括各类规则的应用，这些规则大多数是简单明了的。数学需要利用各种符号，最基础的符号如表 2.1 所示。后续本书还会增加其他符号并加以解释。本章中将讲述数值运算如加、减、乘、除相关的算法。

表 2.1　基本运算符号

含义	符号	含义	符号	含义	符号
加	+	小于	<	等于	=
减	−	大于	>	约等于	≈
乘	×	小于等于	⩽	不等于	≠
除	/	大于等于	⩾		

所有算法本质上基于框注 2.1 中的 7 个公理。在算法之外，这些公理可能不适用，例如，当两个雨滴顺着玻璃窗汇聚在一起变成一个雨滴，在形态表现上：1+1=1；程序员经常写的代码“*N*=*N*+1”，意思是“在标签为 *N* 的盒子里放进数字，把数字加 1 再把它放回盒子里”；虽然部分也是算术运算，但符号“=”的使用与在此考虑的意义不同。

框注 2.1　运算公理

公理 1　交换率

对于任意数字 a 和 b，a 加 b 与 b 加 a 的值相同；a 乘以 b 与 b 乘以 a 的值相同，用符号表示为

$$a+b=b+a$$
$$a\times b=b\times a$$

后者也可以写为

$$ab=ba$$

公理 2　结合律

对于三个数字 a, b, c，$(a+b)+c=a+(b+c)$，$(ab)c=a(bc)$

公理 3　分配率

对于任意数字 a,b,c，有

$$a\times(b+c)=a\times b+a\times c$$

或者有

$$a(b+c)=ab+ac$$

公理 4

有数字 0，对于任意 a，有

$$a+0=a$$

在数学领域，对于 0 是否是一个数存在争论。例如，在罗马用 I, V, X, L, C, D 和 M 等符号来代表十进制系统中 1, 5, 10, 50, 100, 500 和 1000，是没有 0 的。

公理 5

有数字 1 满足：

$$a\times 1=a$$

公理 6

对于每个 a，总有一个 d 使

$$a+d=0$$

(这里引入了负数)。

公理 7

若 c 不等于 0($c\neq 0$)，有

$$\text{如果 } c\times a=c\times b \text{ 那么 } a=b$$

类似地，如果 $a+c=b+c$，则 $a=b$，尽管这在 $c=0$ 时也适用，但在 c 无穷大时则不适用。

框注 2.1 中，公理 1 说明 a 加 b 与 b 加 a 结果相同，或者形式化表示为 $a+b=b+a$，例如，2+5=5+2。这适用于基本的数学运算，但在有些场合下操作顺序很重要。如果你将一个骰子先向前转动，再将其斜向一侧，它最后所处的位置将会与先向侧面转动再向前行进停留的位置不同(图 2.1)。这说明在某些情况下，操作顺序的重要性，关于这个问题在第 7 章矩阵部分将继续讨论。

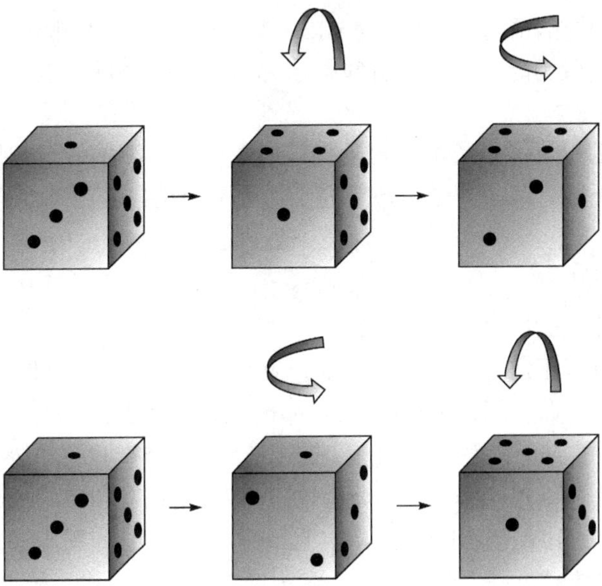

图 2.1　转动一个骰子(往前再往一侧或者往一侧再往前)

本章将研究框注 2.1 中基础公理的简单运算。它们都是必要的但不是充分的。以 2+3×4 计算式为例，一种运算是使用便携计算器，便携计算器将会显示 2+3 等于 5，然后输入 4 相乘得到结果 20；另一种运算则是 3×4 等于 12，再加上 2 得到 14。按不同的运算顺序计算，将得到不同的结果。

为此，必须建立算术的优先法则。最简单的方法就是把要一起计算的组用括号括起来。在第一种情况下为(2+3)×4，在第二种情况下则为 2+(3×4)，这两种情况必须要区分开来，这导致了框注 2.2 中规则 2.1 的产生。

框注 2.2　运算规则

规则 2.1

用括号把一起计算的对象括起来，并且优先处理括号中的内容。

规则 2.2

如果没有括号，或者当括号中的内容已经计算完毕，先计算乘除再计算加减。

规则 2.3

(正)×(正)=+=(正)/(正)

(正)×(负)=−=(正)/(负)

(负)×(正)=−=(负)/(正)

(负)×(负)=+=(负)/(负)

规则 2.4

要对分数进行加或者减，必须有公分母。

当没有括号时，必须选择先计算什么，后计算什么，是加法、减法还是乘法或者除法，而先算乘法还是除法并不重要。例如，3×4/2=(3×4)/2=12/2=6，即使 3×(4/2)=3×2，结果也等于 6。

在加减法中有同样的情形。2 + 3 − 4 = (2 + 3) − 4 = 5 − 4 = 1，即使 2+(3−4)=2−1 也等于 1。

当对计算顺序有疑问时，应该在计算加法和减法之前先进行乘法和除法运算。于是产生了框注 2.2 中的规则 2.2。

数字可能是正的也可能是负的，当处理这些数字时，简单的定理依然适用。加上一个负数等同于减去一个正数，减去一个负数等同于加上一个正数。用其他方式表示为

$$4+(-3)=4-3=1$$

$$4-(-3)=4+3=7$$

乘除法遵循框注 2.2 中的运算规则 2.3。

普通的数字不仅有正负之分，而且可以分为整数和实数。整数是指如 1, 2, 3, 4 这样的数字。实数基本出现在整数之间，而且用小数部分表示(如十分之几)。实数有有理数和无理数之分。有理数可以表示为两个整数的比值。小数 1.125=1+125/1000=1+1/8。无理数不能用这种方式表示，例如，一个数乘以这个数本身等于 2，称为 2 的平方根，表示为 $\sqrt{2}$ 。无理数的另一个例子是 π，它是周长和直径的比值，π 可以计算到小数点后百位都没有重复。

当 I 和 J 都是整数时，一个分数可以表示为两个整数的形式，如 I/J 。I 是分子(表明有多少)，J 表示分母(给出分数的名称和类别)。分数可以通过分子除以分母转化为小数形式，5 和

8 是整数，5/8 是一个分数，表示为小数 0.625=625/1000。

形如 2+3i 的数称为复数，复数由实部和虚部组成，在此例中，2 为实部，3 为虚部，i 为虚数单位。复数遵循许多特殊的、与以上定理对立的规则，当它们自身相乘的时候可能会产生一个负值，这与框注 2.2 中的运算规则 2.3 是相对立的。而在正常的几何运算中不会出现这样的情况。在处理向量(在第 8 章中介绍)时，复数特别有用，但是在本章中不做讨论。现在，将所有数看作整数或者实数。

许多整数是更小整数的衍生值，较小数是较大数的因数。14 的因数是 2 和 7，因为 2×7=14。不能被至少两个小整数(除了 1)的乘积所表示的正数称为质数。1,2,3,5,7,11,13,17,19,23,29,31,37,41,43 和 47 是 50 以下的质数。这些数都不能被分解，也就是说它们除了 1 以外没有其他的因数。

当处理可简化的分数时，因数分解是重要的。例如，要除去分子和分母中相同的因数，可以将 561/2431 先转化为 187×3/187×13，继而简化为 3/13。找到最大的公因数(这里是 187)，可以很好地简化后续的数据处理。

相反，如果想组合两个分数，如把 7/16 和 13/40 相加，则需要寻找最小的分母，就是能被两个分母整除的最小的数。在本例中，这个数是 80，因为这是可以被 16 和 40 整除的最小整数。当然有更大的数，如 16×40=640，但是 80 是可以被 16 和 40 都整除的最小数。因此，通过把第一个分数表示为 5×7/5×16 或者 35/80，第二个表示为 2×13/2×40 或者 26/80，将这两个分数相加；7/16+13/40=35/80+26/80=61/80。这里遵循了框注 2.2 中的运算规则 2.4。

另外，分数可以表示为小数，然后进行相应处理。一个小数包含一个整数，一个小数点，和一系列 10 的分数。在许多国家，特别是在欧洲大陆，逗号被用来代替小数点，而小数点被用来分隔千位级。一百万加一百分之二十三可以写为 1.000.000, 23，但是在本书中，我们使用英文句号当作小数点，所以上面的数将表示为 1000000.23。

十进制数使用起源于阿拉伯语系统的数字序列，符号表示为 0,1,2,3,4,5,6,7,8,9。在阿拉伯语中，代表这些数字的符号的实际形状是不同的(٠١٢٣۴۵۶٧٨٩)，但是它们都是基于数字 10 的。在十进制系统中，数字 8642 表示为

$$8\times(10\times10\times10)+6\times(10\times10)+4\times(10)+2\times1$$

若使用 2.4 节会讲到的指数，可以把 10×10×10 写作 10^3，10×10 写作 10^2，10 写作 10^1，这里的“3”，“2”和“1”称为指数。1 可以被写作 10^0(事实上，任何数的指数为 0 时都等于 1)。这意味着：

$$8642=8\times10^3+6\times10^2+4\times10^1+2\times10^0$$

继续往下排序，$(1/10)=10^{-1}$，$(1/100)=10^{-2}$，类似地，0.325 可以表示为 3×(1/10)+2×(1/100)+5×(1/1000)，也可以表示为 $0.325=3\times10^{-1}+2\times10^{-2}+5\times10^{-3}$。

2.2　二进制系统

虽然十进制计数系统对人类来说很方便，但是还有其他可用的替代方法。最常见的就是二进制系统，因为它适用于电脑。二进制系统只通过数字 0 和 1(二进制数字或比特)来工作，并且以 2 的倍数增加而不是 10(例 2.1)。

例 2.1　二进制系统

十进制 2 = 二进制 10 = $1\times 2^1+0\times 2^0$ ($2^0=1$)

十进制 3 = 二进制 11 = $1\times 2^1+1\times 2^0$

十进制 4 = 二进制 100 = $1\times 2^2+0\times 2^2+0\times 2^0$

十进制 8 = 二进制 1000 = $1\times 2^3+0\times 2^2+0\times 2^2+0\times 2^0$

十进制 12 = 二进制 1100 = $1\times 2^3+1\times 2^2+0\times 2^1+0\times 2^0$

十进制 14 = 二进制 1110 = $1\times 2^3+1\times 2^2+1\times 2^1+0\times 2^0$

十进制 16 = 二进制 10000 = $1\times 2^4+0$

十进制 31 = 二进制 11111 = $1\times 2^4+1\times 2^3+1\times 2^3+1\times 2^1+1\times 2^0$

十进制 32 = 二进制 100000 = $1\times 2^5+0$

十进制 255 = 二进制 11111111 = $1\times 2^7+1\times 2^6+1\times 2^5+1\times 2^4+1\times 2^3+1\times 2^2+1\times 2^1+1\times 2^0$

由 8 个字节或 1 比特组成。

早期的电脑用 8 比特来储存数字，1“比特”是简单的“0 或 1”，“关或者开”，或者“免费或收费”。每个电脑系统的储存空间一次可以容纳 8 个这种比特的数据，从 0 到 255 的任何数中取值，因为 $256=2^8$。这就是字节。现在很多电脑至少用 64 比特。2^{64} 就是“2”乘以“2”64 次，表示一个非常大的数字。

在二进制系统中，加减乘除的规则和十进制数相同。例如，当两个十进制数相加时，从右往左计算，如果超过基数 10，则往前进一位(例 2.2)。

例 2.2　十进制加法

83 + 649: 649 = $6\times 10^2+4\times 10^1+9\times 1$

　　　　+ 83 = $0\times 10^2+8\times 10^1+3\times 1$

从最右边的项开始相加

($3+9=12=1\times 10^1+2\times 10^0$)

保留 2 并把 1 进到十位

加上十位(= 4 + 8 + 进位 1 = 13 = $1\times 10^2+3\times 10^1$)

保留 3，并把 1 进到百位

(6 + 0 + 进位 1 = 7) 结果为

和 = $7\times 10^2+3\times 10^1+2\times 10^0=732$

二进制有着相同的程序，增量依次从 1 到 2(10)到 4(100)到 8(1000)到 16(10000)，等等，就如在例 2.3 中那样，如果两个 1 相加就向前进 1，并添上 1 个 0。

减、乘、除有着相同的计算程序。例如，一个便携计算器，首先将键盘敲上的数转化为二进制数，其次以这种形式进行运算，最后返回十进制的答案(这解释了为什么有时会出现如 79.999999999 的答案，而不是 80)。

例 2.3　二进制加法

把二进制数字相加 111 + 101：

给出：111($1\times2^2+1\times2^1+1\times2^0=7$)

加上：101($1\times2^2+0\times2^1+1\times2^0=5$)

从右边项(2^0)开始运算

1+1=10

补充：$+0\times2^0$

重复步骤来运算中间项(2^1)

(1+0)+(进位 1)=1+1=10

补充：$+0\times2^1+0\times2^0$

重复步骤来运算左边项(2^2)

(1+1)+(进位的 1)=10+1=11

补充：$+1\times2^2+0\times2^1+0\times2^0$

加上进位的 1×2^3

总和等于 $1\times2^3+1\times2^2+0\times2^1+0\times2^0=1100$

(=8+4+0+0=12 十进制)

因此，111+101=1100

虽然像 11010101001010101 这样的数字对于计算机而言是理想的，但是它们对于人类来说是枯燥乏味的，所以人们更愿意坚持使用十进制系统。

2.3　平　方　根

本书中，一个数乘以该数本身称为这个数的平方。例如，3×3 是 3 的平方(因为这是一个 3 乘 3 的方块的面积)，并且通常写为 $3^2=9$，因此 9 是 3 的平方，3 是 9 的平方根，通常写为 $\sqrt{9}$ 。类似地，一个数字也可以有立方和立方根，例如，$4^3=64$ 和 $\sqrt[3]{64}=4$ 。

在处理坐标系时，平方和平方根是极为重要的。根据毕达哥拉斯定理(定理证明将在第 3 章中给出)，在直角三角形中，直角边长的平方和等于斜边的平方。如果在直角坐标系中已知了 A、B 点坐标，那么由此得到的 x 轴方向距离或东距为 E，y 轴方向的距离或北距为 N(图 2.2)，于是 A 与 B 之间距离的平方等于 $E\times E+N\times N$ 或者(E^2+N^2)。换一种方式表示，$AB=\sqrt{E^2+N^2}$ 。

在特殊的情形下，当 $E=3$，$N=4$(反之亦然)，那么 AB 的长恰好等于 5，因为 $3^2+4^2=25=5^2$。与此相似的，$5^2+12^2=169=13^2$。然而，通常平方根是无理数而不是整数。有些数是完全平方的，它们的平方根是整数(1、4、9、16 等)。大部分数字没有整数平方根，因此，任何系统产生的平方根只能提供满足手头所需的结果。

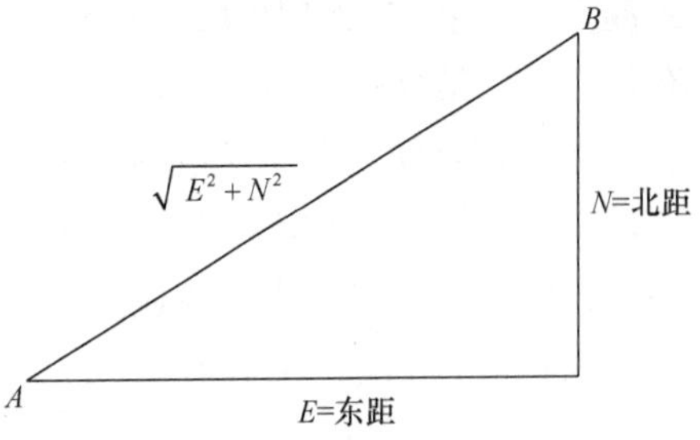

图 2.2　A 与 B 之间的距离

求算平方根最简单的方法是使用计算器。在除了笔和纸之外什么都没有的情况下，可以反复用长除法计算，直到结果达到合适位数的有效数字。这是通过迭代实现的，在此过程中会不断接近结果，直到达到足够的有效数字。

例 2.4 展示了用长除法计算平方根。最终得到了一个近似真实值的数字，就像$\sqrt{2}$，是一个无理数，并且在小数点之后的数是无穷多的。因此需要设置一个合适的精度和准确度，一旦超出这个限度就没有必要进行下去。同样的问题也出现在几何计算中，即使计算是精确和准确的，但是碰到处理不确定性的情况，套到公式里的数据可能是不可靠的。事实上，距离表示为 123.165284m，这并不意味着它就精确到了一百万分之一米。数能被计算到小数点后六位，但这并不代表它就是真正的实际精度。

例 2.4　用长除法求平方根

1. 第一步是把数字拆成多对。例如，数字 27392834 可拆分为 27,39,28,34。
2. 算出第一对有效数字的平方根(这里是 27)。它的最佳估计是 5(因为 5×5=25)。将剩余的三对添上零，那么第一个测试值就是 5000。计算时取到小数点后三位。
3. 计算(1/2)×(测试值+数/测试值)

$$=0.5\times(5000+27392834/5000)$$
$$=0.5\times(5000+5478.567)=5239.284$$

4. 把 5239.284 作为最佳估计，重复上一步计算

$$=0.5\times(5239.284+27392834/5239.284)$$
$$=0.5\times(5239.284+5228.354)=5233.819$$

5. 把 5233.819 作为最佳估计，重复上一步计算

$$=0.5\times(5233.819+27392834/5233.819)$$
$$=0.5\times(5233.819+5233.814)=5233.816$$

若取三位小数，5233.816 是得到的最接近原数平方根的数。因此结果从 5000 到 5239.284 再到 5233.819 再到 5233.816 迅速收敛。

在第 6 章 6.4 小节中会解释其原理。这就是数学家和科学家艾萨克·牛顿先生提出的牛顿法。

一个数字到小数点后哪个位数才认为是可靠的，可以通过它的有效数字来反映。如果测量结果只在接近 10m 时才是可靠的，那么我们认为，与其说距离是 123.165284m，不如说距离为 120m，它有三位有效数字，而满足五位有效数字的最近似距离为 123.17m。在这种情况下，会在第五位有效数字上进行舍入，于是“.165284”中的数字 6 会变成 7，并且省略后面的数字。数字 123.17 比 123.16 更接近 123.165284。如果原始的数字是 123.164286，满足五位有效数字的最佳估计值将实行舍弃原则，结果会是 123.16。

当然有时候会存在模棱两可的情况，例如，把 123.5 改为三位有效数字。结果应该是 123 还是 124？有的人可能会说“应该进位”，有的人会说“应该舍弃”，而其他人可能会找一个偶数，因为它可以分半。在这里使用的规则是(0,1,2,3,4)舍为 0，而(5,6,7,8,9)向上进位 10。于是 123.5 将会进位变为 124。

2.4　指数和对数

普通的计算是烦琐的，那么有没有别的方法呢？例 2.4 提供了解决计算平方根问题的方法，这个方法是基于指数的。当把 a 的平方写作 a^2 时，数字 2 被称为 a 的指数或者 a 自乘的

次数。a 的立方是 a^3，a^3 也称为 a 的三次幂。如果把 a 自身相乘 5 次，那么得到 a^5，如 2^5 或者“2 的五次幂”，等于 2×2×2×2×2 或者 32。如果 a 的平方乘以它的立方，得到 $a\times a\times a\times a\times a=a^2\times a^3=a^5$，注意 5=2+3。一般情况下，当把具有相同底数的不同次幂相乘时，我们把指数加起来，如框注 2.3 中的规则 2.5 所示。

框注 2.3　几何计算的进一步规则

规则 2.5　指数的法则

当把任意数的 m 次幂 (a^m) 与它自身的 n 次幂 (a^n) 相乘，将指数相加，则有 $a^m\times a^n=a^{(m+n)}$。

规则 2.6

任何数的零次幂等于 1

$$a^0=1$$

任意数的一次幂等于它自身

$$a^1=a$$

如果用 a 的五次方除以 a 的平方，也就是 $(a\times a\times a\times a\times a)/(a\times a)$ 或者 a^5/a^2，结果为 $(a\times a\times a)$ 或者 a^3。这里，5−2=3。如果 n 是整数及负数，规则 2.5 均成立。所以，可以用 a^{-n} 来表示除以 a^{+n} 或者是乘以 $1/(a^n)$。如果用 a^n 除以它自身，就可以产生特别的结果，即

$$(a^n/a^n)=a^n\times a^{-n}=a^{(n-n)}=a^0=1$$

正如规则 2.6 提到的，任意数的零次幂等于 1。同理，如果用 $a^{(n+1)}$ 除以 a^n，那么

$$\left[a^{(n+1)}/a^n\right]=a^{(n+1)}\times a^{-n}=a^{(n+1-n)}=a^1$$

这种情况符合框注 2.3 中的规则 2.6。

一个数的幂不一定是整数。例如，

$$a^{0.5}\times a^{0.5}=a^{(0.5+0.5)}=a^1=a$$

或者用别的方法来表示：a 的平方根 $=a^{0.5}$，因此数字 10 的平方根可以表示为 $\sqrt{10}$ 或者 $10^{0.5}$。

规则 2.5 中 m 和 n 可取所有值，不只是整数。

这个简单的规则是乘除法系统中对数的基础。任意数 n 的对数等于一个固定数的幂，这个任意数称为对数的底数，数值上与 n 相同。任何底数都能被使用，最常用的对数系统以 10 作为底数。以 10 为底数的对数被称为常用对数，并且写为“lg”或者“$\log_{10}$”。例如，在表 2.2 中，1.60 的十进制对数为 0.2041200，8.00 的对数为 0.9030900。把它们写作 $\lg(1.60)=0.2041200$，这意味着 $10^{0.2041200}=1.60$。同样，$8.00=10^{0.9030900}$。可以注意到 $\lg(5)=0.6989700$，再加上 $\lg(1.60)$ 得到 0.2041200+0.6989700=0.9030900，也等于 $\lg(8)$，这是因为 $5\times1.60=8$。

表 2.2　七位数常用对数举例

No.	lg	No.	lg	No.	lg
1.00	0.0000000	1.40	0.1461280	1.80	0.2552725
1.10	0.0413927	1.50	0.1760913	1.90	0.2787536
1.20	0.0791812	1.60	0.2041200	2.00	0.3010300
1.30	0.1139434	1.70	0.2304489	2.10	0.3222193

续表

No.	lg	No.	lg	No.	lg
2.20	0.3424227	4.80	0.6812412	7.40	0.8692317
2.30	0.3617278	4.90	0.6901961	7.50	0.8750613
2.40	0.3802112	5.00	0.6989700	7.60	0.8808136
2.50	0.3979400	5.10	0.7075702	7.70	0.8864907
2.60	0.4149733	5.20	0.7160033	7.80	0.8920946
2.70	0.4313638	5.30	0.7242759	7.90	0.8976271
2.80	0.4471580	5.40	0.7323938	8.00	0.9030900
2.90	0.4623980	5.50	0.7403627	8.10	0.9084850
3.00	0.4771213	5.60	0.7481880	8.20	0.9138139
3.10	0.4913617	5.70	0.7558749	8.30	0.9190781
3.20	0.5051500	5.80	0.7634280	8.40	0.9242793
3.30	0.5185139	5.90	0.7708520	8.50	0.9294189
3.40	0.5314789	6.00	0.7781513	8.60	0.9344985
3.50	0.5440680	6.10	0.7853298	8.70	0.9395193
3.60	0.5563025	6.20	0.7923917	8.80	0.9444827
3.70	0.5682017	6.30	0.7993405	8.90	0.9493900
3.80	0.5797836	6.40	0.8061800	9.00	0.9542425
3.90	0.5910646	6.50	0.8129134	9.10	0.9590414
4.00	0.6020600	6.60	0.8195439	9.20	0.9637878
4.10	0.6127839	6.70	0.8260748	9.30	0.9684829
4.20	0.6232493	6.80	0.8325089	9.40	0.9731279
4.30	0.6334685	6.90	0.8388491	9.50	0.9777236
4.40	0.6434527	7.00	0.8450980	9.60	0.9822712
4.50	0.6532125	7.10	0.8512583	9.70	0.9867717
4.60	0.6627578	7.20	0.8573325	9.80	0.9912261
4.70	0.6720979	7.30	0.8633229	9.90	0.9956352

在很多科学用途中，还会用到另一个不同的底数“e”(也称为欧拉数，是 18 世纪出生在瑞士的数学家欧拉发现的)，它的十进制数值约等于 2.7182818285。

以 e 为底数的对数在 16 世纪科学家兼数学家 John Napier 提出后，称为自然或纳氏对数。它们被写为“ln”或者“$\log_e$”。“e”的值在一系列有关自然现象的公式中出现。它的值可以通过公式计算：

$$e=1+1/1!+1/2!+1/3!+1/4!+\cdots$$

其中，$2!=1\times 2=2$，$3!=1\times 2\times 3=6$，$4!=1\times 2\times 3\times 4=24$，以此类推。

一般的，n 的阶乘(n 是一个整数)为

$$n!=1\times 2\times 3\times\cdots\times(n-2)\times(n-1)\times n$$

本书第 6 章将详述自然对数。现在，将聚焦于以 10 作为底数的常用对数或“lg”。

1～10 的数的对数值位于 0～1；10～100 的数的对数位于 1～2，等等。其他数的值也可以计算，例如，使用计算器或者查表。这样就能得知，5 的对数是 0.6989700。5 的对数等于 $\lg(5)=0.6989700$。换一种方式表达，即 $5=10^{0.6989700}$。

既然 $50=10\times 5=10^1\times 10^{0.6989700}$，那么 $50=10^{1.6989700}$。因此 50 的对数为

$$\lg(50)=1.6989700$$

同理，500 的对数为

$$\lg(500)=2.6989700$$

举一个使用对数的实例：$50^2=2500$。因为 $50=10^{1.6989700}$ 并且 50 的对数等于 1.6989700，所以由指数运算法则可知

$$50\times 50=10^{1.6989700}\times 10^{1.6989700}=10^{1.6989700+1.6989700}=10^{3.3979400}$$

$\lg(50)+\lg(50)=1.6989700+1.6989700=3.3979400$，这是数字 2500 的对数（见表 2.2 中 2.50 的对数）。因此，加上一个对数与乘以一个原始数字有相同的结果。由此产生了框注 2.4 中的规则 2.7。

再举另外一个实例，50 平方根的对数等于 50 对数的一半，等于 0.849485。这代表了数字 $10^{0.849485}$ 是十进制数 7.071068 的对数。因此，在保留三位有效数字的情况下，50 的平方根等于 7.071。

框注 2.4　对数规则

规则 2.7

把两个对数相加意味着可以把这两个数相乘。两个对数相除意味着这两个数相减。

注意：使用对数，所有数必须是正的。不存在负数的对数。

规则 2.8

当使用对数时(常用或者自然的)，有

(1) $a\times b$ 的对数等于 $\log(a\times b)=\log(a)+\log(b)$

(2) a/b 的对数等于 $\log(a/b)=\log(a)-\log(b)$

(3) a^n 的对数等于 $\log(a^n)=n\times\log(a)$

注意：$\log(a\pm b)$ 不等同于 $\log(a)\pm\log(b)$。两个对数加(或减)意味着两个数乘(或除)。

举例来说，$\lg(100)=2$，因为 $100=10^2$，$\lg(50)=1.6989700$。为得到两个数相除后的对数，我们把它们的对数相减：

$$\lg(100/50)=\lg(100)-\lg(50)=(2-1.698700)=0.3010300$$

这代表了 $10^{0.3010300}$=2。

对于大于 0 小于 1 的数来说，其幂是小于 0 的(框注 2.5)。例如，$0.5=5\times 10^{-1}$，$0.05=5\times 10^{-2}$。因此 $\lg(0.5)=-1+0.6989700$。这可以用下面三种方式中的一种表达。

第一种：

$$\lg(0.5)=-0.3010300$$

第二种，把数从小数点分成两部分，并写为 $\lg(0.5)=\overline{1}.6989700$ (读作“横杠 1 加上 0.6989700”，这里的“横杠 1”或者 $\overline{1}$ 等同于−1)。

第三种，加上 10 并视为 9.6989700，因为在大多数几何计算中，不处理像 10^{10} 那样大的数字。所以为

$$\lg(0.5)=9.6989700$$

同样，$\lg(0.05)$ 也可以表示为 -1.3010300 或者 $-2+0.6989700(=\overline{2}.6989700)$ 或者 8.6989700。

框注 2.5　以 10 为底数的对数

$10^0 = 1$	$\lg(1) = 0$
$10^1 = 10$	$\lg(10) = 1$
$10^2 = 100$	$\lg(100) = 2$
$10^3 = 1000$	$\lg(1000) = 3$
$10^4 = 10000$	$\lg(10000) = 4$
$10^5 = 100000$	$\lg(100000) = 5$，等等

反之

$10^{-1} = 0.1$	$\lg(0.1) = -1$
$10^{-2} = 0.01$	$\lg(0.01) = -2$
$10^{-3} = 0.001$	$\lg(0.001) = -3$
$10^{-4} = 0.0001$	$\lg(0.0001) = -4$
$10^{-5} = 0.00001$	$\lg(0.00001) = -5$，等等

lg(0)没有实数值，它等于负无穷

第二种和第三种表示方法的优点在于所有对数小数点右边的数是正数，并且都可以通过加法表示。大多计算器使用负数的表示方法。

一个数的对数是负值表明这个数是 0～1，且是正数。负数不存在对数，是因为加减是与乘除及最终小数点的位置相关的。对数的运算法在框注 2.4 中给出。

有时使用对数计算会变得复杂。在例 2.5 中，应用对数来计算两个点之间的距离。这个过程是烦琐的，尤其是在手工操作计算机的时候，因为这意味着必须一直转化对数和它的逆(称为逆对数)。当然计算时也能依赖于对数表的使用，也即 log 表。

例 2.5　用对数计算距离

计算 $\sqrt{1243.18^2 + 656.91^2}$ 。

为计算 1243.18 的平方，必须把它与自身相乘。

$$\lg(1243.18) = 3.0945340 \text{ (应用七位数对数)}$$

同样地，1243.18^2 的对数等于 $2 \times \lg(1243.18) = 6.1890680$ 。这代表数字 1545496 的对数。

同样地，$\log_{10}(656.91^2) = 2 \times 2.8175059 = 5.6350118$ 。这代表数字 431530.8 的对数。应用七位数对数，得到

$$(1243.18^2 + 656.91^2) = (1545496 + 431531) = 1977027$$

现在，有

$$\lg(1977027) = 6.2960126$$

为求取平方根，将对数减半：

$$1/2\lg(1977027) = 3.1480063$$

取小数点后两位，这是 1406.07 的对数。所以：

$$\sqrt{1243.18^2 + 656.91^2} = 1406.07$$

框注 2.4 中的规则 2.8 的(3)有一条推论为

$$\lg(e^y) = y \times \lg e$$

也可以写为

$$\log_e(e^y) = y\log_e(e) \text{ 或者 } \ln(e^y) = y\ln(e)$$

但是，有

$$\log_e(e) = \ln(e) = 1 \text{ 正如 } \lg(10) = 1$$

因而，有

$$\ln(e^y) = \log_e(e^y) = y\log_e(e) = y$$

结果是

$$\lg(e^y) = \log_e(e^y) \times \lg(e)$$

用 a 代替 e^y，有

$$\lg(a) = \log_e(a) \times \lg(e)$$

“e”的值约为 2.718…，而且还可以计算 lg(e)的值。这个数被称为常用对数模型。

$$\lg(e) = 0.4342944819$$

$$\lg(a) = 0.434294482 \times \log_e(a) = 0.434294482\ln(a)$$

适用于任意正数 a，于是，可以把常用对数转化为自然对数，反之亦然。例 2.6 中展示了其应用。

例 2.6　计算对数的值

在第 6 章 6.3 节中，得到一个泰勒展开式，帮助计算自然对数的值。它的形式是

$$\ln(1+z) = \log_e(1+z) = z - z^2/2 + z^3/3 - z^4/4 + z^5/5 - \cdots$$

使用常用对数的模型，得到

$$\lg(1+z) = 0.434294482 \times (z - z^2/2 + z^3/3 - z^4/4 + z^5/5 - \cdots)$$

如果 z=0.2，考虑前八项，有

$$\lg(1.2) = 0.434294482 \times (0.2 - 0.02 + 0.0026667 -$$
$$0.0004 + 0.000064 - 0.0000107 + 0.0000018 - 0.0000003 + \cdots) = 0.0791812$$

这证实了表 2.2 中的值。其他的对数也可以用同样的方法计算。

当运算中存在乘除法或者需处理某个统计分布时，对数能发挥较大作用。对数也出现在积分运算中，这一点将会在第 6 章中提到。

小　　结

逆对数：对数的逆。$\lg(2) = 0.3010$，0.3010 的逆对数是数字 2。

二进制系统：只使用两个数字 0 和 1 的系统。

比特：二进制数字 0 和 1。

字节：一个数由 8 个字节组成，对应十进制数 0～255。

常用对数：数字 10 的幂，且使得结果等于给出的数。例如，100 的对数是 2，因为 $100=10^2$。这可以被写为 $\lg(100)=2$。

复数：包含实部和虚部，形如$(x+y\mathrm{i})$的数，这里 $\mathrm{i}=\sqrt{-1}$。x 是实数，y 也是实数，但是 $y\mathrm{i}$ 是虚数。

小数位：小数点后的位数。

十进制系统 ：用 10 作为基数的计数方法，区别于二进制。

分母：分数下面的部分。表示分数的名称或者类别，例如，33 是分数 6/33 的分母。

指数：一个数字或表达式，通常写为一个数或量增长的幂，例如，数字 1000 是 10 的立方或者 10 的 3 次幂或者 10^3，这里的 3 就是指数。

因子：有时被看作除数或者子约数，任何量都可以分为好几个量，如 1,2,3,4 和 6 都是 12 的因子。

阶乘：相当于把前 n 个数字相乘的函数。例如，5 的阶乘(写作 5!)等于 $5\times4\times3\times2\times1=120$。

分数：两个整数的比值，如 6/33。

最大公因子：分子和分母中共有的数值最大的因子，例如，3 就是分数 6/33 的最大公因子。

虚数：表示负数平方根的复数，通常−1 的平方根为 $\sqrt{-1}=\mathrm{i}$。

指数：用作一个数的幂。

无理数：不能用两个整数之比表示的数。

迭代：重复某数学运算的过程，每一步都使用上一步运算得出的结果。

对数：幂，使得底数的幂值等于需求对数的所给数。

最小公分母：能除所有分母的最小数。例如，6/33 和 4/55 的最小公分母为 165(可以同时除 33 或 55)，也被称为最小公分母。

自然对数：幂，使得数字 e 的幂值等于给出的数字。“e”等于 1+1/1!+1/2!+1/3!+1/4!+⋯“e”约等于 2.7182818285。

完全平方：一个整数，是另一个整数的平方。

数的幂：一个数与自身相乘的次数。

素数：一个整数，因子只有它自己和 1。

毕达哥拉斯定理：直角三角形斜边的平方等于两条直角边平方的和。

有理数：可以表示为两个整数之比的数。

实数：可以取任意值的数，不只是整数，不只是虚数。

进位和舍去：能决定 0.5 应该是 1 还是 0，例如，8.1465 可以进位为 8.147 或者降为 8.146。

有效数字：在一个数中，从该数的左边第一个非零数字开始，直到末尾数字结束的数字。有效数字对测量准确性产生影响。

平方根：一个数，当它自身相乘时，可以得到一个已知量，则称这个数为该已知量的平方根。4 是 16 的平方根或者 $4=\sqrt{16}$，因为 $4\times4=16$。

第 3 章　代数：把数字当作符号

3.1　毕达哥拉斯定理

本书会将算式的思想用到未知数上。代数是处理符号的数学知识体系。它处理常量(如数字 e=2.718⋯)和变量，如坐标点(x，y)中 x，y 可以取任何值。每个 x 和 y 的值可以加、减、乘或者除，代数可以看作广义的算术。代数是把数字作为符号来处理和运算的。

框注 3.1 给出了毕达哥拉斯定理的一个证明。使用了第 2 章中的许多公式：

(1) $a^m \times a^n = a^{(m+n)}$

(2) $a^m / a^n = a^m \times a^{-n} = a^{(m-n)}$

(3) $(a^m)^n = a^{(m\times n)}$

这个证明也引入了括号的应用，即

$$(a+b)\times(c+d)=a\times(c+d)+b\times(c+d)$$

或者：

$$(a+b)\times(c+d)=(a+b)\times c+(a+b)\times d$$

两种情况等同于：

$$(a\times c)+(a\times d)+(b\times c)+(b\times d)$$

也可以使用指数形式，即

$$(x+y)^1\times(x+y)^1=(x+y)^{(1+1)}=(x+y)^2=x^2+y^2+2xy$$

也可以省略乘除号，写为

$$(a+b)(c+d)=ac+ad+bc+bd$$

使用指数，可以写为

$$(a+b)/(c+d)=(a+b)\times(c+d)^{-1}$$

指数−1 的意思是“被除”或者“分之一”。

框注 3.1　毕达哥拉斯定理的一个证明

> 已知图 3.1(a)中直角三角形边长为 x，y 和 z。把图中的三角形复制三遍，每一次把它们旋转，形成图 3.1(b)，这样用直角三角形的斜边构成了一个正方形。
>
> 在图 3.1(a)中的三角形的面积是边长为 x，y 的矩形的一半。三角形的面积是 x 乘以 y 的一半或者 1/2(xy)。在图 3.1(b)中外围的矩形的面积为 $(x+y)\times(x+y)=(x+y)^2$。可以使用第 2 章的公理和规则将其写为 $x\times(x+y)+y\times(x+y)$ 或者 $x\times x+x\times y+y\times y+y\times x$ 或者 x^2+y^2+2xy。它也等同于四个三角形的面积加上中间边长为 z 的正方形的面积。4 倍“1/2 xy” (=2xy)加上中间正方形的面积 $z\times z$ 得到总面积为 $2xy+z^2$。

因此，$2xy + z^2 = x^2 + y^2 + 2xy$，两边同时减去 $2xy$，得

$$z^2 = x^2 + y^2$$

证明了直角三角形斜边的平方等于另外两边的平方和。

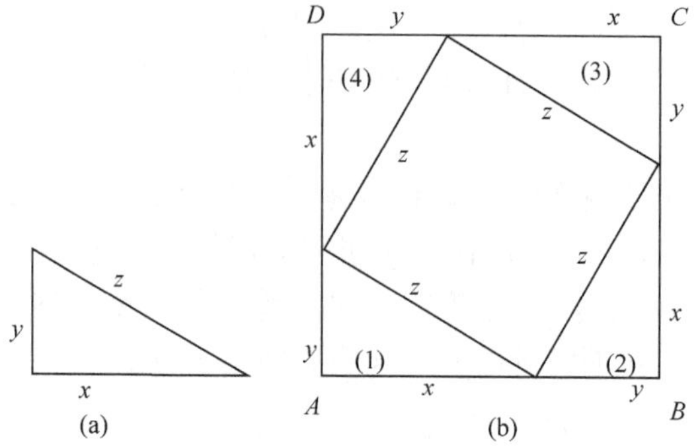

图 3.1　用旋转三角形来证明毕达哥拉斯定理

毕达哥拉斯定理解决了两个平方求和。一个最高次幂是 2 的方程，称为二次方程。两个平方和的差是一个特殊的且很重要的二次方程形式。表达式 $x^2 - y^2$ 可以被分解为 $(x-y)(x+y)$。把这两个因子相乘，得到

$$(x-y)(x+y) = x^2 + xy - xy - y^2 = x^2 - y^2$$

这个等式将会应用于许多场合。

3.2　相交线的方程

第 2 章列出的规则将为解决本章问题提供有力支持。考虑在一个直角坐标系下有两条线 AB 和 CD，相交于 P 点(图 3.2)。

坐标系的原点是点 O，并且已知坐标有

$$A = (x_A, y_A)\text{；}\ B = (x_B, y_B)\text{；}\ C = (x_C, y_C)\text{；}\ D = (x_D, y_D)$$

线 AB 与 x 轴相交于点 $Q(d,0)$，d 称为 x 轴的截距(注意：下标起标识作用，如 x_A 中的 A)。

首先考虑一条穿过原点的直线[图 3.3(a)]。如果在这条线上的点坐标是(x, y)，y 与 x 的比例(或者 y/x)的值总是相同的。这就是线的斜率，称为 m。对于线上的所有点，可以用 $y = mx$ 来表示，m 是固定值，而 x 和 y 是变量。

如果 y 与 x 的变化趋势是相反的(当 y 增加，x 减小，反之亦然)，那么 m 将会是负数[图 3.3(b)]。

直线不必穿过原点，但是可以通过改变原点的位置，使直线穿过原点。在图 3.2 中，如果原点是点 Q，也就是 AB 与 x 轴(y=0)的交点，那么 AB 通过的是这个伪原点。为此，所有 x 的值必须减去 OQ 的值 d。

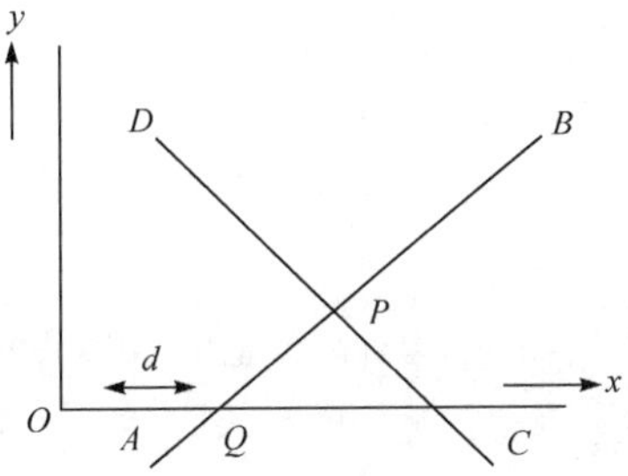

图 3.2　相交线

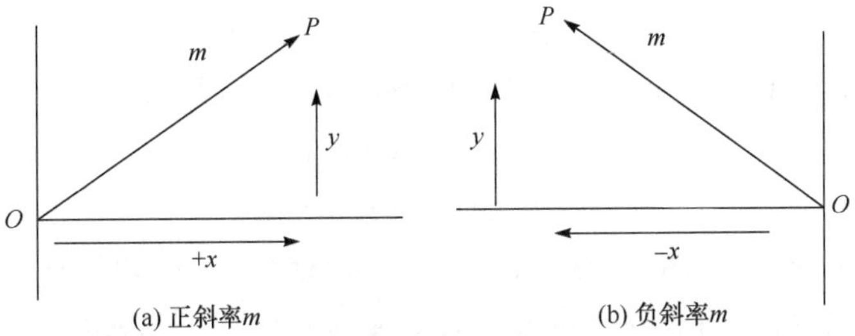

图 3.3　直线的斜率

于是，可以利用原始坐标，将线 AB 的表达式以 $y=m(x-d)$ 或者更普通的形式 $y=mx+c$ 表示出来，这里的 $c=-m\times d$ 。m 和 c 是线的常量。当已知 m 和 c 时，可以计算所给 x 值的 y 值，反之亦然。直线 $y=mx+c$ 穿过 y 轴，交点处 x=0，y=c。直线穿过 x 轴，交点处 y=0，$x=-c/m$ 。

可以用坐标值来计算 m 和 c。因为直线 AB 穿过 (x_A,y_A) 和 (x_B,y_B) ，这些值必须满足以下条件：

$$y_A=m_1x_A+c_1$$
$$y_B=m_1x_B+c_1$$

两式相减得到

$$y_A-y_B=(m_1x_A+c_1)-(m_1x_B+c_1)=m_1x_A+c_1-m_1x_B-c_1=m_1x_A-m_1x_B=m_1(x_A-x_B)$$

同样地

$$m_1=(y_A-y_B)/(x_A-x_B)\text{，}\quad c_1=y_A-m_1x_A=y_B-m_1x_B$$

因此，给任意两个点的坐标，可以计算两点连成直线的参数(例 3.1)

$y=mx+c$ 是在直角坐标系中对直线的通用表示。y 称为因变量，x 称为自变量，意味着 x 取任何值，都可以得到一个确定的 y 值。事实上，可以把表达式写成 $x=ny+d$ (这里的 $n=1/m$ 并且 $d=-c/m$)，x 将依赖于 y。

本书第 9 章将讨论参数的形式。假设一条线是 $x=at+c$, $y=bt+d$ 形式，这里的 t 是自变量或者参数；x,y 都是因变量；a,b,c 和 d 是常量。

例 3.1　连接两点的线

考虑有两个点 AB，其坐标为

A(1234.56，2345.67)和 B(1296.32，2417.38)

则可做如下计算：

$$m_1 = (y_A - y_B)/(x_A - x_B) = (2345.67 - 2417.38)/(1234.56 - 1296.32)$$
$$= (-71.71)/(-61.76) = +1.161108$$

$$c_1 = y_A - m_1 x_A = 2345.67 - 1.161108 \times 1234.56$$

或者

$$c_1 = y_B - m_1 x_B = 2417.38 - 1.161108 \times 1296.32$$

在这两种情况下，$c_1 = 912.21$，所以连接 A 和 B 的线段的方程为 $y = 1.161108x + 912.21$。

当 $t = (-d/b)$ 且 y=0 时，得到线在 x 轴的截距为 $x = c - ad/b$。当 $t = (-c/a)$ 时，得到线在 y 轴的截距 $y = d - bc/d$。线的斜率为 a/b。

现在可以计算两条直线的交点，如例 3.2 所示。再回看图 3.2，可以描述两条线为

$$\text{第一条}(AB):\quad y = m_1 x + c_1$$
$$\text{第二条}(CD):\quad y = m_2 x + c_2$$

两条线在 $m_1 x + c_1 = m_2 x + c_2$ 或者 $x = (c_2 - c_1)/(m_1 - m_2)$ 处相交。这里，有

$$y = m_1(c_2 - c_1)/(m_1 - m_2) + c_1 = m_2(c_2 - c_1)/(m_1 - m_2) + c_2 = (m_1 c_2 - m_2 c_1)/(m_1 - m_2)$$

在图 3.4 中，设 AB 的方程为 $y = mx + c$。对于线 $y = mx + c + 1$，任何 x 值对应的 y 值是线 AB 上的 y 值加 1。也就意味着这条新线与 AB 平行，且在它上方距离 1 个单位。更一般的，每条直线 $y = mx + d$ 中 d 能取任意固定值，它们都平行于 AB，m 是线的斜率，所有平行线都有相同的斜率。

例 3.2　两条线的交点

继续看例 3.1，已知

$$C(1300.24,2351.77)\text{和 }D(1212.45,2431.78)$$

有

$$m_2 = -80.01/87.79 = -0.9113794 \text{ 和 } c_2 = 3536.78$$

或者对于线 CD，有

$$y = -0.9113794x + 3536.78$$

线 AB 和 CD 的交点 P 必须满足两个条件，即

$$\text{对于 } AB:\quad y = 1.161108x + 912.21$$

$$\text{对于 } CD:\quad y = -0.9113794x + 3536.78$$

因此，在点 P，

$$1.161108 \times x + 912.21 = -0.9113794 \times x + 3536.78$$

代数式两边同时加上 $0.9113794 \times x$，并且同时减去 912.21，得

$$1.161108 \times x + 0.9113794 \times x + 912.21 - 912.21$$
$$= -0.9113794 \times x + 0.9113794 \times x + 3536.78 - 912.21$$

得到

$$2.072487 \times x = 2624.57$$

两边同除 2.072487，得到

$$x = 1266.39$$

于是求得

$$y = 1.161108 \times 1266.39 + 912.21$$

或者

$$y = 2382.62$$

因此点 P 的坐标是(1266.39,2382.62)。通过使用第 2 章开头提到的运算规则，求解了两线交点的坐标。

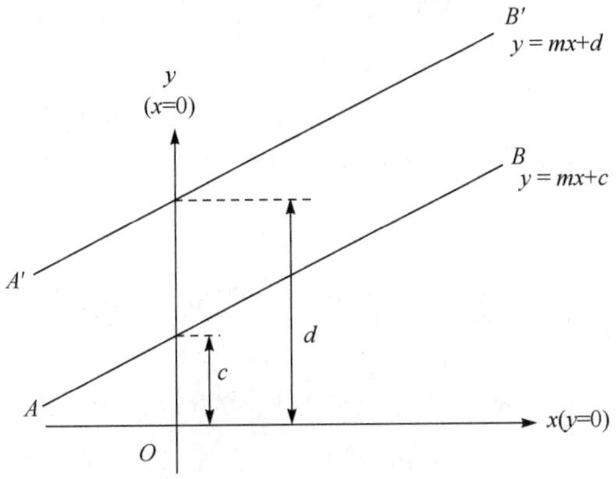

图 3.4 平行线

在图 3.5 中，设穿过 AB 的线的方程为

$$ax + by + c = 0$$

考虑任何不在线上的点 C 并使 C 为 (x_C, y_C)。点 A 的 y 坐标为 y_C，这样 A 的 x 坐标为 $x_A = -(by_C + c)/a$。点 B 的 x 坐标是 x_C，这样 B 的 y 坐标为 $y_B = -(ax_C + c)/b$。由毕达哥拉斯定理可得

$$AB^2 = BC^2 + AC^2 = [-(ax_C + c)/b - y_C]^2 + [x_C + (by_C + c)/a]^2$$
$$= (ax_C + by_C + c)^2 \times (1/a^2 + 1/b^2)$$

现在 $(1/a^2 + 1/b^2) = (a^2 + b^2)/(a^2b^2)$。于是有

$$AB = (ax_C + by_C + c) \times \sqrt{a^2 + b^2 / ab}$$

三角形 ABC 的面积$= \frac{1}{2} AC \times BC = \frac{1}{2}[x_C + (by_C + c)/a] \times [(ax_C + c)/b + y_B] = \frac{1}{2}[ax_C + by_C + c]^2/ab$

它也等于 $\frac{1}{2} AB \times h$，h 是图 3.5 中 C 到线 AB 的距离。因此，有

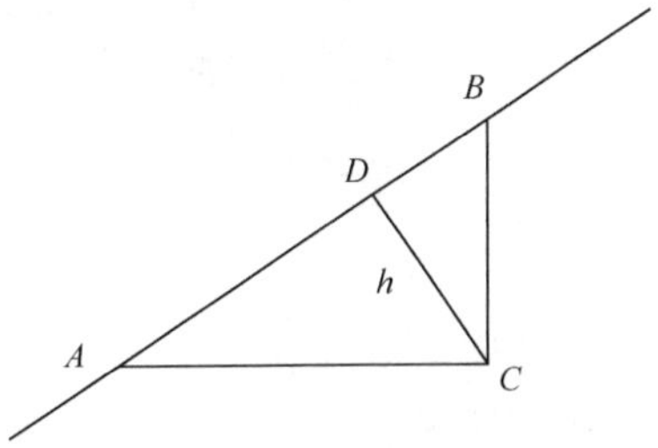

图 3.5 到直线的距离

$$h \times (ax_C + by_C + c) \times \frac{\sqrt{a^2 + b^2}}{ab} = (ax_C + by_C + c) \times (ax_C + by_C + c)/ab$$

或者

$$h = (ax_C + by_C + c)/\sqrt{a^2 + b^2}$$

这给出了一个计算已知点到已知直线距离的简单公式。当然如果点 C 在直线上，这个值为 0。

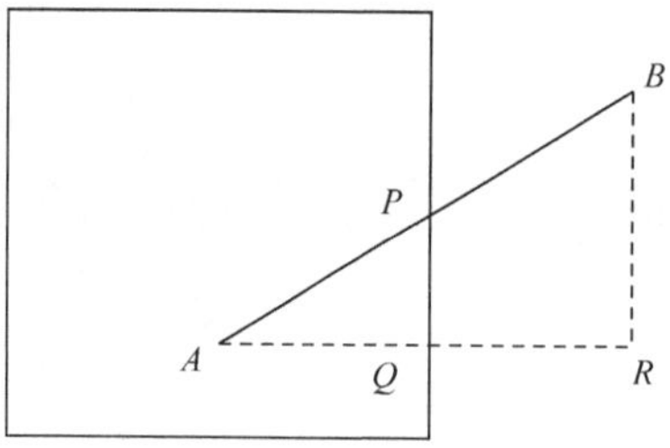

图 3.6　窗口裁剪

再举一个方程 $y=mx+c$ 的应用实例。在地图上绘制一条穿过地图图框边缘的直线 AB，直线 AB 与图框边缘的交点为 P(图 3.6)，或者围绕制图区域绘制的穿过任意矩形框的直线存在与矩形框的交点，则跨越显示区域边界的线必须被剪裁，以便可以丢弃位于所考虑区域之外的原始数据的所有部分，该过程称为直线裁剪。

被包含的线部分的计算方法在例 3.3 中给出。求解线 AB 的截断长度有其他可以替代的方法，且不需要计算方程 $y=mx+c$。这是基于比例的思想。下面观察图 3.7 中的三角形 APQ 和 ABR。

例 3.3　在地图边界相交(1)

参考图 3.6，使用之前 AB 的坐标 A(1234.56,2345.67)和 B(1296.3,2417.38)。在例 3.2 中

$$y=1.161108\times x+912.21$$

现在，如果地图的边界在网格线 QP 上，QP 的 x 值为 $x_P=1250$，则在点 P 有

$$y_P=1.161108\times 1250+912.21=2363.60$$

操作一个计算机驱动的绘图仪，使得 A(1234.56，2345.67)移动到 P(1250.0，2363.60)，直到截 AB 于 P，在地图边缘停止绘图。

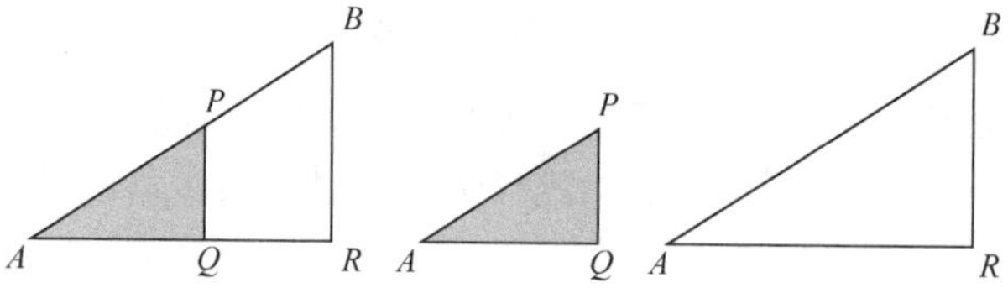

图 3.7　相似三角形

在图 3.7 中，三角形 APQ 和 ABR 有着相同的形状。它们只是尺寸不同，称为相似。相似三角形不一定有一个角是直角，关键是它们有相同大小的对应角。事实上，它们只是比例不同。这意味着所有线性距离有相同比例。如果它们之间的比例因子用数字 s 表示，那么有

$$AP=s\times AB\text{；}\quad AQ=s\times AR\text{；}\quad PQ=s\times BR$$

或者有

$$AP/AB=AQ/AR=PQ/BR=s$$

即使三角形中不包含直角，也能互为相似三角形。在图 3.6 的情况中，仅需测量 BR 和 PQ 的比例就能得到 P 点的 y 值(例 3.4)。

例 3.4　在地图边界相交(2)

使用和例 3.3 中相同的数，如果 R 与 B 有相同的 x 值，与 A 有相同的 y 值，那么有

$$AR=x_B-x_A=1296.32-1234.56=61.76$$

$$BR=y_B-y_A=2417.38-2345.67=71.71$$

$$AQ=x_P-x_A=1250.00-1234.56=15.44$$

于是有

$$AQ / AR = 15.44 / 61.76 = 0.25 = s$$

$$QP = s \times BR = 0.25 \times 71.71 = 17.93$$

或者有

$$PQ = y_P - y_A = y_P - 2345.67 = 17.93$$

因此，有

$$y_P = 2345.67 + 17.93 = 2363.60$$

再一次求得 P 点的坐标为(1250.00, 2363.60)。

3.3　多边形上的点

如果穿过点 $A(x_A, y_A)$ 和 $B(x_B, y_B)$ 的直线方程表示为

$$y - y_A = \frac{(y_B - y_A)}{(x_B - x_A)} \times (x - x_A)$$

那么就很容易判断点是否在线 AB 上。下面把点 $C(x_C, y_C)$ 的值代入并计算，得到

$$y = y_A + \frac{(y_B - y_A)}{(x_B - x_A)} \times (x - x_A)$$

如果结果比 y_C 小，那么点 C 在 AB 之上，如果比 y_C 大，那么点 C 在 AB 之下。当需要判断两个点是在一条线的一侧还是相反两侧时，这种简单的测试很有用。这样的测试出现在隐藏线和隐藏面的消除中，将在第 10 章加以讨论。

这也提供了测试一个点是在多边形内侧还是外侧的方法。如图 3.8 所示，多边形 $ABCDEF$ 中 A 的坐标是 (x_A, y_A)，B 的坐标为 (x_B, y_B)，依次类推。首先，为了减少计算量，应该检测 x_P 是否位于整个多边形的最大和最小 x 值之间，意思是 $x_A \leqslant x_P \leqslant x_E$ 和 $y_F \leqslant y_P \leqslant y_D$(符号 $a \leqslant b$ 的意思是 a 小于或者等于 b)。测试是否大于或者小于一个特殊的值是相对烦琐的。

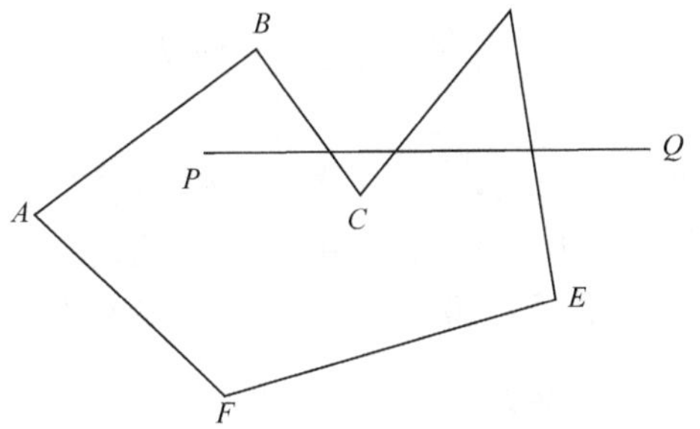

图 3.8　多边形中点

其次，过 P 点画一条水平线，朝向 x 值增加的方向。把这条线称为 PQ，Q 的横坐标大于 E 点的横坐标，纵坐标等于 P 的纵坐标。这条线穿过多边形边几次能统计出来。在图 3.8 中，对构成多边形的每条线必须进行一系列的检查。例如，对于线 AB，y_P(从 P 到 Q 的水平

线的 y 值)比 y_A 大比 y_B 小，所以线 PQ 如果延伸的话，会与 AB 相交。从 A 和 B 的坐标我们可以计算出 AB 线上的点，其中 y 值等于 y_P；x 值被视为小于 x_P 可以忽略不计。

最后，如果穿过 P 点的右端的线数目是偶数，则 P 在多边形外边；如果该数目是奇数(像这种情况)，则 P 点在多边形里面。必须注意，如果 PQ 穿过一个角点就会干扰计数，通过对 P 的坐标做微小调整可以避免这种情况发生。例如，如果给出的顶点坐标有两位小数点(0.01)，那么将 P 处理成三位小数点(取为 0.005)，这个问题就不会出现。

3.4　平面的方程

可以将一条线方程延伸到平面。考虑方程：

$$z = mx + ny + c$$

对于每个固定的 y 值(如 $y=d$)，有

$$z = mx + (nd + c) = mx + c'$$

这里 $c' = nd + c$ 并且 c' 是常量。这是在平面 $y = d$ 上的一条直线方程。同样地，对于每个固定的 x 值有一系列直线。如果 z 被看作第三维的坐标，那么 $z = mx + ny + c$ 一定代表了一个平面(图 3.9)。

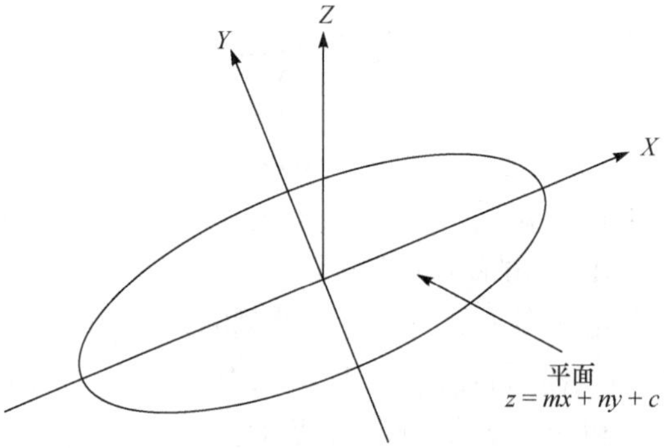

图 3.9　一个平面

3.5　进一步的代数方程

正如框注 3.2 中所阐述的，代数运算往往需要重新排列方程。如果在方程的两边进行相同的加减乘除操作，将不会改变基础关系。这是帮助处理许多数学方程的重要准则。唯一不能做的事就是在两边同时除以 0，虽然 $2\times0=1\times0$，但并不意味着 2=1。

框注 3.2　两个平面相交

当两个面相交时，方程的形式为

$$\begin{cases} z = m_1x + n_1y + c_1 \\ z = m_2x + n_2y + c_2 \end{cases}$$

将两个方程相减，有

$$z - z = m_1x + n_1y + c_1 - (m_2x + n_2y + c_2)$$

或者有

$$0 = m_1x + n_1y + c_1 - m_2x - n_2y - c_2$$

两边都加上 n_2y，有

$$n_2y = m_1x + n_1y + c_1 - m_2x - n_2y - c_2 + n_2y$$

方程两边都减去 n_1y，有

$$n_2y - n_1y = m_1x + n_1y + c_1 - m_2x - n_2y - c_2 + n_2y - n_1y = m_1x + c_1 - m_2x - c_2$$

或者

$$(n_2 - n_1)y = (m_1 - m_2)x + (c_1 - c_2)$$

两边同除 $(n_2 - n_1)$，有

$$y = \left[(m_1 - m_2)/(n_2 - n_1)\right]x + \left[(c_1 - c_2)/(n_2 - n_1)\right]$$

用 m 代替 $\left[(m_1 - m_2)/(n_2 - n_1)\right]$，并且用 c 代替 $\left[(c_1 - c_2)/(n_2 - n_1)\right]$，结果为

$$y = mx + c$$

这就是直线的方程表达式。因此，两个平面相交于一条直线。

所有上述关系式都是方程的实例。方程是一个表达式，它断言两侧表达式具有相同的值。因此，$y = mx + c$ 是一个恒等式或者恒等方程，该直线方程取决于常量 m 和 c，方程对直线上所有变量的值都是正确的。条件方程是指对于特定变量值才成立的方程。例如，$x^2 - x = 2$ 是一个条件方程，只有当 $x = 2$ 或者 $x = 1$ 时才成立。

在几何中通常出现方程的两个特殊形式——联立方程或者二次方程。联立方程是一个至少必须同时满足两个方程的方程组。在例 3.2 中给出的两条直线相交的例子中，交点 P 处 x 和 y 的值既满足线 AB 的方程又满足线 CD 的方程。如果有两个未知数(这里是 x 和 y)，那么一定至少有两个独立的方程来求得它们的交点和解出方程。对于三个未知数(x,y,z)，必须有至少三个满足未知数的独立方程(第 13 章将讨论当超出最少方程个数时的情况)。

二次方程是一个方程中变量的幂次被升到 2，例如，x^2 、y^2 或者 xy (但不是 xy^2，这是三次的)。$x^2 + y^2 = r^2$ 是一个二次表达式的例子，表示一个以(0,0)为圆心、r 为半径的圆，(x,y)是圆上的任意一点，见图 3.10 中的圆 1。

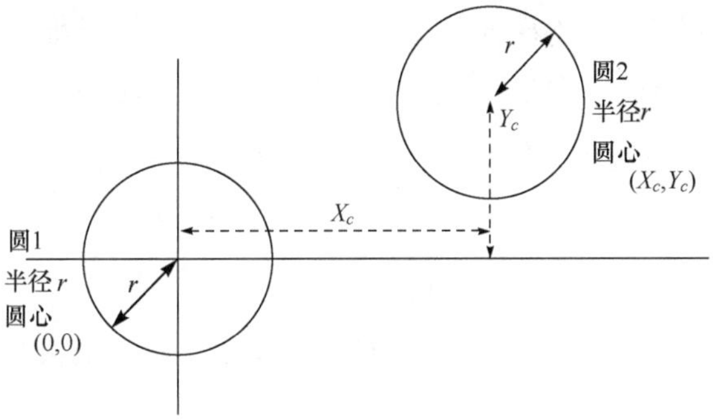

图 3.10　圆的方程

关系式 $x^2+y^2=r^2$ 的限制条件为 x 和 y 大于或等于 $-r$，同时小于或等于 $+r$。这也可以写为

$$-r \leqslant x \leqslant +r$$

且

$$-r \leqslant y \leqslant +r$$

或者写为

$$|x| \leqslant r$$

且

$$|y| \leqslant r$$

其中，$|x|$ 和 $|y|$ 是 x 和 y 的正值，$|x|$ 和 $|y|$ 称为 x 的绝对值和 y 的绝对值。

对于半径是 r 但是圆心在 (X_c,Y_c) 的圆，见图 3.10 中的圆 2，它的一般方程式形式为

$$(x-X_c)^2+(y-Y_c)^2=r^2$$

或者为

$$x^2-2X_c x+X_c{}^2+y^2-2Y_c y+Y_c{}^2=r^2$$

或者为

$$x^2+y^2+ax+by+c=0$$

这里 a，b 和 c 有定值 $a=-2X_c;b=-2Y_c;c=X_c{}^2+Y_c{}^2-r^2$。

二次表达式通常与二次方程式相关联。二次方程式形式为

$$ax^2+bx+c=0$$

或者为

$$ax^2+bx^1+cx^0=0$$

在这种形式中，x 的幂取整数 0，1 或者 2。因为它是二次的，所以有两个可能的结果。数学中有许多方法解决这类问题。例如，把方程的每一项都除以 a(假设 a 不是 0)，得

$$x^2+(b/a)x+(c/a)=0$$

或者得

$$x^2+(b/a)x=-(c/a)$$

接下来，加上数字 n 使得 $x^2+(b/a)x+n$ 变成一个完全平方，意味着它是某个值的二次幂。设这个值为 $(x+p)$，必须找到 p，使其满足 $(x+p)^2=x^2+(b/a)x+n$。

在此阶段不用知晓 n 的数值，但是要知道 $(x+p)^2=x^2+2px+n$。因此，需要选择 p 使得 $2p=b/a$ 且 $n=p^2$。这就说明 $p=b/2a$，可得 $n=p^2=b^2/4a^2$。于是产生了一个完全平方

$$(x+b/2a)^2 \text{ 或 } x^2+(b/a)x+b^2/4a^2$$

假如将原始方程 $ax^2+bx+c=0$ 写成 $x^2+(b/a)x=-(c/a)$，那么两边同时加上 $b^2/4a^2$ 后，可以得

$$x^2+(b/a)x+b^2/4a^2=b^2/4a^2-(c/a)$$

或者得

$$(x+b/2a)^2=b^2/4a^2-(c/a)=b^2/4a^2-(4ac/a^2)=(b^2-4ac)/4a^2$$

得到平方根 $x+b/2a=\pm\left(\sqrt{b^2-4ac}\right)/2a$，因此，

$$x=\left(-b\pm\sqrt{b^2-4ac}\right)/2a$$

例 3.5 说明了求解二次方程的过程，假如 $b^2<4ac$，那么 b^2-4ac 为负数，由于使用的都是实数，不存在一个负数的平方根，这样的问题是无解的，不存在 x 满足 $ax^2+bx+c=0$。

例 3.5　求解二次方程

在正文中已经提到，如果有

$$ax^2+bx+c=0$$

那么，有

$$x=(-b\pm\sqrt{b^2-4ac})/2a$$

考虑 $3x^2+4x+1=0$。有

$$a=3，\ b=4，\ c=1$$

$$x=(-4\pm\sqrt{16-12})/6$$

所以，有

$$x=(-4+2)/6=-1/3$$

或者有

$$x=(-4-2)/6=-1$$

$3x^2+4x+1=0$ 的两个结果是 $x=-1/3$ 或者 $x=-1$。

当求解联立方程时，可以使用类似的方法，对等式两侧做转换(例 3.6)。考虑两条线的方程：

$$ax+by+c=0 \text{ 和 } dx+ey+f=0$$

第一个方程两侧都乘以 d，第二个方程两侧都乘以 a。得

$$adx+bdy+cd=0$$

且

$$adx+aey+af=0$$

一个方程减去另一个得

$$adx+bdy-adx-aey+cd-af=0$$

或者得

$$y(bd-ae)=(af-cd)$$

或者得

$$y=-(af-cd)/(ae-bd)$$

同样地，有

$$x=(bf-ce)/(ae-bd)$$

或者有

$$x/(bf-ce)=-y/(af-bd)=1/(ae-bd)$$

第 7 章将在条件语境中重新发现关系。

例 3.6　相交线使用联立方程

如正文中所示，如果两个方程为

$$ax+by+c=0 \text{ 和 } dx+ey+f=0$$

那么，有

$$x/(bf-ce)=-y/(af-cd)=1/(ae-bd)$$

考虑两条线 $ax+by+c=0$ 和 $dx+ey+f=0$，它们将相交在 $x/(-52)=-y/\ 26=1/-26$，得到 $x=2$ 和 $y=1$。

$x=2$ 和 $y=1$ 同时满足两个方程。因此，$x=2$，$y=1$ 代表了两条线相交的点的坐标。

3.6　函数和图表

函数是已知一个或更多变量计算出函数总值的关系式。例如，$y=f(x)$ 可以读作“y 是 x 的函数”，y 为函数的值，x 为变量。函数可以用数学形式表示，例如：

$$y=ax+b \text{ (一条线)}$$

$$y=ax^2+bx+c \text{ (二次方程或者二次曲线)}$$

$$y=ax^3+bx^2+cx+d \text{ (三次方程或者三次曲线)}$$

……

多项式是一组特殊的函数。多项式必须是一个包含两项或更多项的表达式，例如：

$$x^3+3x^2y+3xy^2+y^3+x^2+3y^2+xy+x+y+4$$

更特殊的，它常被用来描述一种关系，例如，

$$y=a+bx+cx^2+dx^2+ex^4+fx^5+\cdots$$

这里的 a, b, c, d, e, f 等有固定的值。

项的个数可能是有限的，例如，

$$y=(1+x)^4=1+4x+6x^2+4x^3+x^4$$

也可能有无限的项，可能会趋于无限大或者收敛于一个特定的值。收敛的意思是无论函数增加多少项，函数将会渐渐地逼近一个特殊的值。例如：

$$\mathrm{e}=1+1/1!+1/2!+1/3!+\cdots$$

e 有无限的项，但是它永远不会比一个固定值大，而 1+2+3…会逐渐增大，不会收敛。

一个序列可能是有限的也可能是无限的。例如，

$$S=a_0+a_1+a_2+a_3+\cdots+a_{(n-1)}+a_n$$

其中，n 是一个正整数。通常可以将其写为

$$\sum a_i \text{ 或者 } \sum_{i=1}^{i=n} a_i$$

符号Σ(希腊字母“sigma”)意思是“…的总和”。实际上，一个无穷的序列只有当序列$(a_0, a_0+a_1, a_0+a_1+a_2, a_0+a_1+a_2+a_3, \cdots)$收敛时才有有限和。

函数可以包括一个自变量和一个因变量，也可以有许多自变量，例如，有$z=f(x,\ y)$，意思是z是一个关于x和y的函数，这里的x和y都是自变量。如果z是依靠x和y的，那么对于给出的x和y只有一个z相对应。如果z线性依赖于x和y(例如，$z=f(x,\ y)=ax^1+by^1+c$)，那么就像上文中看到的那样，表示一个平面。如果$z=ax^2+by^2+cx+dy+e$，那么有一个二级或者二次的平面。$y=f(x)$表示y是x的函数，所以对于每个x都会有一个确定的y。如果y和x之间的关系是给定y就有确定的x，这种关系被称为有反函数，写为f^{-1}。如果$y=f(x)=ax+b$，那么$x=f^{-1}(y)=(y-b)/a$。通常不存在下面的情况：如果$y=x^2$，那么$x=+\sqrt{y}$或者$x=-\sqrt{y}$，并且可能存在两种关系。因此，这种情况是没有反函数的。一般来讲，函数是两个或者多个变量之间的数学关系，可以是一对一或者一对多或者多对多的形式。

已经知道以原点为圆心、半径为r的圆方程为$x^2+y^2=r^2$。表示圆上一点的任意x有两个可能的y(一个正的和一个负的)；同样地，对于任何y有两个对应的x。因此，在x和y或者y和x之间有着一对二的关系。

两个变量之间的关系通常用图表比用数字更好表示，因为一个可视的图像比一个数学公式更容易被理解。图是通过绘制与坐标轴相关的线和点来表示几组量之间关系的图像。

以函数$y=0.5x^2$作为图表的一个例子，图上点的坐标值可以被计算出来，即如果选择一系列x就能计算y(表 3.1)。每一对(x，y)坐标都能被描绘，中间点可以被计算。

表 3.1　对于 $y=0.5x^2$ 的 x 和 y 的值

x	0	±0.2	±0.4	±0.6	±0.8	±1	±1.2	±1.4	±1.6	±1.8	±2
y	0	0.02	0.08	0.18	0.32	0.5	0.72	0.98	1.28	1.62	2

当绘图时，坐标连成了曲线，如图 3.11 所示。一般来说，当绘制一个图表时，先画出一系列点再将它们连成线。一个圆可能是使用圆规在纸上画出来的，画出的圆非常圆滑，但是在很多情况下，这是不太可能的，就像第 1 章中所描述的，曲线是用一系列点描绘的，或者是用代数公式计算了点的精确坐标的短矢量组成的。在实际情况下，所有点不可能都被描绘，因为它们可能会超出幅面的范围。

图 3.11 中，如果x=100，y=5000，那么坐标轴必须延长至合适的范围才能出现这个点。

图 3.12 显示了曲线$y=1/x$。当x=1，y=1，当x=0.5，y=2；当x=0.1，y=10；当x=0.001，y=1000，等等。当x从正方向逐渐减小至 0，y的值将逐渐趋于正无穷。当x由负方向逐渐趋近 0，y的值趋向负无穷。当x=0 时，y的值在数学上仅能表示为$y=\infty$，这在任何图上都无法表示。它还有这样的奇怪性质：当x值通过 0 时，y值从正无穷到负无穷或从负无穷到正无穷。

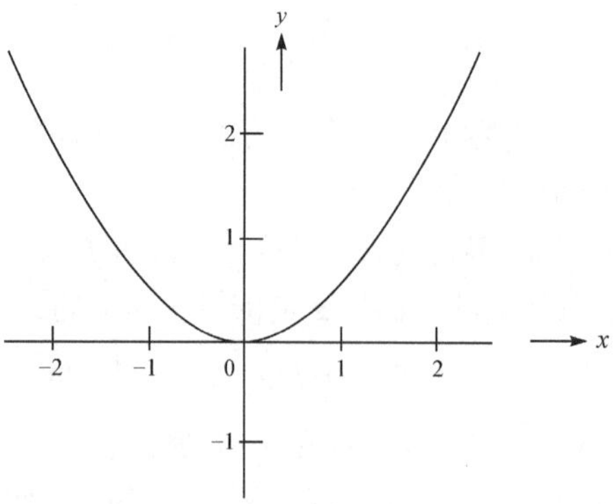

图 3.11　函数 $y=0.5x^2$ 的图

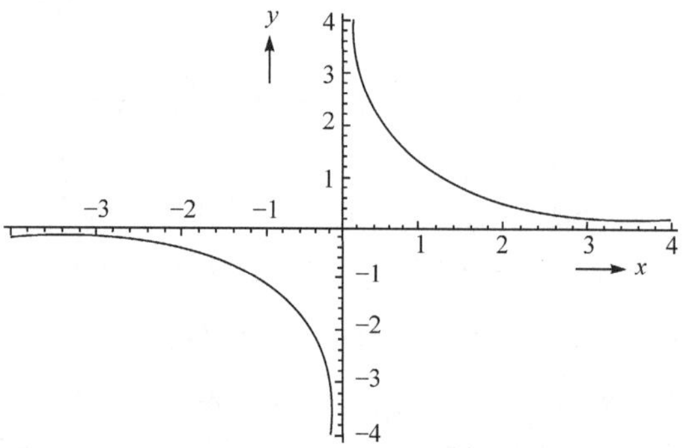

图 3.12　$y=1/x$ 的图

3.7　插入中间值

几何或数学方法既可以用于确定测量数据之间的值也可以确定超出测量范围的值。确定数据之间的值的过程称为插值，超越已知数据推测结果的过程称为外推。例如，人们大致知道 20 世纪每十年末的世界人口数，并绘图表示这些数字，这样就能根据当前趋势预测到 2050 年甚至 2100 年时的世界人口数。本书只考虑简单的线性插值，更复杂的形式将在第 4 章加以讨论。

在图 3.13 中，P 代表的是插入直线 AB 的一个点；Q 是假设在 AB 延长线上的外推。插入点的坐标可以用比率来计算。如果在图 3.13 中 PB 是 AB 的四分之一，即 P 把 AB 分成了 3∶1 的两部分，通过插值可以计算 P 的坐标。

$$X_P=(3\times X_B+X_A)/4\ ,\quad Y_P=(3\times Y_B+Y_A)/4$$

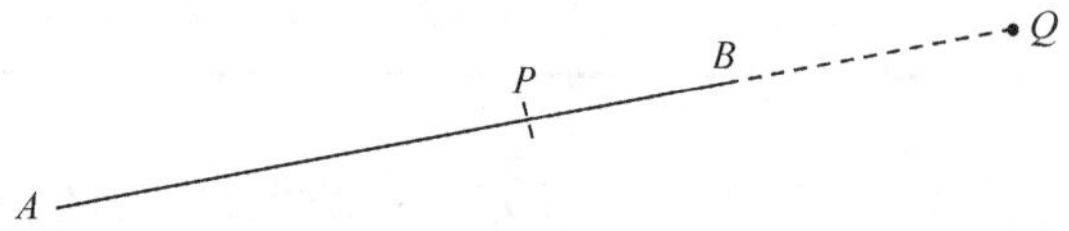

图 3.13　线性插值和外推

如果 Q 是在直线 AB 上的点，$BQ=(1/2)\ BA$。即 B 把 AQ 分为 2∶1 的两部分，所以，有

$$B=(2Q+A)/3\ \text{或者}\ Q=(3B-A)/2$$

$$X_Q=(3\times X_B-X_A)/2\ ,\quad Y_Q=(3\times Y_B-Y_A)/2$$

可以使用这种关系来说明任意三角形内每个顶点与对边中点的连线均通过某一点，见图 3.14 和框注 3.3。

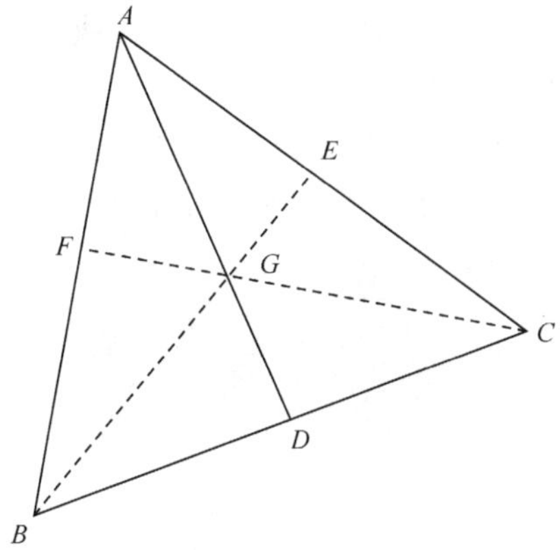

图 3.14　三角形边的中点

框注 3.3　插值——三角形中心的坐标

在图 3.14 中，D 为 BC 的中点，G 将 AD 分割为 2 : 1 两部分(所以 $GD=1/3AD$)。使坐标为 $A(x_A,y_A)$，$B(x_B,y_B)$ 和 $C(x_C,y_C)$，通过比例计算 D 点的坐标为

$$(x_D,y_D)=\left(\frac{x_B+x_C}{2},\frac{y_B+y_C}{2}\right)$$

G 的坐标为

$$G=\left(\frac{2x_D+x_A}{3},\frac{2y_D+y_A}{3}\right)=\left(\frac{x_A+x_B+x_C}{3},\frac{y_A+y_B+y_C}{3}\right)$$

注意：考虑对称性，对于 BE，E 是 AC 的中点，对于 CF，F 是 AB 的中点，这两者是一样的。顶点和对边中点的连接线共同穿过的点 G 称为中心。如果三角形密度均匀，那么中心也是质心或者重心。

将图形分解为多个直线段的操作有助于插值计算，使得中间值的计算变得相对简单。在例 3.3 中对这类计算做了精确表述，还展示了地图图幅边和窗口边界线的裁切。给出两个点，使其位于需求点的两边，中间点的坐标值是可以确定的。另外，如图 3.15 所示，A 在一个斜坡的顶部，B 在底部，线性插值将会高估低的高度，低估高的高度。

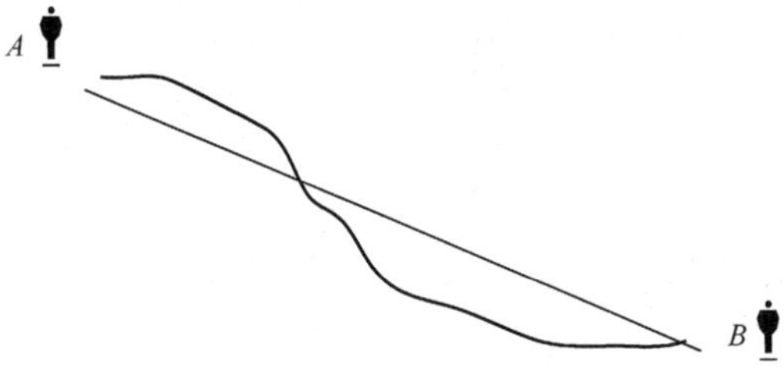

图 3.15　斜坡上高程的插值

通常假设中间值的插值过程是线性变化的，尤其在构造等值线(如等高线)的时候可能如此。连接已知值(如高程点)的相邻点，对等高线与构造三角形的相交位置进行插值，继而将这些位置点连接成等高线。这个程序可以应用到很多三维的数值上，例如，一个点的气流压力或者温度等，但是本书只考虑高程。

在图 3.16(a)中，五个高程点被连接成直线，构成三角形。在图 3.16(b)中，沿着每条线进行线性插值，计算出值等于 25m 的位置。27.5m 和 21.2m 高程点之间相差了 6.3m，从 27.5m 降到 25m 意味着降了 2.5m，这是在那 6.3m 之中的。等高线与这条线相交于它长度的(2.5/6.3)处。如果最终的点是 (x_A,y_A) 和 (x_B,y_B) ，那么插值之后的坐标将是

$$\left(\frac{3.8x_A+2.5x_B}{6.3},\frac{3.8y_A+2.5y_B}{6.3}\right)$$

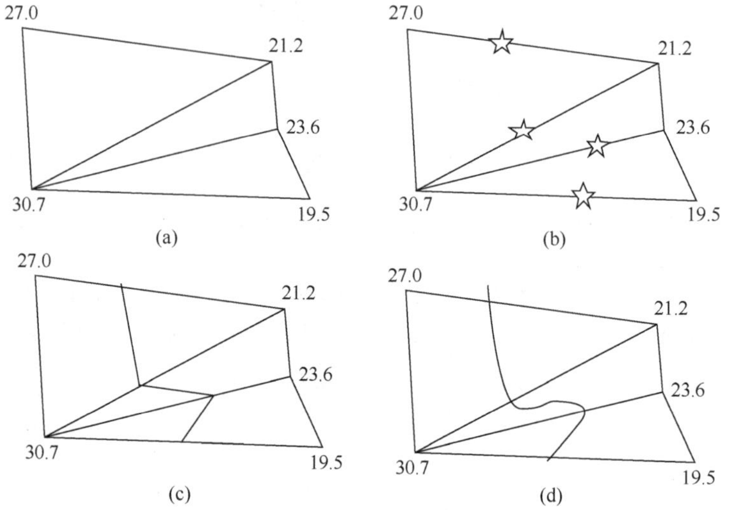

图 3.16　在高程点之间插值曲线

插值点可以通过直线连接[图 3.16(c)]或者用曲线随手绘制[图 3.16(d)]，或者用第 9 章将讨论的计算机算法绘制。

插值背后的假设是所选择的线要有相同的斜率。事实上，在图 3.17(b)中也可以构造出其他的三角形，每一个得到的是不同的等高线，那么哪条是对的呢?

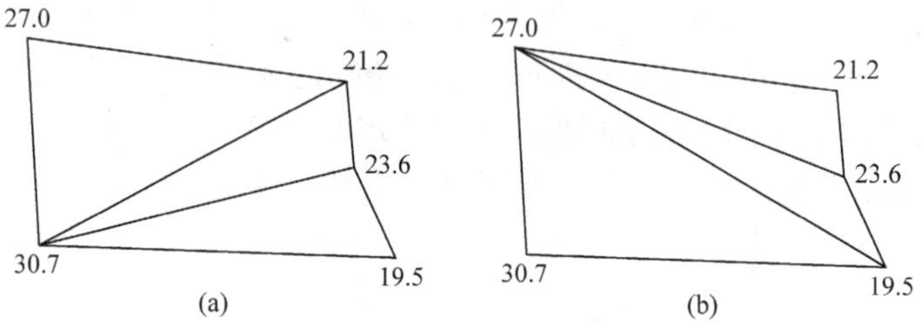

图 3.17　交替三角网

答案就是任何一条都没法给出一个完美的答案，这就是为什么等高线通常被认为仅表示三分之一等高线时才可靠(例如，对于 10m 等高线大约是 3m)。主要问题是假设高程点之间的高程是均匀变化的。某些情况下，测绘员可能已经确认点的选择符合这个原则，但斜率一般不会是统一的，并且线性插值仅仅是一个大概的猜测。

在第 4 章中，本书将使用泰森多边形的方法来选择合适形状的三角形。而现在，只需要记住插值的精确度取决于：①原始数据的精确性；②插值的假设条件；③将曲线平滑成可接受曲线的推测。本书将在第 9 章探索获取经过一系列点的光滑曲线的方法。

小　结

变量：应用于数学运算或者函数中的元素。

中心：在三角形中顶点和对边中点连线(中线)的交点。对于三角形 ABC，其坐标为 $\left[(x_A+x_B+x_C)/3,(y_A+y_B+y_C)/3\right]$。

剪切：一条线的开头或者终点到达一张地图边界时的操作。

条件方程：取特定的值才能满足的方程。

收敛级数：一种级数，它的项逐渐增多时，函数值越来越接近一个特殊的值。$\mathrm{e}=1+1/1!+1/2!+1/3!+1/4!+1/5!+\cdots$是一个无穷级数，收敛的值近似等于 2.7182818285。

因变量：依赖于其他值的变量，例如，在 $y=f(x)$ 中，y 是依赖于 x 的，f 指函数。

平方差：类似 a^2-b^2 的表达式，可以分解为 $(a+b)(a-b)$ 的形式。

方程：一个公式，两边的表达式有相同的值。

圆的方程：圆心是 (X_C,Y_C)、半径是 r 的圆的方程为 $(x-X_C)^2+(y-Y_C)^2=r^2$。

直线方程：在平面笛卡儿坐标系下，$y=mx+c$，m 为斜率，c 为常量，表示 x 为 0 时在 y 轴上的截距。过 A、B 点的线的方程是 $m=(y_A-y_B)/(x_A-x_B)$。

外推：估计超出已知范围的函数的值。

函数：已知一个或者多个变量的值来求解函数值的一种关系。例如，函数 $f(x)=ax^3+bx^2+cx+d$ 是一个三次或者三级的曲线，对于任意给定的 x 值都能计算出对应的 y 值。

图表：以点和线的形式对函数的可视化描述。

恒等式或恒等：表达式对于生成它的所有值都恒为真的一种关系。例如，直线 $y=mx+c$ 上所有点的 x 和 y 值都满足此表达式。

自变量：决定因变量值的变量。

截距：一条线与坐标轴相交的地方。

插值：在已有域内函数的估计值。

反函数：如果 y 是 x 的一个函数，即 $y=f(x)$，反函数可以写为 f^{-1}，如 $x=f^{-1}(y)$。很多函数没有反函数。

完全平方：由两个完全相同的部分组成的表达式。例如，$x^2+(b/a)x+b^2/4a^2=(x+b/2a)^2$ 是一个完全平方。

点是否包含在多边形内：判断一个点是在多边形内部还是外部的算法。

多项式：求多个项之和的表达式，每个项由一个常量和一个或多个变量的非负整数幂组成，如 $a+bx+cx^2+cx^3+dx^4$。

二次方程：一个二次的等式，没有比 2 次幂更高的项，如 $ax^2+bx+c=0$。

尺度：一个对象的长度与另一个对象的长度之比，也称为比例因子。 尺度还用于表示诸如长度之类的数值测度。

比例系数：用于由一个测量值获取另一个值的乘数。

级数：有限或无限项的总和，以 Σx (读作 sigma x)的形式表示。

相似三角形：同样形状只是尺寸不同的三角形。

联立方程：同时被满足的两个或者更多的方程式。例如，当求解两条线的交点时，两条线的方程都必须同时满足。

泰森多边形：将一系列的点分散到一个区域，一个泰森多边形内包含一个给定点，使得多边形内其他的点到这个点的距离比到其他点都近。

第 4 章　常见的几何形状

4.1　三角形和圆

几何学是研究形状特征问题的学问。本章将观察一些在测绘学和 GIS 中经常出现的二维或三维“欧氏空间”中的形状。欧几里得是公元前 3 世纪的古希腊数学家，他提出了一系列关于点、线、角、面，以及体的公理或假设，并从中推导出了 465 条定理。

在他的基本公理中提到，两点确定一条直线，不在同一直线上的三个不同点确定一个唯一的平面。欧几里得验证了 10 条公理，但是紧接着他又补充了一条，即过直线外一点有且只有一条直线与已知直线平行。

欧几里得空间中，两点间距离直线最短。平行或相交的两条直线构成一个平面，事实上平行直线可以看作相交于无穷远处，在第 10 章会讨论到，当在二维平面上绘制三维对象的透视效果图像时，这是一个重要的考虑因素。

三角形是由直线组成的最简单的形状。事实上，所有的二维形状都可以看作由许多个三角形组成，其原因同曲线可以被视为由一系列短直线组成的原因一样。尽管这会产生一定的误差，但是，举例来说，当计算一个由曲线闭合形成的区域面积时，用近似方法可以满足许多实际用途。

三角形有各种形状和大小，但一般情况下，平面三角形的角度和为圆的一半，即 180°；球面三角形，绘在球体的表面上，它的角度和大于 180°。目前本书只考虑平面三角形的情况。

在图 4.1(a)所示的三角形 *ABC* 中，*A* 角面向 *C* 角，然后顺时针旋转至 *B* 角；在 *B* 角处面向 *C* 角然后顺时针旋转；在 *C* 角处面向 *A* 角顺时针转动；这样将转过 *ABC* 三个角以及 180º 完整旋转。有时候用弧度单位来衡量角度很方便，πrad=180º。当进行微积分运算的时候，用弧度单位尤为重要，将在第 6 章中有讨论。现在，所有的角度都以度为单位，每一度(1°)可划分成 60 分(60′)，每一分(1′)包含 60 秒(60″)。

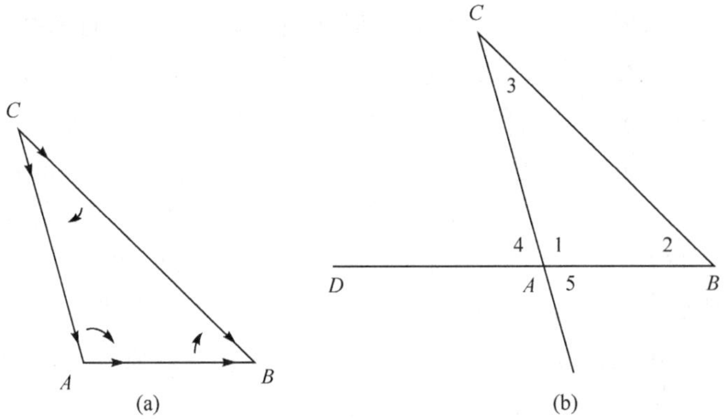

图 4.1　三角形的角

传统的方式中，三角形的角一般用指定的大写字母 *A*、*B*、*C* 表示，而角相对的边用小写字

母 a,b,c 来表示。在图 4.1(b)中，内角 2 和 3 都小于 90°，为锐角，而内角 A 大于 90°，为钝角。

请注意，$\angle 1+\angle 2+\angle 3=180°$，标号为“4”的角也满足 $\angle 4+\angle 1=180°$，因此三角形的外角等于两相对的内角之和。记号“$\angle$”表示“角”。

这也适用于图 4.1(b)中标号为 5 的角。因此，$\angle 4=\angle 2+\angle 3=\angle 5$。事实上，任何时候都有：两直线相交，对角相等，见框注 4.1 中的规则 4.2。

框注 4.1　三角形内角和圆周角

> 规则 4.1
>
> 通过延长三角形的一边得到的外角等于和它不相邻的两个内角的和。
>
> 规则 4.2
>
> 两条直线相交，对角相等。
>
> 规则 4.3
>
> 一条弧所对的圆周角等于它所对的圆心角的一半。
>
> 规则 4.4
>
> 在同一圆中，相同弧所对的圆周角相等。
>
> 规则 4.5
>
> 圆的内接四边形中的对角加起来等于 180°。
>
> 规则 4.6
>
> 圆内直径所对的圆周角为 90°。
>
> 规则 4.7
>
> 弦的垂直平分线穿过圆的中心。

边长互不相等的三角形称为不规则三角形，而有两个角相等的三角形称为等腰三角形。等腰三角形不仅有两个角相等，而且两条边也相等。如果三个角都相等，那么三条边也相等，这样的三角形称为等边三角形。等边三角形的三个角角度都等于 60°。

在图 4.2(a)中，有一个圆，称为外接圆，绕三角形 ABC 绘成。它的中心点是 O，因此两边线 $OC=OA$，为外接圆的半径。现在画垂直于 AC 的线 OQ，与 AC 相交于点 P。因为 $OA=OC=$ 外接圆的半径，故三角形 AOC 是等腰三角形，有 $\angle ACO=\angle CAO$。构造两个角 $\angle APO=\angle CPO=90°$。$APO$ 和 CPO 两个三角形共用一条边(OP)，且 $OC=OA$，那么它们肯定大小相同，因此点 P 是 AC 的中点，$AP=CP$。在尺寸和形状上相同的三角形称为全等三角形。两个三角形有相同的角度和不同的尺寸，称为相似三角形。

在图 4.2(a)和图 4.2(b)中，将直线 CO 延长到点 D，直到 CD 为圆的直径。任何穿过圆的直线都称为弦(如 AC 和 CB)，而被弦截断的圆上的一段是一条弧(如弧段 AQC 或弧段 ADB)。在图 4.2(a)中，$OA=OB=OC=$圆的半径。因此，三角形 AOC 和 BOC 是等腰三角形，且 $\angle OAC=\angle OCA$。把这个角称为 ϕ(“phi”)。因此，$\angle AOD=2\phi$ (框注 4.1 规则 4.1)。另外，$\angle OCB=\angle OBC=\Omega$(“omega”)，所以 $\angle BOD=2\Omega$。因此，$\angle AOB=2(\phi+\Omega)$，$\angle ACB=\phi+\Omega$。不管 C 在圆 $AQCB$ 的哪一处，以上推论始终成立。

在图 4.2(b)中，外角 $\angle AOB=360°-(2\phi+2\Omega)$ (框注 4.1 规则 4.3)，它是 $\angle ADB$ 的两倍，即 $\angle ADB$ 等于 $180°-(\phi+\Omega)$。因此，$\angle ACB+\angle ADB=180°$，只要 C 和 D 是在相对的弓形上(一

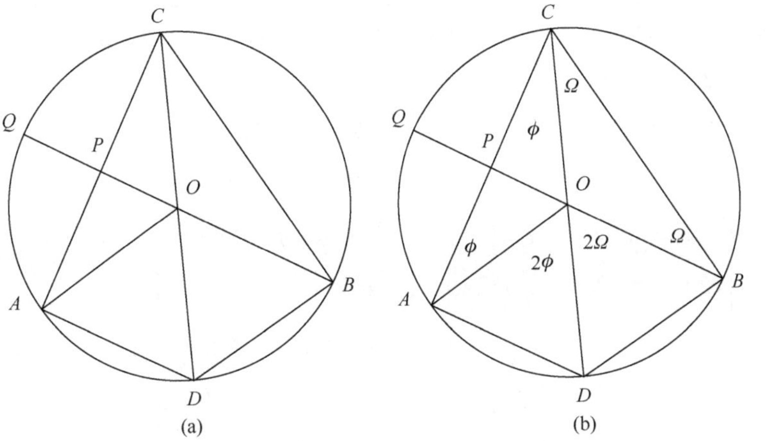

图 4.2　弧所对的圆周角

个弓形是由弧和弦围成的圆上的一部分；任何弦都将圆划分成两个弓形)。因此，同一个弓形产生的角是相等的(框注 4.1 规则 4.4)。而且，如图 4.2，线 CD 是一条直径，在圆心的角度为 180°，因此在圆周上的角度将为 90°。所以，$\angle DAC$ 和$\angle DBC$ 都等于 90°。于是产生了框注 4.1 中的规则 4.5 和 4.6。

最后，在图 4.2(a)的三角形 OPA 和 OPC 中，设$\angle P$=90°(令 OQ 垂直于 AC)，三角形 AOC 为一个等腰三角形，$\angle OAP=\angle OCP$，OP 是公共边，$AO=CO$，都是圆的半径。因此，三角形 OAP 与三角形 OCP 全等，于是 $AP=PC$。另外，点 O 在弦的垂直平分线上。由于这一点对于三角形的每条边都适用，过三角形顶点形成的圆，它的中心是三角形所有边的垂直平分线交叉点，故产生了框注 4.1 中的规则 4.7。

4.2　三角形的面积

本节考察图 4.3 中的三角形 ABC。三角形是面积为底乘以其高的矩形的一半。因此，三角形的面积等于$1/2\times$底$\times$高$=0.5hc$。它也等于$\sqrt{s(s-a)(s-b)(s-c)}$，其中 s 是三角形周长的一半，在框注 4.2 和例 4.1 中都有说明。

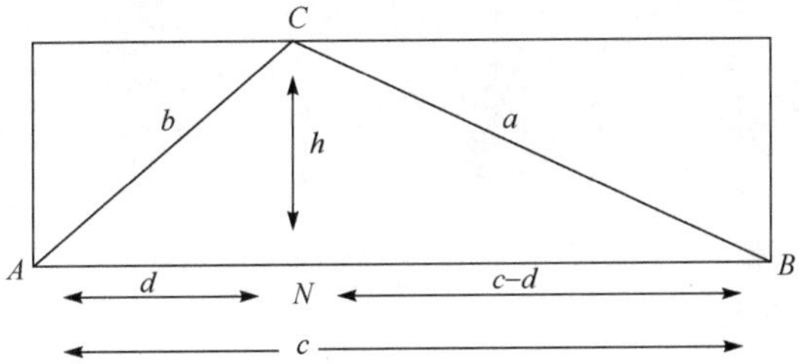

图 4.3　三角形的面积

框注 4.2　已知半周长求三角形的面积

图 4.3 中，三角形 ABC 被垂线 CN 分割成两个区域，$AN=d$，$NB=(c-d)$。三角形 ABC的面积等于$1/2\times$底$\times$高$=1/2\,hc$。对三角形ANC使用毕达哥拉斯定理得$b^2=h^2+d^2$

或者 $h^2=b^2-d^2$。同理，在三角形 BNC 中，有 $a^2=h^2+(c-d)^2=h^2+c^2-2cd+d^2$，或者 $a^2=h^2+d^2+c^2-2cd$。

由于 $b^2=h^2+d^2$，$a^2=b^2+c^2-2cd$。重新组合得

$$2cd=b^2+c^2-a^2，或者\ d=(b^2+c^2-a^2)/2c$$

因此，$h^2=b^2-d^2=(b-d)(b+d)$（两平方差）为

$$\left[(2bc-b^2-c^2+a^2)/2c\right]\left[(2bc+b^2+c^2-a^2)/2c\right]$$
$$=\left[b-(b^2+c^2-a^2)/2c\right]\left[b+(b^2+c^2-a^2)/2c\right]$$
$$=\left[a^2-(b-c)^2\right]\left[(b+c)^2-a^2\right]/4c^2$$

同样是两平方差，有

$$h^2=\left[(a-b+c)(a+b-c)\right]\left[(b+c-a)(a+b+c)\right]/4c^2$$

或者 $$4c^2h^2=(a+b+c-2b)\times(a+b+c-2c)\times(a+b+c-2a)\times(a+b+c)=$$
$$(2s-2b)(2s-2c)(2s-2a)(2s)$$

其中，$2s=a+b+c=16s(s-a)(s-b)(s-c)$。

或者两边同除以 16 得

$$(1/4)c^2h^2=s(s-a)(s-b)(s-c)$$

开根号得，$(1/2)ch$（三角形 ABC 的面积）$=\sqrt{s(s-a)(s-b)(s-c)}$，其中 s 是三角形的半周长。

因此，三角形的面积等于 $\sqrt{s(s-a)(s-b)(s-c)}$，其中，s 是半周长。

例 4.1　求三角形的面积

如图 4.3 中的三角形 ABC 所示，假设它的坐标分别为

$$A(1,10),B(9,10),C(4,14)$$
$$AB=c=8,d=3,\ c-d=5,\ 高\ h=4;$$

因此它的面积=1/2×底×高=16。

由毕达哥拉斯定理得

$$BC=a=\sqrt{h^2+(c-d)^2}=\sqrt{41}=6.40312$$

同理，有

$$AC=b=\sqrt{h^2+d^2}=\sqrt{25}=5$$

因此，半周长 $(s)=(1/2)\times(8+5+6.40312)=9.70156$。使用面积公式：

$$\sqrt{s(s-a)(s-b)(s-c)}$$

同样得到，面积等于 $\sqrt{9.70156\times3.29844\times4.70156\times1.70156}=\sqrt{256}=16$。

可以将三角形面积的计算推广到梯形，梯形是有两条边平行的四边形，如图 4.4 所示。在图 4.4 中，梯形由三角形 ABP、三角形 QCD 和矩形 $PBCQ$ 组成。令 $BP=CQ=h$，$AP=t$，$PQ=u$

及 $QD=v$。于是，面积为

$$(1/2)t\times h+u\times h+(1/2)v\times h=(1/2)(t+u+v)\times h+(1/2)u\times h=(1/2)(AD+BC)h$$

梯形的面积等于平行边长之和与两边距离的乘积的一半(框注 4.3)。可以将这个简单的关系扩展到在图 4.5 中的 A,B,C 的坐标上，三角形 ABC 的面积等于梯形 $A'ACC'$的面积加上梯形 $C'CBB'$的面积减去梯形 $A'ABB'$的面积。对于梯形 $A'ACC'$，$A'A$ 等于 A 的 y 坐标，$C'C$ 等于 C 的 y 坐标，而两条边的距离等于 x_C-x_A。面积等于 $1/2\left[(y_A+y_C)(x_C-x_A)\right]$。同样，对于梯形 $C'CBB'$，它的面积等于 $1/2\left[(y_C+y_B)(x_B-x_C)\right]$，梯形 $A'ABB'$的面积等于 $1/2\left[(y_A+y_B)(x_B-x_A)\right]$。结合上述内容加以简化后得到，三角形 ABC 的面积为

$$1/2\left[x_Ay_B+x_By_C+x_Cy_A-y_Ax_B-y_Bx_C-y_Cx_A\right]$$

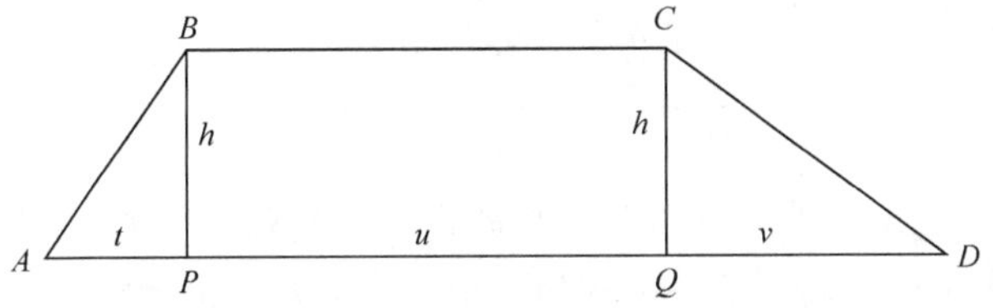

图 4.4　梯形的面积

框注 4.3　三角形和梯形的面积

规则 4.8

三角形的面积等于底乘高的二分之一。它也等于 $\sqrt{s(s-a)(s-b)(s-c)}$，其中 a,b,c 是三角形的边长；s 是三角形的半周长，为 $1/2(a+b+c)$。

规则 4.9

梯形的面积等于平行边长之和与两边距离的乘积的一半。

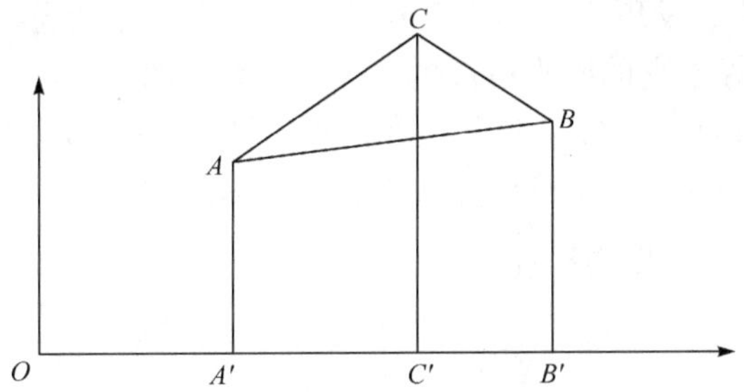

图 4.5　建立坐标系求三角形的面积

事实上，由于每个多边形可以划分为一系列的三角形，所以这个顺序可以扩展。因此，一个由点 A, B, C, D, E, F 组成的六边形(例 4.2)的面积将为

$$\tfrac{1}{2}\left(x_Ay_B+x_By_C+x_Cy_D+x_Dy_E+x_Ey_F+x_Fy_A-y_Ax_B-y_Bx_C-y_Cx_D-y_Dx_E-y_Ex_F-y_Fx_A\right)$$

一个由点 A,B,C,D,E,F,G,H 组成的八边形的面积将为(框注 4.4)

$$\tfrac{1}{2}\{x_Ay_B+x_By_C+x_Cy_D+x_Dy_E+x_Ey_F+x_Fy_G+x_Gy_H$$
$$+x_Hy_A-y_Ax_B-y_Bx_C-y_Cx_D-y_Dx_E-y_Ex_F-y_Fx_G-y_Gx_H-y_Hx_A\}$$等。

例 4.2　计算多边形的面积

考察一个六边形，它的角为 A,B,C,D,E,F，坐标分别为 $A(1,11),B(6,13),C(10,18)$, $D(14,12)$, $E(12,2),F(6,7)$。使用框注 4.4 中的公式，得两倍面积等于

$$1\times 13+6\times 18+10\times 12+14\times 2+12\times 7+6\times 11-11\times 6-13\times 10-18\times 14-12\times 12-2\times 6-7\times 1$$
$$=13+108+120+28+84+66-66-130-252-144-12-7=-192$$

因此，面积等于 96。

注：如果面积按相反的顺序计算，不会出现负号。

框注 4.4　求多边形的面积

规则 4.10

为了计算由点 (x_A,y_A) 等组成的多边形的面积，将每个点的 x 值乘上下一个点的 y 值，再减去每个点的 y 值乘上下一个点的 x 值，求和后得到两倍面积。

举例说明，一个由个点 A,B,C,D,E,F,G,H 组成的八边形的面积计算结果为

$$\tfrac{1}{2}\left(x_A y_B + x_B y_C + x_C y_D + x_D y_E + x_E y_F + x_F y_G + x_G y_H + x_H y_A - y_A x_B - y_B x_C - y_C x_D - y_D x_E - y_E x_F - y_F x_G - y_G x_H - y_H x_A\right)$$

其中，x_A 是 A 点的 x 坐标，y_A 是 A 点的 y 坐标，x_B 是 B 点的 x 坐标，y_B 是 B 点的 y 坐标，以此类推。

4.3　三角形的中心

在第 3 章框注 3.3 中，发现三角形顶点到其对边中点的连线通过质心点 G(图 4.6)。既然已经知道三角形的面积等于它的底乘以高的一半，那么在图 4.6 的左侧区域中，有 ACF 的面积=FCB 的面积，这是因为 $AF=FB$。实际上，三角形 ABC 关于线 CF 平衡；对从 A 到 B 通过点 G 的直线也是这样。因此，G 是平衡点或者是三角形的重心。框注 3.3 中表示了它的坐标，为$\left[1/3(x_A+x_B+x_C),1/3(y_A+y_B+y_C)\right]$。

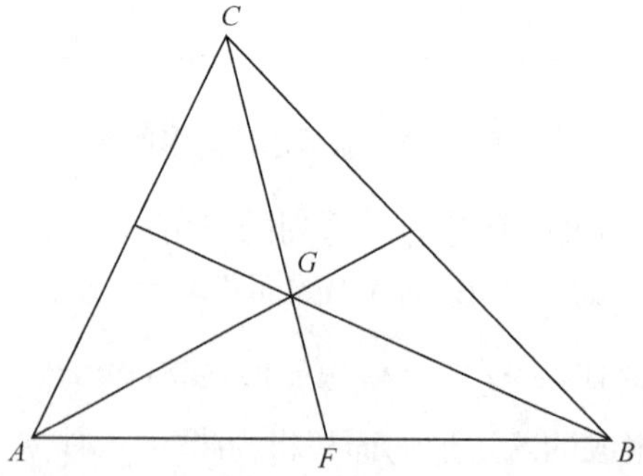

图 4.6　质心

在图 4.7 中，构造 AD 垂直于 BC，BE 垂直于 AC。两直线相交于 O，CO 与 AB 相交于 H。

现在将证明 CH 垂直于 AB。$\angle AEB$=90°=$\angle ADB$，以 AB 为半径的圆通过 E 和 D(框注 4.1 规则 4.5)，因此$\angle EDO$ 和$\angle EBA$ 是同一段圆弧对应的圆周角，则$\angle EDO$=$\angle EBA$(框注 4.1 规则 4.4)=90°−$\angle A$。因为$\angle ODC$=90°，所以$\angle EDC$=$\angle A$。但是由于直径相对的圆周角等于 90°，所以 E 和 D 也在半径为 OC 的圆上。因此，$\angle EDC$=$\angle EOC$=$\angle A$。在三角形 EOC 中，$\angle OEC$=90°，于是$\angle OCE$=90°−$\angle A$。在三角形 CAH 中，$\angle CAH$=$\angle A$，$\angle ACH$=$\angle OCE$=90°−$\angle A$，故$\angle ACH$=$\angle OCE$=90°−$\angle A$。因此，CH 垂直于 AB，三角形每个顶点到其对边的垂线相交于一点，称为垂心。

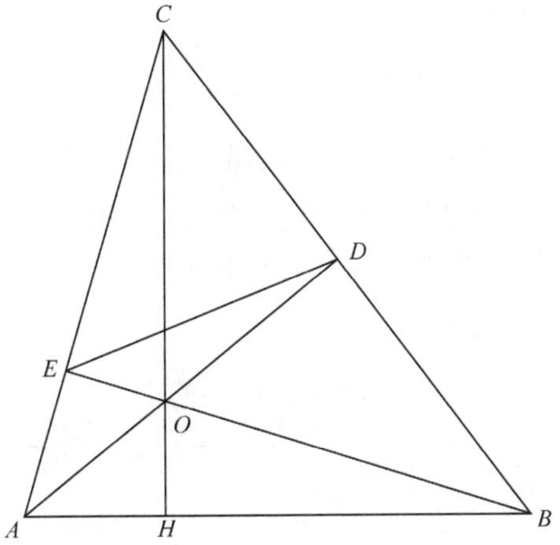

图 4.7　垂心

在图 4.8 中，令直线 CI 平分角 ACB，AI 平分角 CAB。令 P、Q 和 R 分别为点 I 到各边作垂线的垂足。那么，三角形 IPC 和 IQC 中，由于 IC 平分 PCQ，$\angle ICP$=$\angle ICQ$，$\angle IPC$=90°=$\angle IQC$。因此，这两个三角形有相同的角度和共同的边(CI)，而且肯定全等。也就是说，IP=IQ。同理，三角形 API 与 ARI 也全等，故 IP=IR。IB 是三角形 IRB 和 IQB 的公共边，因为角 Q 和角 R 都是直角，那么根据毕达哥拉斯定理，QB 一定等于 RB。因此，三角形 IRB 和三角形 IQB 也全等，这样 IB 就是$\angle ABC$ 的平分线。

三个角的角平分线交于一点，称为内心(I)，见图 4.8。每条边的垂直平分线也会相交于一点，称为外心(CC)，见图 4.9。在图 4.9 中，P'是 AC 的中点，Q'是 CB 的中点，R'是 BA 的中点。

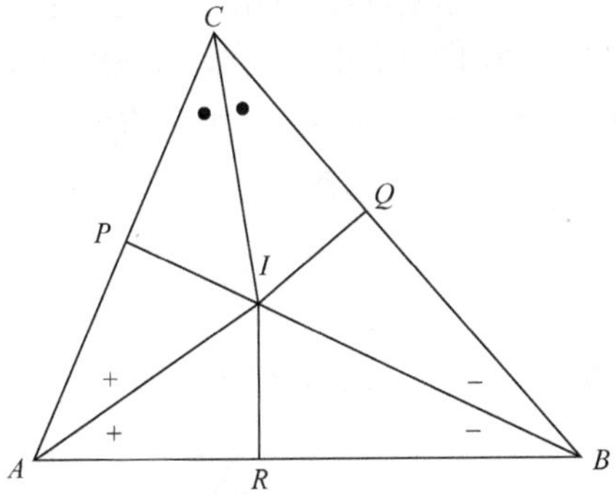

图 4.8　内心

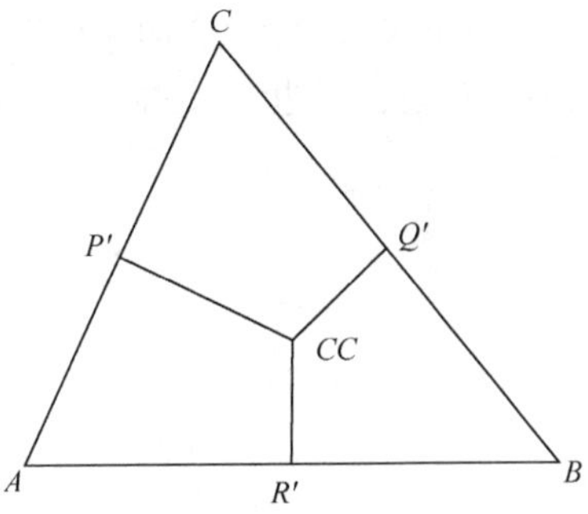

图 4.9　外心

以内心为圆心可以画一个与三角形三条边都相切的圆，即内切圆[图 4.10(a)]，以外心为圆心可以画一个同时过 3 个顶点 A、B、C 的圆，即外接圆[图 4.10(b)]。

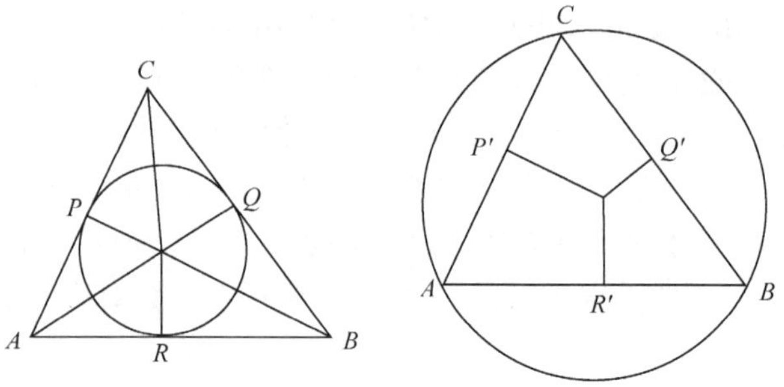

(a) 内切圆　　(b) 外接圆

图 4.10　内切圆与外切圆

框注 4.5 总结了三角形不同的中心。众所周知，圆有许多性质，例如，周长等于$2\pi r$，其中 r 为半径；面积等于πr^2。与圆相切的直线[如在图 4.10(a)中过点 R 的 AB]称为切线。其他任何不是切线的直线要么与圆不相切，要么与其交于两点。由切线和过切点的半径组成的角为 90°，且这条半径线称为此切线的法线。

框注 4.5　三角形的中心

1. 顶点到对边的垂线都通过重心。
2. 每个角的平分线都通过内心。
3. 每条边的垂直平分线都通过外心。
4. 顶点到对边中点的连线都通过质心。

注：在这里尽管没有证明，但垂心、质心和外心的三点都在同一直线上，称为欧拉线。内心不通过这条线。

4.4 多边形

一个多边形是由三条或三条以上不相交的边围成的封闭图形，它的顶点数目等于边数。如果它的一个内角大于 180°，这个多边形为凹多边形，否则就称为凸多边形。

在图 4.11 中，图 4.11(a)不是多边形；图 4.11(b)是一个凸多边形；图 4.11(c)是一个凹多边形，而图 4.11(d)本质上来说是两个多边形。多边形里最著名的例子是三角形、四边形(特别是正方形和长方形)、五边形及六边形。由直线段构成的闭合轮廓线也形成一个多边形。

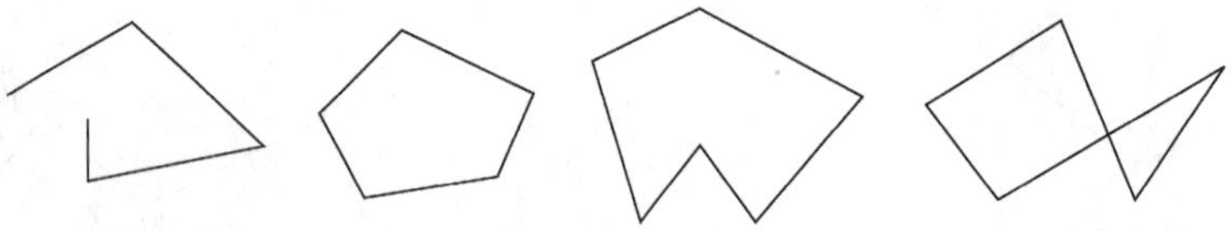

(a) 不是多边形　(b) 凸多边形　(c) 凹多边形　(d) 两个多边形

图 4.11　直线图形

任意多边形可以分解成一系列的三角形，有时候会分解出一个矩形，这些分解不是唯一的(图 4.12)。一个三角形的三条边组成的内角之和等于 180°。一个四边形增加一个点相当于增加了一个三角形，增加了 180°，使得所有内角之和变成 360°。一个五边形的内角和为 540°，等等。由于一个完整的多边形可以被看作一系列相邻的三角形，它的内角之和将等于 $(n-2)\times180^\circ$，n 为边数(框注 4.6)。

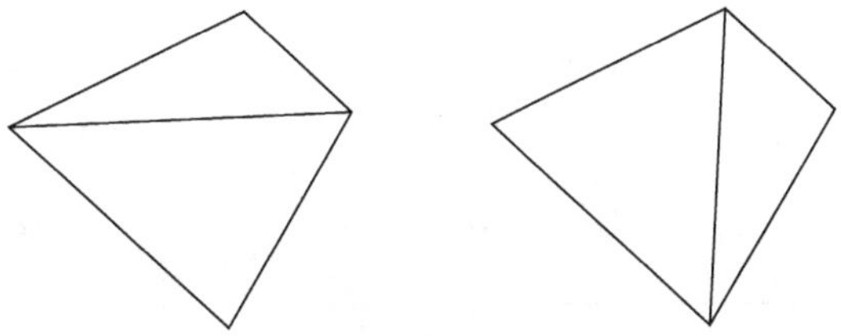

图 4.12　划分四边形的两种方式

框注 4.6　多边形的角度

> 规则 4.11
> 一个多边形的内角和等于 $(n-2)\times180^\circ$，其中，n 为边数。

给定任意一组点，有许多方式可以将它们连接在一起，形成三角形的集合，这个过程被称为三角剖分(图 4.13)。直到最近，地图制作的整个基础都是围绕已有观测角的点集搭建起来的，这样就能生成一些部分重叠的多边形和三角形网络。

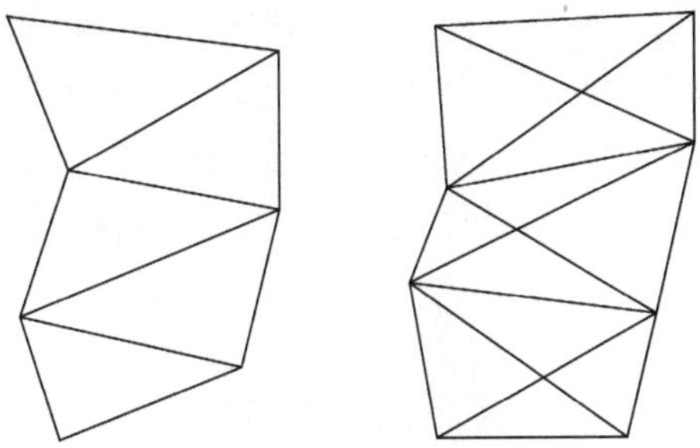

图 4.13　三角剖分

通过测量每个三角形的三个角，可以严格确定三角网的形状，并对测量的准确性进行独立检查，因为对于每个三角形，在适当调整后，测量的角度之和必须为 180°。网络的总体规模需要至少测量其一条边来确定。

虽然第一个三角网是在 18 世纪期间观测到的，但是在 19 世纪后期和 20 世纪，全球的许多地区已经逐渐被三角网覆盖。地球的表面是弯曲的，这个事实意味着三角网不是平坦的，因此，为了计算三角形或三角点的坐标，必须对测量的角度和距离进行修正。曲面上角度和距离之间的关系与之在平面上的对应值将在第 5 章和第 10 章中进一步讨论。如今，人们经常使用全球定位系统(global positioning system,GPS)来确定位置，这在第 14 章中将会谈及。

三角测量也常用于从一系列不规则的点中插值高程，在这个插值过程中，应用了不规则三角网(triangulated irregular network,TIN) 方法。TIN 已经成为通用术语，常在地理信息系统中用来描述一种插值中间的高程值。虽然在测绘工作中高程是最常用的第三种维度，但是该技术可以推广到其他特征，如空气压力或者磁场强度。该过程包括一组已知第三维值(高程值)的不规则分布点，转换到用于高程插值的三角网，正如第 3 章中所讨论的(图 3.16 和图 3.17)。

假设图 4.14(a)中一系列点 A、B、C、D、E，东坐标、北坐标及高程或 (x,y,z) 的值都是已知的，点可以用直线和插值的中间高程点连接起来。但问题是“哪个点应该被连接？”一种常用的方法称为狄洛尼(Delaunay)三角形。该方法涉及一系列多边形的构建，这些多边形称为狄利克雷(Dirichlet)剖分、冯罗诺(Voronoi)图或泰森(Theissen)多边形。

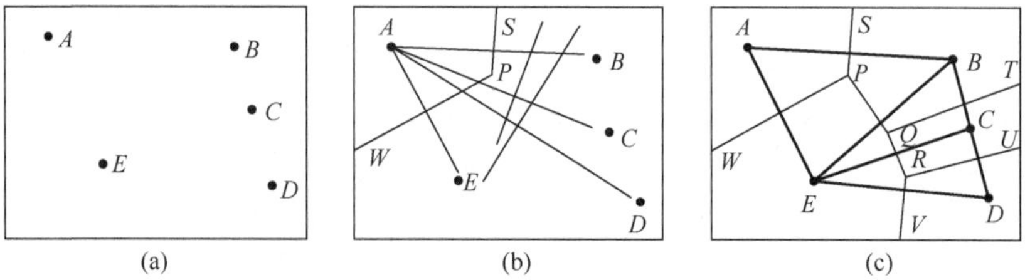

图 4.14　泰森多边形和狄洛尼三角形

在图 4.14(a)中，有一组高程已知的点集。将这些点画在平面上，然后在 *A* 点向周围所有的邻点绘直线，构建直线 *AB*、*AC*、*AD* 和 *AE* 的垂直平分线。这些垂直平分线中有两条，如图 4.14(b)中 *WP* 和 *PS*，与边界区域标记出一个多边形，在这个多边形中，所有的点到 *A* 的距离比到其他 *B*、*C*、*D* 和 *E* 中任意一点的距离都近。这是因为所有的垂直平分线都能把区域划分成一边离 *A* 更近，而另一边离下一个生成点更近的两部分。

这个过程可以推广到其他所有点，创建出一系列多边形，使得区域内所有点都离生成点比其他点要近。例如，在图 4.14(c)中，矩形边界与从 *W* 到 *P* 到 *Q* 到 *R* 的直线组成了一个环绕点 *E* 的多边形，在这个区域里，所有点离点 *E* 比其他点 *A*、*B*、*C*、*D* 等要近。

这样的多边形称为泰森多边形，在某些类型的统计图中也有特殊应用。多边形创建过程中，这些邻近点连接成直线，形成了一系列三角形，称为狄洛尼三角形。狄洛尼三角形被认为是具有“最佳形状”的三角形，而且最接近于等边，并能从原始点集中构建生成。这些三角形在图 4.14(c)中用粗黑线标出。

4.5　球体和椭圆

现在回到圆的几何知识，它在地理信息科学两大领域——定位研究和地球形状(近似球形)表达中有着重要地位。

一个平面与球相交成圆；如果平面通过球体的中心，如地球上的经线圈，这个表面上的线称为大圆线。其他圆如平行于纬线的圆(除了赤道这种特殊情况)称为小圆。

在球面上，任何图形的几何特征都不同于在平面上，因为三角形变成了球面三角形，它们的内角之和也不再等于 180°。因此，在图 4.15 中，$\angle NG'P=90°=\angle NPG'$。在北极处的$\angle G'NP$ 等于通过格林尼治点的经线或大圆与通过点 *P* 的经线的经度差；这意味着三角形 *G'NP* 的三角之和会超过 180°。当三角形的边由大圆定义时，内角之和超出 180°的部分称为球面超差。涉及球面三角形的计算将在第 5 章三角函数部分探讨。

球体仅仅是地球形状的近似。事实上，椭球体(椭圆绕它的短轴旋转所得)能更好地描述地球。椭圆(图 4.16)是一个形如压扁圆圈的封闭图形，并关于两根轴——长轴和短轴对称。利用长轴作为直径生成的圆称为辅助圆。这个圆的半径为半长轴，就是 *a*，而半短轴长为 *b*。几何上椭圆与辅助圆相比，在 *x* 方向上的距离保持不变，而 *y* 方向上的距离被压缩或减小，使得圆上的 *P'* 变成了椭圆上的 *P*。

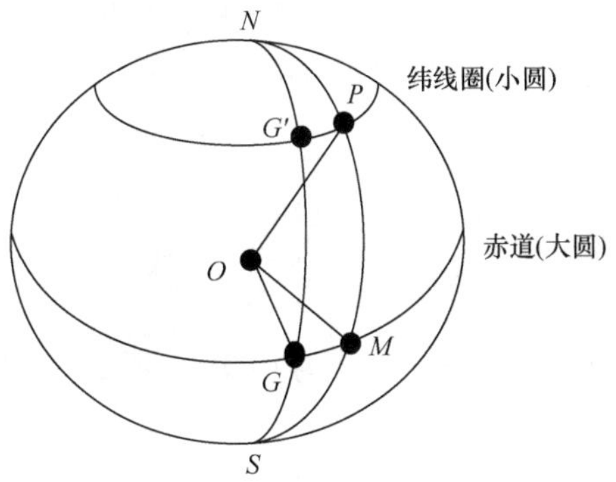

图 4.15　大圆和小圆

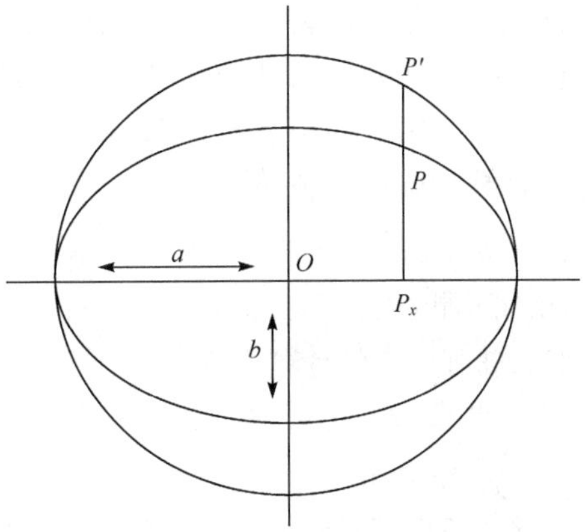

图 4.16　椭圆和辅助圆

4.6 圆 锥 曲 线

椭圆和圆是四条圆锥曲线的特殊二次曲线中的两条，另外两条是抛物线和双曲线。其方程形式为

$$ax^2+by^2+cxy+dx+ey+f=0$$

其中，a,b,c,d,e,f 是常数。如果对象是圆，则 $a=b$，$c=0$。几何上来看，它们都可以由一条如图 4.17 中的线 CD 产生，这条线称为准线。F_1 和 F_2 是长轴上的两个点，称为焦点，每个焦点在长轴上到中心 O 的距离相等。Q 是从 P 向线 CD 作垂线的垂足，所以 PQ 与长轴是平行的。

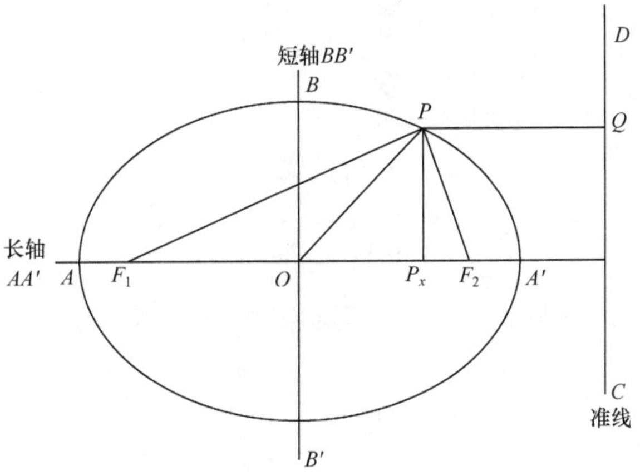

图 4.17　椭圆及准线

椭圆具有下列特性：

(1) 对于所有圆锥曲线来说，F_2P 与 PQ 的长度之比是一个常数，称为离心率 e(不要与等于 2.718…的欧拉数“e”混淆起来)，椭圆离心率的值在 0～1。

(2) 如果原点 O 坐标为(0,0)，那么椭圆的焦点 F_1 位于$(-ae,0)$，F_2 位于$(+ae,0)$，其中，a 是半长轴的大小，e 是离心率。

(3) 准线位于距椭圆中心距离 a/e 处，它在点$(a/e,0)$处切割长轴。

(4) 对于椭圆而言，F_1P 和 PF_2 之和是一个常数(它是绘制椭圆的关键：首先在每个焦点处放置一根针，用一圈长为 $F_1P+PF_2+F_2F_1$ 的线绕在针周围，然后保持线始终紧绷，从 P 点拿着铅笔绕针移动即可绘制椭圆。)

(5) $ae=\sqrt{a^2-b^2}$ 或 $e=\sqrt{1-b^2/a^2}$ 。

(6) 椭圆的面积等于 πab 。

(7) 椭圆周长的计算很复杂。

(8) 如果 P 是椭圆上的一点，坐标为 (x,y)，中心坐标为 $(0,0)$，那么它满足 $x^2/a^2+y^2/b^2=1$ 。

例 4.3 给出了椭圆方程建立的示例。当在第 5 章讨论完三角函数之后，这些关系会得到更全面的解释。把圆看作椭圆是在 $a=b=r$ 时的特例，r 是圆的半径，且满足 $x^2/r^2+y^2/r^2=1$。两个焦点重合在圆的中心。离心率 e=0，准线位于离圆心 $a/0$ 的地方，也即在无穷远处。

对于椭圆，$0<e<1$。当 e=1，有 $FP=PQ$(图 4.18)，椭圆没有变圆，相反变得无穷大。这样的曲线称为抛物线。它只有一个焦点，准线位于关于原点对称的另一侧，因此若 F 位于$(a,0)$，则准线过$(-a,0)$。抛物线的一个简单的例子就是函数 $y^2=mx$，m 是常数。

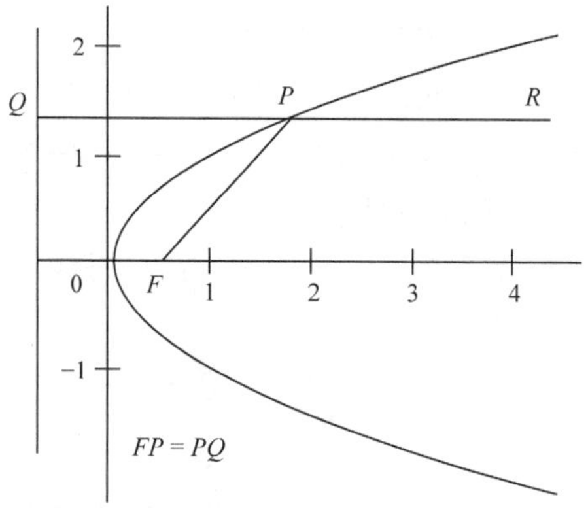

图 4.18　抛物线

例 4.3　椭圆方程

在许多图形软件包中，椭圆都是由它的外接矩形所构造。考虑一个边从 x=2 到 x=6 和 y=1 到 y=3 的矩形(图 4.19)。

一个椭圆要拟合在这个矩形中，长轴必须满足 $2a$ 等于矩形的长或 a=2；短轴必须满足 $2b$ 等于矩形的高或 b=1。这个椭圆的中心在 x=4，y=2 上。于是此椭圆的方程为

$$(x-4)^2/a^2+(y-2)^2/b^2=1$$

或者，令 a=2，b=1，有

$$x^2/4-2x+4+y^2-4y+4=1$$

或者有

$$x^2-8x+4y^2-16y+28=0$$

为了绘制椭圆，需要在曲线上绘点。

$$y = 2 \pm \tfrac{1}{2}\sqrt{4-(x-4)^2} = 2 \pm \tfrac{1}{2}\sqrt{8x-x^2-12}$$

注：在这个方程中，如果 x 或 y 不在区间内，如 $2 \leqslant x \leqslant 6$ 或 $1 \leqslant y \leqslant 3$，方程将无解。

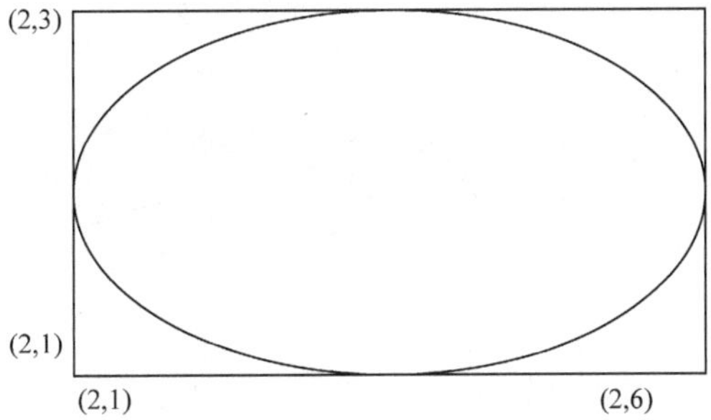

图 4.19　闭合的椭圆

抛物线只有一个焦点，曲线上点 P 的切线一定是 FP 和 QP 的角平分线。这意味着图 4.18 中线 PR 平行于 x 轴，它和点 P 处切线的夹角与线 PF 同切线的夹角相等。因此，如果把一个光源放置在点 F 处，抛物线的内表面被完全反射，那么来自 F 的一束光会平行于长轴出现。相反地，一个抛物面反射镜可以将平行光束或其他形式的辐射，如太阳光，聚焦到一个点(焦点 F)上。

如果离心率 e 大于 1，那么生成的曲线形状为双曲线。其方程形式为 $x^2/a^2 - y^2/b^2 = 1$。双曲线包括由一对渐近线(图 4.20 中的 AB 和 CD)的相交线形成的两个分支，而且离渐近线越来越近，但只在无穷远处到达。这些渐近线的斜率由方程

$$y = +(b/a)x \text{ 和 } y = -(b/a)x$$

给出。

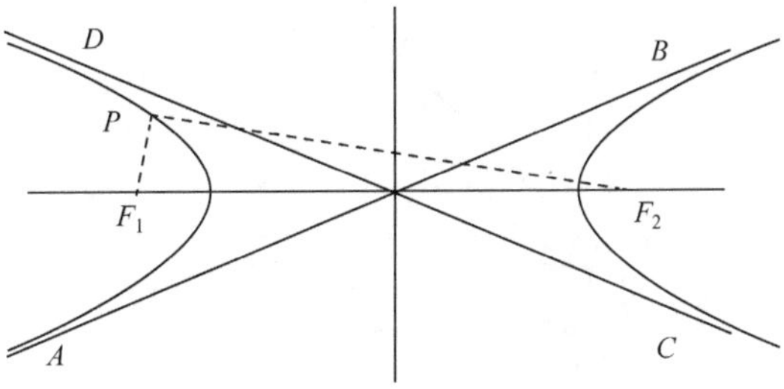

图 4.20　带渐近线的双曲线

双曲线有两个焦点(F_1 和 F_2)，与图 4.17 中所示的椭圆相比，$PF_1 + PF_2$ 的距离和是一个常数，而在双曲线中这两个距离的差是固定的。因此，在图 4.20 中，$PF_1 - PF_2$ 是常数。这使得导航系统，尤其是海上，常利用时间差来追踪一个双曲线路线，这个时间差等于由多普勒效应计算的从两个已知点所传送信号的时间之差。在三个已知点处放置发射器，能产生两条相交的双曲线，从而船舶的位置可以被确定。事实上，这两条双曲线可能得到四个交点，但如果初始位置是已知的，船舶的位置还是可以被跟踪到。在图 4.21 中，两条双曲线的焦点就是虚线 FF_1 和 FF_2 的交点，也就是发射器所在的位置。三个可能的位置已经显示出来(A、B 和 C)。如果有三个以上的发射器，那么模糊度问题就可以得到解决。

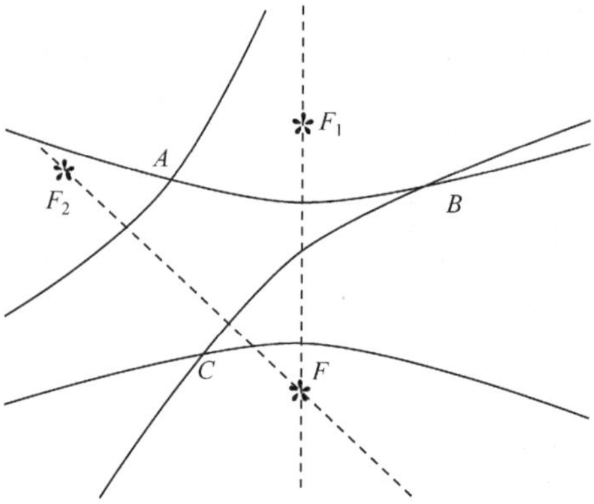

图 4.21　两条相交的双曲线

圆、椭圆、抛物线和双曲线都有对应的立方体(球体、椭球面、抛物面和双曲面)。它们都是二次形式，而且在二维平面中它们是三维圆锥的截面。两相交线(图 4.22 中 AA' 和 BB')，由此形成了一个面。画一条等分线 (OO')，然后将初始线绕这条平分线三维旋转，生成一个双锥形(一个朝下的锥加一个朝上的锥)。沿垂直于旋转轴线的平面切这个立方体会得到一个圆；以小于锥两侧边坡度的角度切它，生成的斜截面会是一个椭圆(图 4.23)。如果双锥体的截面平行于锥体的边缘切割，那么一旦锥体无限大，则截面将无限大且为抛物线。如果截面更大，则截面将在双曲线中两次(顶部和底部)切割双锥(图 4.24)。

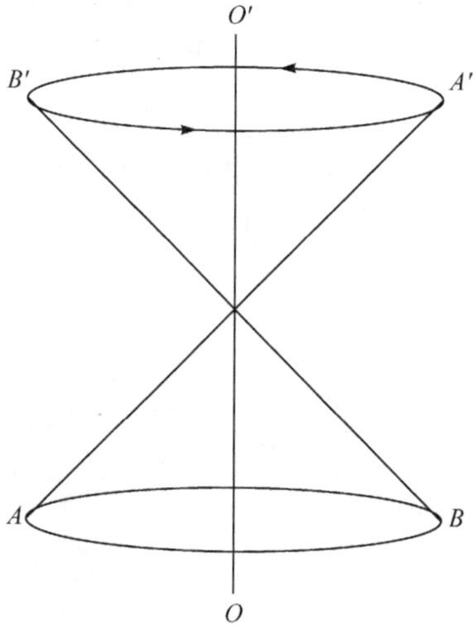

图 4.22　双锥

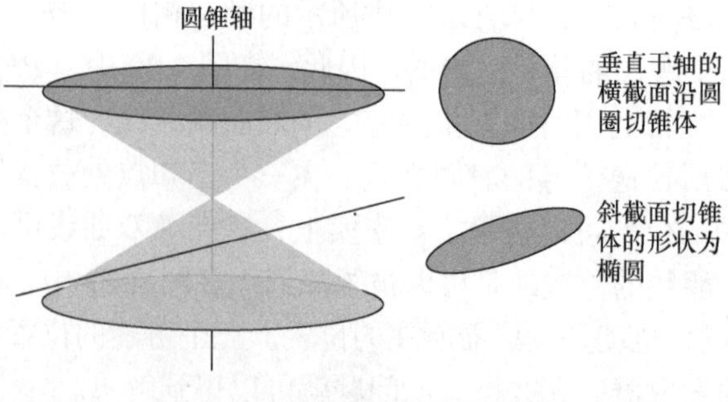

图 4.23　锥的截面——圆和椭圆

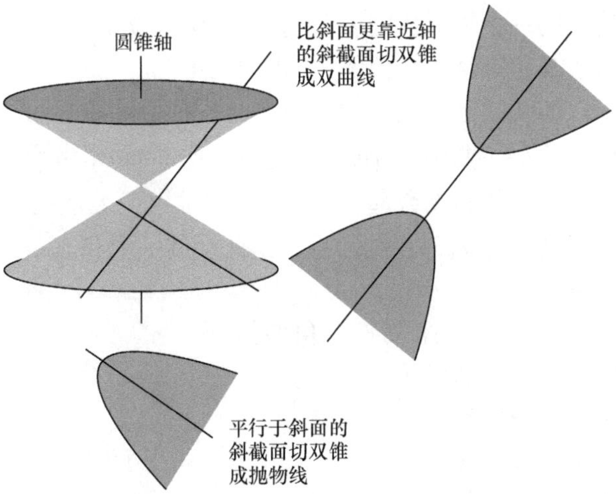

图 4.24　锥的截面——抛物线和双曲线

小　结

锐角：三角形中小于直角的角。

弧：圆周的一部分。一段弧与圆上任意相对的点围成的角与同一段弧形成的圆周角相等，且都等于圆心角的一半。

三角形的面积：1/2×底×高或 $\sqrt{s(s-a)(s-b)(s-c)}$，其中，s 是半周长，或对于三角形 ABC 来说，等于 $1/2(x_Ay_B+x_By_C+x_Cy_A-y_Ax_B-y_Bx_C-y_Cx_A)$，其中，$x_A$ 代表 A 点的 x 坐标，y_A 代表 A 点的 y 坐标，以此类推。后者公式可以推广到求一个多边形的面积。

辅助圆：以椭圆长轴为基线且作为直径绘制的圆。

质心：三角形顶点与对边中点连线的交点。

弦：划分圆周的一条直线。如果正好划分成两半，那么它就是直径。一条弦的垂直平分线通过圆心。

外心：通过一个三角形的所有顶点的圆的中心。它是三角形三条边的垂直平分的交点。

全等：有完全相同的尺寸和形状的图形，如三角形。

圆锥曲线：一个双锥形的任意截面。所有圆锥曲线，如圆、椭圆、抛物线、双曲线等，都能用二次方程 $ax^2+by^2+cxy+dx+ey+f=0$ 表达。

度：角度的衡量，一个圆周可划分成 360 份。每一份(1°)能细分为 60 分(60')，继而每一分能细分为 60 秒(60")。平面三角形的内角之和为 180°。在一个曲面上的三角形内角之和大于 180°。

狄洛尼三角形：三角形网络的形式，它们的边都垂直于一组泰森多边形的边。

准线：一条垂直于一个椭圆、抛物线或双曲线长轴的直线，用来生成圆锥曲线。

Dirichlet 剖分：见泰森多边形。

离心率：圆锥曲线的焦点到一条曲线上一点的距离与这一点到准线距离的比值。椭圆的离心率为 0～1，抛物线为 1，双曲线大于 1。

椭圆：有特定轴且图形闭合的一种圆锥曲线，表达式为 $x^2/a^2+y^2/b^2=1$。

椭球：一个椭圆绕它的一个轴形成的一个几何表面或立方体。

等边三角形：所有边都相等且每个角都为 60°的三角形。

焦点：位于椭圆、双曲线或抛物线长轴上的一点，准线和离心率决定圆锥曲线的形状。

梯度：也称为 gon。它是一种角度测量，100grads(或 gons)相当于四分之一圆周或 90°。

双曲线：有特定的轴且延伸到无穷远处的一条圆锥曲线，表达式为 $x^2/a^2-y^2/b^2=1$。

内心：到三角形每条边的距离都相等的点，由此绘制一个和三条边都相切的圆。它是三角形每个角平分线的交点。

等腰三角形：两条边(或两个角)相等的三角形。

长轴：穿过椭圆中心的最长轴或线。

短轴：穿过椭圆中心的最短轴或线。

法线：垂直于另一条直线或曲线的直线。

钝角：三角形中角度大于直角的角。

重心：三角形顶点到对边的垂线交点。

抛物线：有特定的轴且延伸到无穷远处的一条圆锥曲线，表达式为 $y^2=4ax$。

多边形：由三条或三条以上边围成的闭合图形。一个 n 边多边形的内角之和为 $(n-2)\times180°$。

弧度：一种角度测量方式，2π rad 是一个完整圆周，且 2π 也是一个圆周长与其半径的比值。$\pi\approx3.14159265$。

直角：角度为四分之一圆周或 90°或 $\pi/2$ rad 的角。

不等边三角形：所有边都不等长的三角形。

弓形：由弦及其所对的弧组成的图形。

半周长：三角形所有边长之和的一半。

球面角超：球面三角形三个角度之和超出 180°的量。

切线：与一条曲线相切的直线。正切也用于三角函数中(第 5 章)，描述直角三角形中对边和邻边的比值。

泰森多边形：内含某个点的多边形，且在其内部，任意一点离它中心点比到其他任何点的距离都要近。也常称为 Dirichlet 剖分或 Voronoi 图。

不规则三角网(TIN)：不规则形状的三角形网络。

梯形：有两条边平行的四边形。

三角测量：将一系列点连接起来形成一个三角网。

Voronoi 图：见泰森多边形。

第 5 章　平面与球面三角形

5.1　基本三角函数

三角函数是三角形中边与角的比率。虽然最简单的情形是平面上直角三角形的三角函数，但其应用可扩展到地理信息和地理信息系统(GIS)中包括曲面(如地球表面的计算)在内的许多领域。三角函数还广泛应用于测量和导航。

在第 3 章中，图 3.7 说明了相似三角形有共同的形状，但有不同的尺寸。在图 5.1 中，三角形 ABC，$AB'C'$，及 $AB''C''$都是一样的形状(它们有相同的角度)，但是它们有不同的大小或规模。在这些三角形中，$\dfrac{BC}{AB}=\dfrac{B'C'}{AB'}=\dfrac{B''C''}{AB''}=\dfrac{\text{对边}}{\text{邻边}}$。

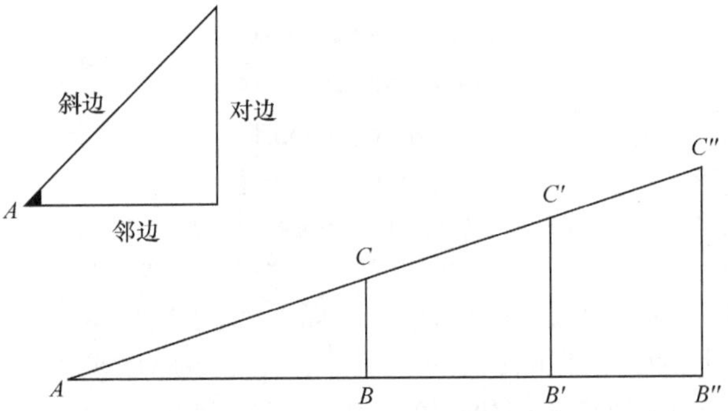

图 5.1　相似直角三角形

给定角度 A，然后在任何直角三角形中，比值 BC/AB 是常数，称为$\angle A$ 的正切或 $\tan A$。类似的，比值 BC/AC 是“对边比斜边”的常数，称为$\angle A$ 的正弦或$\sin A$。同理，比值 AB/AC 是“邻边比斜边”的常数，称为$\angle A$ 的余弦或$\cos A$ (框注 5.1 和例 5.1)。

比值$\sin$、$\cos$ 和 $\tan$ 不是独立的。毕达哥拉斯定理为

$$AB^2+BC^2=AC^2$$

两边都除以 AC^2，得到$(AB/AC)^2+(BC/AC)^2=1$，或$(\sin A)^2+(\cos A)^2=1$。于是，有

$$(\sin A/\cos A)=\frac{\left(\dfrac{AB}{AC}\right)}{\left(\dfrac{BC}{AC}\right)}=\left(\frac{AB}{AC}\right)=\tan A$$

因此，有

$$\tan A=\sin A/\cos A$$

在有些情况下，这有助于处理某些对应比 AC/AB 和 AC/BC。这些包括 $\tan A$ 的对应比有特定的命名：1 除以正弦(sin)为余割 cosecant 或 csc；1 除以余弦(cos)为正割 secant 或 sec；1

除以正切(tan)为余切 cotangent 或 cot。

按照惯例，因为 $x \times x = x^2$ ，所以有 $\sin A \times \sin A = (\sin A)^2$ ，写成 $\sin^2 A$ 。同样的，$\cos A \times \cos A = \cos^2 A$ ，等等。然而，尽管$1/x = x^{-1}$ ，$1/\sin A$但不能写成$\sin^{-1} A$ ，因为这有相反的意思，指“正弦值为 sin*A* 的角度”，被称为 $\arcsin A$ 。$\cos^{-1} A$ 表示“余弦值为 cos*A* 的角度”，称为 arccos*A*。同样，$\tan^{-1} = \arctan$ ，$\csc^{-1} = \text{arccsc}$ ，$\sec^{-1} = \text{arcsec}$ ，以及 $\cot^{-1} = \text{arccot}$ 。

在图 5.1 中，*ABC* 是直角三角形，∠*C*(∠*ACB*)的余弦比值为 *BC*/*AC*。因此，cos*C* 和 sin*A* 的值一样，这仅仅当 $\angle C = 90° - \angle A$ 时成立。对于所有角度 *A*，$\sin A = \cos(90° - A)$ ；$\cos A = \sin(90° - A)$ ；因此，$\tan A = \cot(90° - A)$ 。

框注 5.1　基本关系

sine=sin=对边/斜边

cosine=cos=邻边/斜边

tangent=tan=对边/邻边

cosecant=csc=1/sin

secant=sec=1/cos

cotangent=cot=1/tan

$\sin A/\cos A=\tan A$

$(\sin A)^2+(\cos A)^2=1$

$\sin A=\cos(90°-A)$；$\cos A=\sin(90°-A)$

非直角三角形可以转换成带直角的三角形，如图 5.2 所示。即便三角形 *ABC* 没有直角，还是有“sin*A*”存在，因为它依赖的是∠*A* 的大小，而不是形状或者三角形的尺寸。可以通过绘制一条从点 *C* 到底边 *AB* 的垂线创建一个直角三角形(图 5.2)，使得∠*ANC*=90°，把三角形的边用小写字母替代(*BC*=*a*,*CA*=*b*,*AB*=*c*,*CN*=*h*,称为高)，把角度用大写字母 *A*、*B*、*C* 替代。

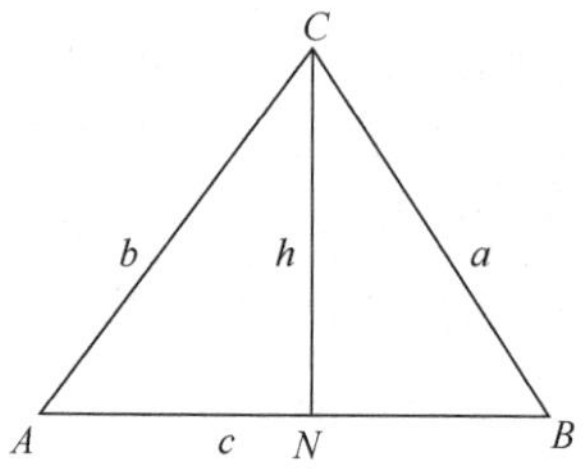

图 5.2　三角形的高

例 5.1　角 *A* 的函数

sin*A*、cos*A* 及 tan*A* 是角 *A* 的三角函数。它们的值能通过特殊的公式来计算(第 6 章框注 6.3)，或者能从三角函数计算表、计算器等得到。

以 $A = 35°$ 为例，三角函数计算表中函数值带七位有效数字。

$$\sin 35° = 0.5735764$$

$$\cos 35° = 0.8191520$$

$$\tan 35° = 0.7002075$$

注意：$(\sin 35°)\times(\sin 35°) = (\sin 35°)^2 = \sin^2 35° = 0.3289899$

$$(\cos 35°)\times(\cos 35°) = (\cos 35°)^2 = \cos^2 35° = 0.6710101$$

因此，有

$$\sin^2(35°) + \cos^2(35°) = 1$$

同样地，有

$$\sin 35° / \cos 35° = 0.5735764 / 0.8191520 = 0.7002075 = \tan 35°$$

在图 5.2 中，有

$$\sin A = CN / AC = h / b$$

或者有

$$h = b\sin A$$

还有

$$\sin B = CN / BC = h / a$$

或者有

$$h = a\sin B$$

因此，有

$$b\sin A = a\sin B$$

或者有

$$(\sin A) / a = (\sin B) / b$$

通过从点 B 构造垂线，能看到 $(\sin A) / a = (\sin C) / c$。因此，对于边为 a、b、c 的任意三角形来说，都有

$$(\sin A) / a = (\sin B) / b = (\sin C) / c$$

这就是著名的三角形正弦公式。

同时要注意到三角形的面积=1/2×底×高=$1 / 2ch = 1 / 2bc\sin A = 1 / 2ca\sin B = 1 / 2ab\sin C$。

另外，在图 5.2 中，$\cos A = AN / AC$。因此，$AN = AC\cos A = b\cos A$。

由毕达哥拉斯公式可得

$$AN^2 + CN^2 = AC^2 \quad 或 \quad CN^2 = AC^2 - AN^2 = b^2 - b^2\cos^2 A$$

类似地，在三角形 BNC 中，有 $NB=(c-AN)=(c-b\cos A)$。因此，得

$$CN^2 = BC^2 - BN^2 = a^2 - (c - b\cos A)^2 = a^2 - \left[c^2 - 2bc\cos A + (b\cos A)^2\right]$$

$$= a^2 - c^2 + 2bc\cos A - b^2\cos^2 A$$

此外，有

$$CN^2 = b^2 - b^2\cos^2 A$$

因此，有

$$a^2 - c^2 + 2bc\cos A = b^2 \text{或} 2bc\cos A = b^2 + c^2 - a^2$$

于是，有

$$\cos A=(b^2+c^2-a^2)/2bc$$

同理，有

$$\cos B=(c^2+a^2-b^2)/2ca$$

$$\cos C=(a^2+b^2-c^2)/2ab$$

这些关系式被称为余弦公式。因此，如果知道三角形边的长度，可以用框注 5.2 中的公式来计算每个角度的大小。

框注 5.2　平面上任意三角形的正弦和余弦公式

1. $(\sin A)/a=(\sin B)/b=(\sin C)/c$
2. $\cos A=(b^2+c^2-a^2)/2bc$

   $\cos B=(c^2+a^2-b^2)/2ca$

   $\cos C=(a^2+b^2-c^2)/2ab$
3. 三角形的面积为

   $1/2bc\sin A=1/2ca\sin B=1/2ab\sin C$

5.2 钝　　角

到目前为止，提到的∠A、∠B、∠C 小于或等于直角。如果考虑三角形 ABC 中∠B 是直角的情况，那么∠A 变大时，∠C 肯定会变小。

当 A 接近 90º 时，C 趋于 0°，而 BC 与 AC 也趋于平行，长度也趋于相同(图 5.3)。在极限处，sin90º=1，而 cos90º=0。由于 tan90°=sin90°/cos90°=1/0，1 不能被 0 所除，所以意味着，当 A 接近 90°时，tan A 变得非常大直到它变得无限大。但是角度超过 90°会发生什么呢？正弦公式和余弦公式适用于在∠A、∠B、∠C 之间有着固定关系的三角形。函数 sin，cos 及 tan 给出的值都是和角的大小有关，与三角形的形状或大小无关。可以用一种不同的方式来观察它们。考察一个单位半径圆(图 5.4)，中心在点 A，点 P 在+x 和+y 之间的象限或四分之一圆上。

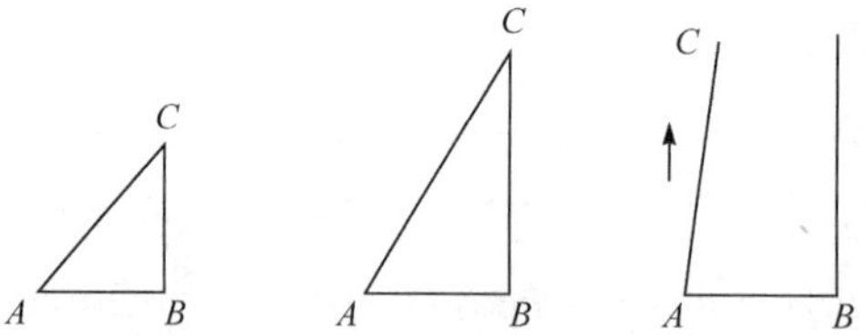

图 5.3　朝向直角

如果 sin$A$=NP/AP，且 AP=1(单位圆)，那么 NP 的长度=sin$A$。AP'是 P 在+y 轴上的投影，也等于 sin$A$。P'在原点处的+y 方向。同样地，AN 的长度=cos$A$。这是 P 在+x 轴上的投影。

使 P 绕圆逆时针旋转，在 AP 投影到+y 轴上时，AP 与+x 轴的夹角增加到 90°，此时 NP=AP'=1，AN=0。随着角度继续增大，NP 越来越短。它的 sin$A$ 还是存在。另一方面，AN 已经从 1 变到 0，现在在轴的负侧。比较图 5.5 和图 5.4 中的点 P，图 5.5 是图 5.4 的镜像图，

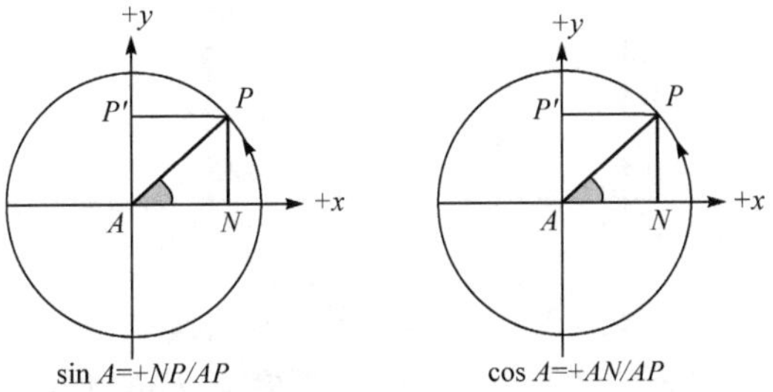

图 5.4　单位半径圆

而且 AP'(P 在$+y$ 轴上的投影)的长度是一样的，但是 AN，即 P 在$+x$ 轴上的投影，在第二种情况下已经变成负值。

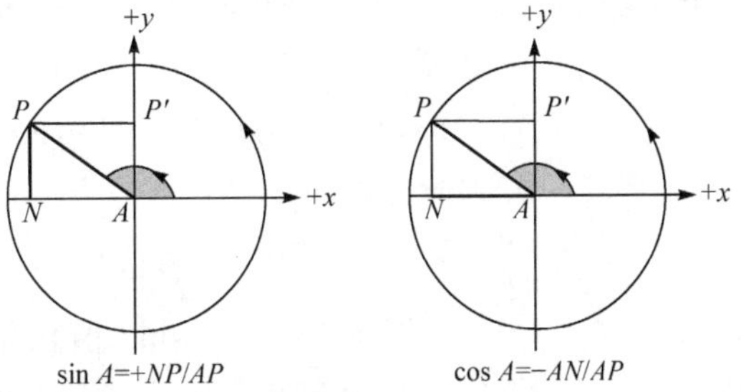

图 5.5　第二象限角

对于 $90° \leqslant A \leqslant 180°$ 的角度而言，有

$$\sin A = +\sin(180° - A)$$

$$\cos A = -\cos(180° - A)$$

因此，根据 $\tan A = \sin A / \cos A$，有

$$\tan A = -\tan(180° - A)$$

类似的结论同样适用于 $180° \leqslant A \leqslant 270°$ 的角度，称为第三象限角。在图 5.6(a)中，AN 和 NP 都是负值，有

$$\sin A = -\sin(A - 180°)$$

$$\cos A = -\cos(A - 180°)$$

$$\tan A = +\tan(A - 180°)$$

对于第四象限角[(图 5.6(b)]，AN 已经成正值，但是 NP 还是负值，有

$$\sin A = -\sin(360° - A)$$

$$\cos A = +\cos(360° - A)$$

$$\tan A = -\tan(360° - A)$$

特殊地，$(360° - A)$ 是 A 的一个完整周期的旋转 $(= -A)$。因此，有

$$\sin(-A) = -\sin A$$

$$\cos(-A) = +\cos A$$

$$\tan(-A) = -\tan A$$

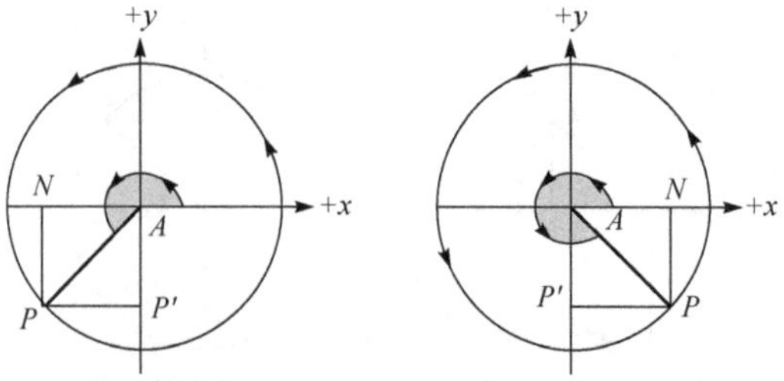

*AN*和*NP*均为负
(a) 第三象限角

*AN*为正，而*NP*为负
(b) 第四象限角

图 5.6　第三、四象限角

另外，由于 $\sin A = \cos(90° - A)$，有

$$\sin(90° + A) = \cos\left[90° - (90° + A)\right] = \cos(-A) = +\cos A$$

又因为 $\cos(A) = \sin(90° - A)$，所以有

$$\cos(90° + A) = \sin\left[90° - (90° + A)\right] = \sin(-A) = -\sin A$$

因此，有

$$\tan(90° + A) = -\cos A$$

图 5.7 显示了 sin*A* 值在角度从 0°到 360°的变化情况。每 360°重复一个周期。函数“cos*A*”的曲线也是同样的形状，但是有四分之一的周期在图外。如果用 90°减去图 5.7 中水平刻度上的数字，生成结果的曲线图就可以当作 cos*A* 值的周期图。这些都总结在表 5.1 中。

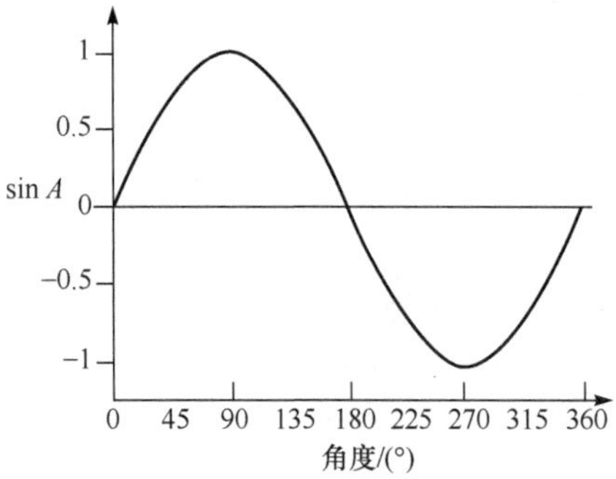

图 5.7　sin*A* 值的周期

表 5.1　正弦、余弦和正切

角度区间/(°)	sin	cos	tan
0～90	+ sin *A*	+ cos *A*	+ tan *A*
90～180	+ sin(180° − *A*)	− cos(180° − *A*)	− tan(180° − *A*)
180～270	− sin(*A* − 180°)	− cos(*A* − 180°)	+ tan(*A* − 180°)
270～360	− sin(360° − *A*)	+ cos(360° − *A*)	− tan(360° − *A*)

5.3 和　角

在第 5.4 节，将会用到这些信息，但是现在有更多的关系需要建立。考虑图 5.8 中两相邻的∠*A* 和∠*B*，它们由边 *OS*、*OR* 和 *OQ* 定义产生。在点 *S*(沿线 *OS* 的任何地方——不管大小)绘制从 *S* 到 *OQ* 的垂线，垂点为 *P*，切 *OR* 于点 *U*。另外，选择 *R* 点使得∠*ORS*=90°，绘制另外的水平直线 *RT* 或垂线 *RQ*。这些都不会改变∠*A* 或∠*B*。

$$\angle OUP = 90° - A; \angle OUS = 180° - (90° - A) = 90° + A$$

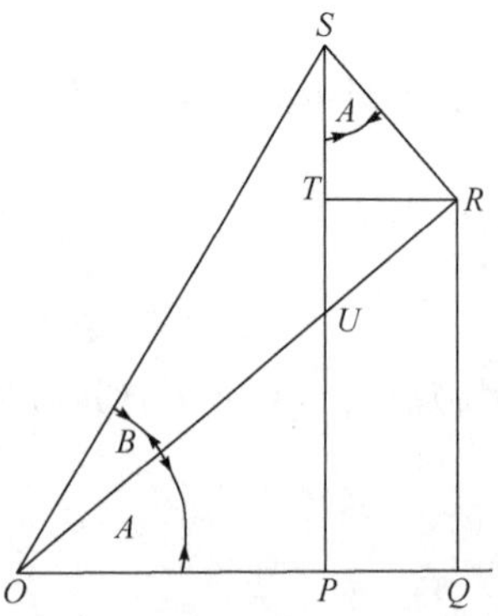

图 5.8　组合邻角

因此，有

$$\angle SUR = 90° - A$$

此外，有

$$\angle SUR = \angle OUP \text{ (第 4 章规则 4.2)}$$

通过构造得到

$$\angle SRU = 90°, \angle USR = A$$

$$\sin B = RS / OS; \cos B = OR / OS; \sin A = QR / OR; \cos A = QR / OR$$

$$\sin(A+B) = PS / OS = (PT + TS) / OS = (QR + TS) / OS \text{ (因为 } PT = QR\text{)}$$

$$\sin(A+B) + QR / OS + TS / OS = (QR / OR) \times (OR / OS) + (TS / SR) \times (SR / OS)$$

(分子除以 OR，分母除以 SR)。

因此，有

$$\sin(A+B) = \sin A \cos B + \cos A \sin B$$

类似地，有

$$\begin{aligned}\cos(A+B) &= OP / OS = (OQ - PQ) / OS = (OQ - RT) / OS = OQ / OS - RT / OS \\ &= (OQ / OR) \times (OR / OS) - (RT / SR) \times (SR / OS)\end{aligned}$$

因此，有

$$\cos(A+B) = \cos A \cos B - \sin A \sin B$$

结果总结在框注 5.3 中。

框注 5.3　和角公式

$$\sin(A+B) = \sin A \cos B + \cos A \sin B$$

$$\cos(A+B) = \cos A \cos B - \sin A \sin B$$

$$\sin 2A = \sin(A+A) = 2\sin A \cos A$$

因此，有

$$\sin A = 2\sin(A/2)\cos(A/2)$$

$$\cos 2A = \cos(A+A) = \cos^2 A - \sin^2 A$$

由 $\cos^2 A + \sin^2 A = 1$ 可得

$$\cos 2A = 1 - 2\sin^2 A = 2\cos^2 A - 1$$

因此，有

$$\cos A = \cos^2(A/2) - \sin^2(A/2) = 1 - 2\sin^2(A/2) = 2\cos^2(A/2) - 1$$

由于 $\sin(-B) = -\sin B$， $\cos(-B) = +\cos B$ ，有

$$\sin(A-B) = \sin A \cos B - \cos A \sin B$$

$$\cos(A-B) = \cos A \cos B + \sin A \sin B$$

在框注 5.2 中，已经说明了 $\cos A = (b^2 + c^2 - a^2) / 2bc$ ，继而在框注 5.3 中说明了 $\cos A = 2\cos^2(A/2) - 1$ 。因此，有

$$2\cos^2(A/2)=(b^2+c^2-a^2)/2bc+1=(b^2+c^2+2bc-a^2)/2bc$$

或

$$\cos^2(A/2)=(b^2+c^2+2bc-a^2)/4bc=[(b+c)^2-a^2]/4bc$$

由于分子是两平方之差，有

$$\begin{aligned}\cos^2(A/2)&=(b+c+a)(b+c-a)/4bc=(a+b+c)(a+b+c-2a)/4bc\\&=\left[(a+b+c)/2\right]\left[(a+b+c)/2-a\right]/bc=s(s-a)/bc\end{aligned}$$

其中，s 是半周长为 $\frac{1}{2}(a+b+c)$。因此，有

$$\cos(A/2)=\sqrt{s(s-a)/(bc)}$$

类似地，有 $\sin^2(A/2)=(s-b)(s-c)/bc$，结果展示在框注 5.4 中。

框注 5.4　三角函数与半周长的关系

$$\sin(A/2)=\sqrt{(s-b)(s-c)/(bc)}$$
$$\cos(A/2)=\sqrt{s(s-a)/(bc)}$$
$$\tan(A/2)=\sqrt{(s-b)(s-c)/s(s-a)}$$
$$\sin(B/2)=\sqrt{(s-c)(s-a)/(ca)}$$
$$\cos(B/2)=\sqrt{s(s-b)/(ca)}$$
$$\tan(B/2)=\sqrt{(s-c)(s-a)/s(s-b)}$$
$$\sin(C/2)=\sqrt{(s-a)(s-b)/(ab)}$$
$$\cos(C/2)=\sqrt{s(s-c)/(ab)}$$
$$\tan(C/2)=\sqrt{(s-a)(s-b)/s(s-c)}$$

5.4　方位与距离

要想解决测绘领域的问题，框注 5.3 中给出的和角公式是充分必要的。在考察一些例子之前，需要弄清楚数学和测量学之间的差异。数学上，传统地来说，是从水平直线开始逆时针测量角度，而测量学上是从正北方向开始顺时针测量角度(图 5.9)。

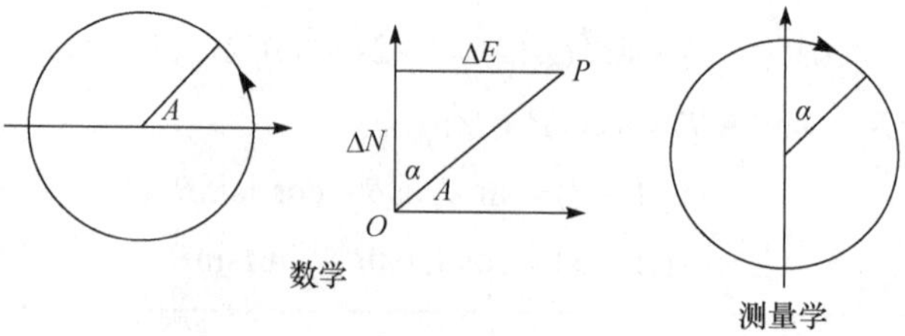

图 5.9　角度与方位测量

当处理方位时，经常会用到希腊字母。方位也是角度，遵循 5.1 节已经讨论过的$\angle A$、$\angle B$、$\angle C$相关的所有规则。因此，图 5.9 中间的三角形中，$\tan\alpha = \Delta E / \Delta N$，$\tan A = \Delta N / \Delta E$。接下来会经常用希腊字母表示顺时针测量的两个方位和角度。

在坐标系内计算方位和距离的过程中，精确度取决于在计算时所使用的有效数字的个数，如例 5.2 和例 5.3 所示。

例 5.2　已知坐标求方位角和距离

假设图 5.10 中点 $O(2624.81E,3427.64N)$，且 $P(3056.61E,4058.18N)$，那么 $\Delta E = 431.80$，$\Delta N = 630.54$。令方位角 $OP = \phi$，有

$$\Delta E / \Delta N = 0.6848098 \quad \arctan(0.6848098) = 34.40373°$$

$\phi = 34.40373° = 34°24'13.4''$，等于从 O 到 P 的方位角。

再次检查的结果为

$\sin\phi = \Delta E / OP$，因此 $OP = \Delta E \csc\phi = 431.8 \times 1.76985 = 764.22$

$\cos\phi = \Delta N / OP$，因此 $OP = \Delta N \sec\phi = 630.54 \times 1.21201 = 764.22$

例 5.3　已知方位角和距离求坐标

已知图 5.10 中，点 O 坐标为 $(2624.81E,3427.64N)$，距离 OP=764.22，方位角 $\phi = 34°24'$，那么有

$$\Delta E = OP\sin\phi = 764.22 \times 0.5649670 = 431.76$$

$$\Delta N = OP\cos\phi = 764.22 \times 0.8251135 = 630.57$$

这些数值与例 5.2 中给出的值有稍许不同。这是因为精确一点的方位角应该是 $\phi = 34°24'13.4''$。使用更多精确的值将会给正弦和余弦的计算带来更小的差异，从而使结果为

$$\Delta E = 764.22 \times 0.5650206 = 431.80$$

$$\Delta N = 764.22 \times 0.8250766 = 630.54$$

为了进一步了解其中的关系，考察图 5.10，点 Q 与 OP 组成了一个直角三角形。Q 位于从 O 到 P 的直线右侧，测量角为 α 和 β。令点 O 的坐标为 (E_O,N_O)，还有 $P(E_P,N_P)$ 及 $Q(E_Q,N_Q)$。

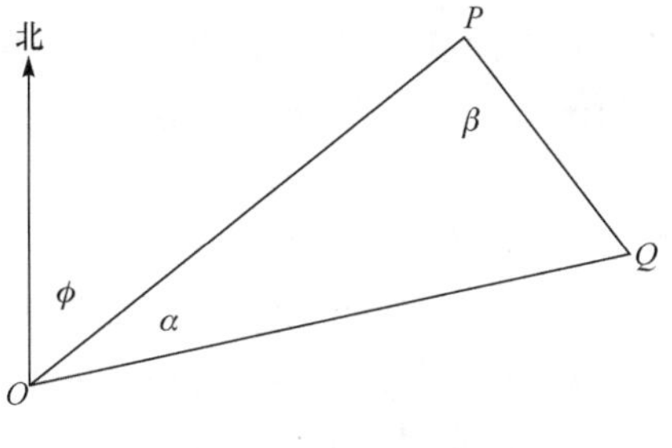

图 5.10　固定点的观测角

如果从 O 到 P 的方位角为 ϕ，那么方位 $OQ = \phi + \alpha$，从 P 到 O 的方位等于 $180° + \phi$，PQ 的方位角等于 $180° + \phi - \beta$。$\angle Q = 180° - (\alpha + \beta)$。因此，有

$$\sin Q=\sin[180°-(\alpha+\beta)]=\sin(\alpha+\beta)=\sin\alpha\cos\beta+\cos\alpha\sin\beta$$

使用正弦公式，$OQ=OP\sin\beta/\sin Q$。正如我们所看到的，有

$$OP=(E_P-E_O)/\sin\phi=(N_P-N_O)/\cos\phi$$

$$\begin{aligned}E_Q&=E_O+OQ\sin(\phi+\alpha)=E_O+OQ\sin\phi\cos\alpha+OQ\cos\phi\sin\alpha\\&=E_O+(OP\sin\beta\sin\phi\cos\alpha+OP\sin\beta\cos\phi\sin\alpha)/(\sin\alpha\cos\beta+\cos\alpha\sin\beta)\end{aligned}$$

通过替代 OP，得到在框注 5.5 中所示的关系。

框注 5.5　已知观测角求坐标

如果点 Q 位于 O 到 P 的直线的右侧，如图 5.10 所示，那么有

$$E_Q=\frac{E_P\cot\alpha+E_O\cot\beta+N_P-N_O}{\cot\alpha+\cot\beta}$$

$$N_Q=\frac{N_P\cot\alpha+N_O\cot\beta-E_P-E_O}{\cot\alpha+\cot\beta}$$

例 5.4　已知两个观测角计算一个点的坐标

应用来自例 5.2 和图 5.10 的数据：

令点 O 的坐标为 (2624.81, 3427.64)，点 P 的坐标为 (3056.61, 4058.18)，则

$$\Delta E=431.80$$

$$\Delta N=630.54$$

令 $\alpha=20°$，$\beta=60°$。于是有

$$\cot\alpha=2.7474774;\ \cot\beta=0.5773503;\ \cot\alpha+\cot\beta=3.3248277$$

$$E_Q=\frac{E_P\cot\alpha+E_O\cot\beta+N_P-N_O}{\cot\alpha+\cot\beta}=\frac{(8397.967+1515.435+630.54)}{3.3248277}=3171.27$$

$$N_Q=\frac{N_P\cot\alpha+N_O\cot\beta-E_P-E_O}{\cot\alpha+\cot\beta}=\frac{(1149.758+1978.949-431.80)}{3.3248277}=3818.82$$

因此点 Q 的坐标为(3171.27, 3818.82)。

如果 Q 在直线 OP 的另一侧，那么在框注 5.5 中两个表达式的两个分子行的最后两项(如 N_P，N_O 和 E_P，E_O)的符号相反，对 P 点和 O 点的参照也将颠倒。

导线测量是测绘中使用三角函数的一个实例，它是陆地测量中常用的技术，需要测量一系列角度和距离。

导线测量从一个已知点(图 5.11 中 A)开始，在另一个已知点(图 5.11 中 B)结束，这是为了确保测量的准确性。从 A 到 P 到 Q 到 B 的方位角和距离由观测结果推导出，由此两个新点 P 和 Q 的坐标才能被计算出来。距离 AP、PQ 及 QB 的测量是相对简单的，特别是使用了现代电子测距装置后。由于 AP 的方位角是相对于北极的角度，方位角的测量还是有一定麻烦的。哪个方向是北呢？解决办法是利用另一个已知点(图 5.11 中 C)，首先，计算 AC 的方位角；其次，测量 AC 与 AP 之间顺时针的夹角；再次，推算出 AP 的方位角。最后，能通过测量在 P 处的角度推算出 PQ 的方位角。

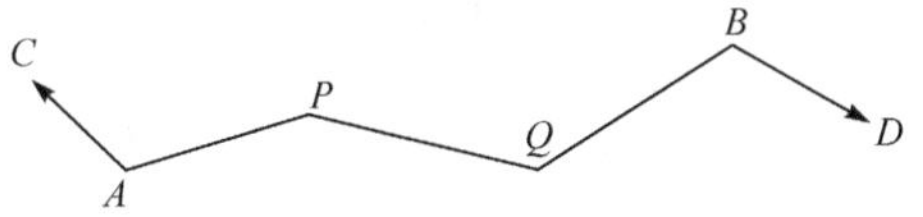

图 5.11　导线测量

因为所有的测量和计算都有误差，这些误差来源于人为误差或者小误差的积累，所以有必要通过一些独立的方式去验证得到的坐标结果。测量 *Q* 处的方位角和距离 *QB*，核对角 *B*，将它们与另一个已知点(图 5.11 中 *D*)进行比较，就能实现验证。

在例 5.5 展示的计算中，已知的值用粗体显示，包括三个观测距离值和四个观测角度，由这些值能够推算出两个新点的坐标。注意，使用过的值不需要调整；通常在一根导线中，为了保证准确的数学一致性，进行更正是有必要的。关于误差理论将在第 12 章中从统计的角度来探讨。

例 5.5　导线计算

测量站点	距离	观测角	方位角	sin 方位角	cos 方位角	ΔX(东方向增量)	ΔY(北方向增量)	X(东方向)	Y(北方向)
C								**5663.28**	**13794.22**
	497.68		**141 21 02**	**0.6245538**	**−0.7809818**	**310.83**	**−388.68**		
A		108 17 08						**5974.11**	**13405.54**
	498.93		69 38 10	0.9375015	0.3479813	467.75	173.62		
P		228 33 27						6441.86	13579.16
	318.95		118 11 37	0.8813561	−0.4724525	281.11	−150.69		
Q		108 44 11						6722.97	13428.47
	399.55		46 55 48	0.7305199	0.6828914	291.88	272.85		
B		246 54 02						**7014.85**	**13701.32**
	750.38		**113 49 50**	**0.9147443**	**−0.4040332**	**686.41**	**−303.18**		
D								**7701.26**	**13398.14**

5.5　球　面　角

实际上，世界不是平面的，必须将上面的理论延伸到曲面的情况中。现在，将根据实际假设世界是一个球体。如第 4 章所解释的，在一个球体上，通过球中心沿着任意一条线切割球面得到的平面，称为大圆。因此，假设地球是一个球体，赤道和所有经线圈都是大圆。球面上任意两点之间的最短距离一定在大圆线上。

在一个球体的表面上，每条边弧都是大圆一部分的三角形称为球面三角形。因此，如果图 5.12 中 *O* 是球体中心，那么平面 *OAB* 沿着弧 *AB* 切球面，成为大圆的一部分；弧 *BC* 和弧 *CA* 也是一样。弧 *AB* 的长度等于球体的半径乘上以弧度为单位的∠*AOB* 的大小。通常用希腊字母来表示弧。例如，πrad 对应 180°。球面上的角度(如∠*BAC*)写成普通字母——*A*。球面三角形 *ABC* 中，角度为∠*A*、∠*B*、∠*C*，而 *A* 的对边(*BC*)为 α (alpha)，*CA* 为 β (beta)，*AB* 为 γ (gamma)。

考虑一个半径为 *r* 的球(图 5.13)。从点 *A* 到面 *OBC* 绘制一条垂线垂直于点 *P*；直线 *PS* 垂直于 *OB*，*PQ* 垂直于 *OC*。由于 *AP* 垂直于包括 *OQCBS* 所有点的平面，三角形 *APS* 和三角形

APQ 在 P 处都为直角。

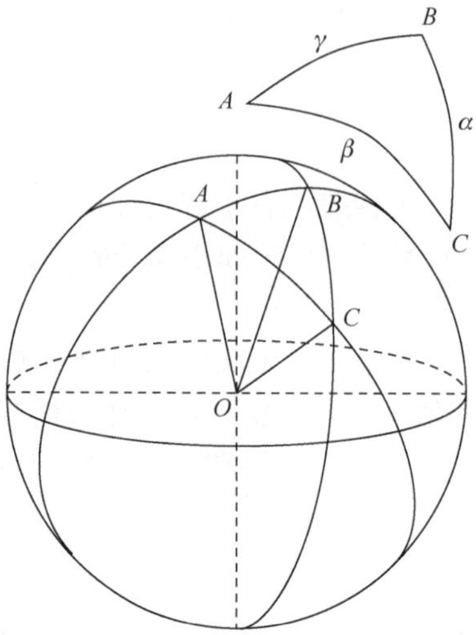

图 5.12　球面三角形

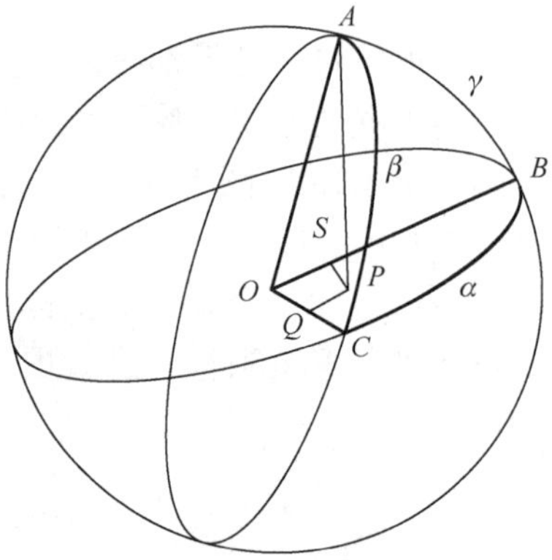

图 5.13　球面角

此外，因为点 A、S 和 P 形成一个与 OB 垂直的平面，所以直线 AS(图 5.13 中未绘出)肯定垂直于线 OB，或三角形 ASO 肯定是一个 $\angle S=90°$ 的直角三角形。同时还能得出面 ASP 与切球体于点 B 的面(就是点 B 处的切面)平行，这是因为这两个平面都垂直于球半径 OB。因此，$\angle ASP$ 肯定与球面上的 $\angle ABC$ 一样，即 $\angle ASP=B$。最后，$\angle AOS=\angle AOB=\gamma$。类似地，$\angle APQ=90°=\angle AQO$。另外，$\angle AQP=C$，$\angle AOQ=\beta$。图 5.14 中展示了它们之间的关系。

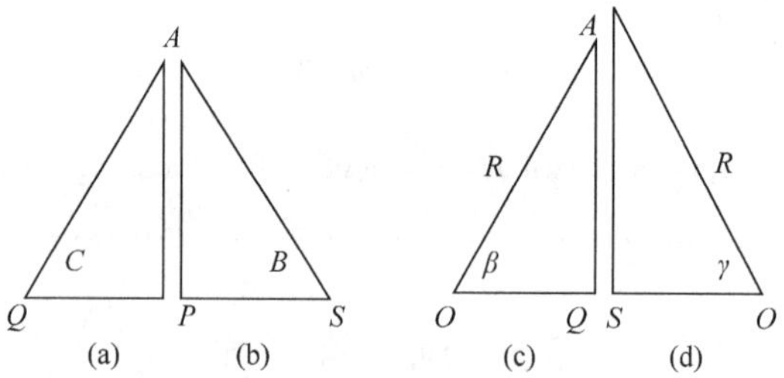

图 5.14　球面三角形的正弦公式

在分离出三角形之前，这一切似乎都难以想象。于是，可得

$$\text{图 5.14(c)中，}\quad AQ=OA\sin\beta=R\sin\beta$$

$$\text{图 5.14(d)中，}\quad AS=OA\sin\gamma=R\sin\gamma$$

将这些与图 5.14(a)和图 5.14(b)结合起来，得到

$$\text{图 5.14(a)中，}\quad AP=AQ\sin C=R\sin\beta\sin C$$

$$\text{图 5.14(b)中，}\quad AP=AS\sin B=R\sin\gamma\sin B$$

因此，有

$$\sin\beta\sin C=\sin\gamma\sin B \text{ 或者 } \sin B/\sin\beta=\sin C/\sin\gamma$$

同样地，也等于 $\sin A/\sin\alpha$。

因此得到

$$\frac{\sin A}{\sin\alpha}=\frac{\sin B}{\sin\beta}=\frac{\sin C}{\sin\gamma}$$

这就是球面三角形正弦公式。

更进一步，在图 5.13 中所示的面 OBC 中，画 SU 垂直于 OC，PT 垂直于 SU，如图 5.15 所示，$\angle BOC=\alpha$，因此 $\angle OSU=90°-\alpha$。因为 PS 垂直于 OB，所以 $\angle PST=\alpha$。

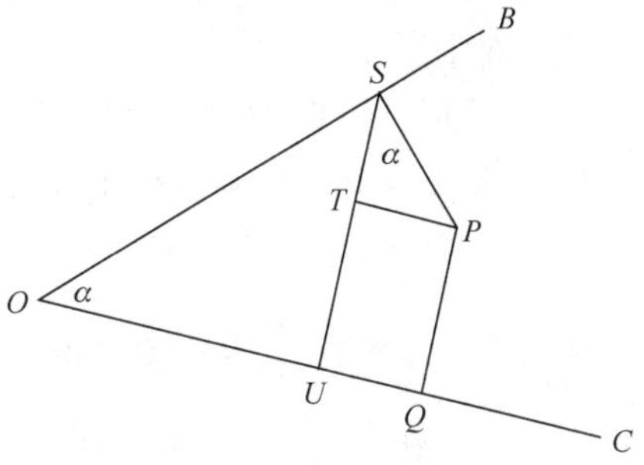

图 5.15　球面三角形的余弦公式

从图 5.14 得知，$AS=R\sin\gamma$，$SP=R\sin\gamma\cos B$；且 $OQ=R\cos\beta$，$OS=R\cos\gamma$。从图 5.15 得知，$TP=SP\sin\alpha=R\sin\alpha\sin\gamma\cos B$。另外，$TP=UQ$(因为 $PTUQ$ 是一个矩形)$=OQ-OU=R\cos\beta-OS\cos\alpha=R\cos\beta-R\cos\gamma\cos\alpha$。

因此，有

$$R\sin\alpha\sin\gamma\cos B=R\cos\beta-R\cos\gamma\cos\alpha$$

两边除以 R，整理得

$$\cos\beta=\cos\gamma\cos\alpha+\sin\gamma\sin\alpha\cos B$$

同样地，有

$$\cos\gamma=\cos\alpha\cos\beta+\sin\alpha\sin\beta\cos C$$

$$\cos\alpha=\cos\beta\cos\gamma+\sin\beta\sin\gamma\cos A$$

这就是球面三角形余弦公式。结果总结于框注 5.6 中。

框注 5.6　球面三角形的正弦和余弦公式

1. $\frac{\sin A}{\sin\alpha}=\frac{\sin B}{\sin\beta}=\frac{\sin C}{\sin\gamma}$
2. $\cos\alpha=\cos\beta\cos\gamma+\sin\beta\sin\gamma\cos A$

   $\cos\beta=\cos\gamma\cos\alpha+\sin\gamma\sin\alpha\cos B$

   $\cos\gamma=\cos\alpha\cos\beta+\sin\alpha\sin\beta\cos C$

作为正弦和余弦公式的应用实例，考虑两点 A 和 B(图 5.16)：

$$A(40°\text{N},10°\text{E}),\quad B(55°\text{N},15°\text{E})$$

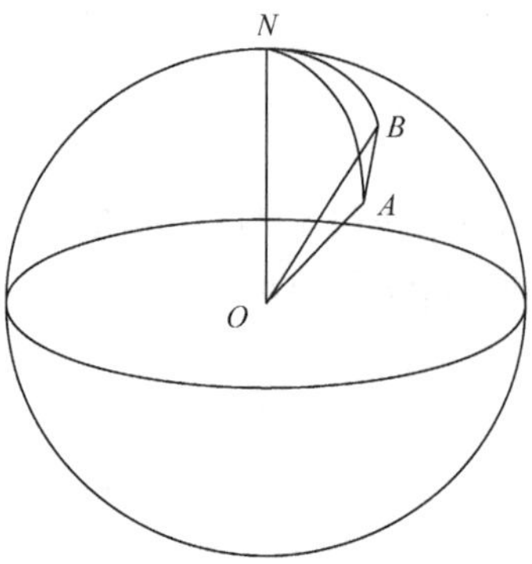

图 5.16　余纬度线 AN、BN

在北极处的$\angle ANB=A$ 和 B 的经度之差 = 5°。A 的纬度等于 OA 与赤道间的夹角，即$\angle NOA$ 等于弧 AN 的长 = 90°−A 的纬度(称为 A 的余纬度) = 50°。类似地，弧 NB 的长度 = 35°(B 的余纬度)。因而得到一个球面三角形，并且知道了其中的两条边(AN 和 BN)和一个夹角($\angle ANB$)。因此，根据框注 5.6 中列出的球面正弦和余弦公式，能计算出从 A 到 B 的方位角和距离，如例 5.6 中所示。

球面三角形为完成球面坐标到平面坐标如地图上使用的坐标转换打下了基础。在第 11 章中将研究地图投影及数据转换的一些方法。

例 5.6　已知经纬度求方位角和距离

在图 5.16 中，N 是北极。A(40°N,10°E)，B(55°N,15°E) 在经度上仅差 5°。$\angle AON = 50°$，$\angle BON = 35°$，$\angle ANB = 5°$。

由余弦公式可得

$$\cos\angle AOB = \cos 50°\cos 35° + \sin 50°\sin 35°\cos 5° = 0.5265408 + 0.4377130 = 0.9642538$$

因此，弧 $AB = 15°22'$ 或 0.2681836rad。这是被位于中心的 A、B 所包围的$\angle AOB$。

假设地球半径为 6.4×10^6 m，那么 AB 的长度等于 $0.2681836\text{rad}\times 6.4\times10^6 = 1716400$ m。

使用余弦公式

$$\sin\angle ANB / \sin\angle AOB = \sin\angle NAB / \sin\angle NOB$$

$$\sin\angle NAB = \sin\angle NOB \times \sin\angle ANB / \sin\angle AOB = 0.1886573$$

因此，$\angle NAB = 10°52'$ 即为从 A 到 B 的方位角。

类似地，有

$$\sin\angle NBA = \sin\angle NOA \times \sin\angle ANB / \sin\angle NOB = 0.2519627$$

因此，有

$$\angle NBA = 165°24'$$

$$\text{方位角 } BA = 194°36'$$

注意，不同于平面，在球面上从 A 到 B 的方向通常与从 B 到 A 的方向相差 180°。

小　　结

反正弦、反余弦、反正切、反余割、反正割、反正切：三角函数 sin、cos 等的逆。写成$\sin^{-1}\phi$，$cos^{-1}\phi$ 等。它们是生成$\sin\phi$，$\cos\phi$ 等的角度。

三角形的面积：三角形中，内角为$\angle A$、$\angle B$、$\angle C$，边为 a、b、c，那么它的面积为

$$1/2\,bc\sin A = 1/2\,ca\sin B = 1/2\,ab\sin C$$

如果$s=(a+b+c)/2$，则面积等于$\sqrt{s(s-a)(s-b)(s-c)}$。

和角公式：对于$\angle A$，$\angle B$，有

$$\sin(A+B) = \sin A\cos B + \cos A\sin B$$

$$\cos(A+B)=\cos A\cos B-\sin A\sin B$$
$$\sin(A-B)=\sin A\cos B-\cos A\sin B$$
$$\cos(A-B)=\cos A\cos B+\sin A\sin B$$
$$\sin(2A)=2\sin A\cos A$$
$$\cos(2A)=1-2\sin^2(A)=2\cos^2(A)-1$$
$$\sin(A)=2\sin(A/2)\cos(A/2)$$
$$\cos(A)=1-2\sin^2(A/2)=2\cos^2(A/2)-1$$

如果 $s=(a+b+c)/2$

$$\sin^2(A/2)=(s-b)(s-c)/bc$$
$$\cos^2(A/2)=s(s-a)/bc$$
$$\tan^2(A/2)=\left[(s-b)(s-c)\right]/\left[s(s-a)\right]$$

通过角度求坐标：如果在一个三角形 ABC 中，C 正对于边 AB，A 的坐标为 (x_A, y_A)，B 的坐标为 (x_B, y_B)，那么点 C 的坐标为

$$x_C=\{x_B\cot A+x_A\cot B+y_B-y_A\}/\{\cot A+\cot B\}y_C$$
$$=\{y_B\cot A+y_A\cot B+x_B-x_A\}/\{\cot A+\cot B\}$$

余割：正弦的倒数。写作：$\csc\phi$。$\csc\phi=1/\sin\phi$。

余弦：直角三角形中邻边与斜边的比值。写作：$\cos\phi$。$\cos^2\phi=1-\sin^2\phi$。在三角形 ABC 中，$\cos(A/2)=\sqrt{s(s-a)/bc}$，等等。

余弦公式：平面三角形中，内角为 A，B，C，边为 a，b，c，半周长 s，那么

$$\cos A=(b^2+c^2-a^2)/2bc$$
$$\cos B=(c^2+a^2-b^2)/2ca$$
$$\cos C=(a^2+b^2-c^2)/2ab$$
$$\cos(A/2)=\sqrt{s(s-a)/(bc)}$$
$$\cos(B/2)=\sqrt{s(s-b)/(ca)}$$
$$\cos(C/2)=\sqrt{s(s-c)/(ab)}$$

余切：正切的倒数。写作：$\cot\phi$。$\cot\phi=1/\tan\phi$。

钝角：大于 90°小于 180°的角。对于角 A，有

如果 $90°\leqslant A\leqslant 180°$：$\sin A=+\sin(180°-A)$，$\cos A=-\cos(180°-A)$，

$$\tan A=-\tan(180°-A)$$

如果 $180°\leqslant A\leqslant 270°$：$\sin A=-\sin(A-180°)$，$\cos A=-\cos(A-180°)$，

$$\tan A=\tan(A-180°)$$

如果 $270°\leqslant A\leqslant 360°$：$\sin A=-\sin(360°-A)$，$\cos A=+\cos(360°-A)$，

$$\tan A=-\tan(360°-A)$$

另外，$\sin(90°+A)=\cos A$，$\cos(90°+A)=-\sin A$，$\tan(90°+A)=-\cot A$。

还有，$\sin(-A)=-\sin A$，$\cos(-A)=\cos A$，$\tan(-A)=-\tan A$。

正割：余弦的倒数。写作：$\sec\phi$ 。$\sec\phi = 1/\cos\phi$ 。

正弦：直角三角形中对边与斜边的比值。写作 $\sin\phi$ 。$\sin^2\phi = 1 - \cos^2\phi$ 。在三角形 ABC 中，$\sin(A/2) = \sqrt{(s-b)(s-c)/bc}$ ，等等。

正弦公式：平面三角形中，内角为 A，B，C，边为 a，b，c，半周长 s，于是有

$$(\sin A)/a = (\sin B)/b = (\sin C)/c$$

$$\sin(A/2) = \sqrt{(s-b)(s-c)/bc}$$

$$\sin(B/2) = \sqrt{(s-c)(s-a)/ca}$$

$$\sin(C/2) = \sqrt{(s-a)(s-b)/ab}$$

球面三角形：在球面上由三个大圆的弧段组合而成的三角形。如果这些弧段在球面上相交的角度为 A、B、C，弧段与球体中心包围而成的角度为 α、β、γ，那么，有

$$\sin A/\sin\alpha = \sin B/\sin\beta = \sin C/\sin\gamma$$

$$\cos\alpha = \cos\beta\cos\gamma + \sin\beta\sin\gamma\cos A$$

$$\cos\beta = \cos\gamma\cos\alpha + \sin\gamma\sin\alpha\cos B$$

$$\cos\gamma = \cos\alpha\cos\beta + \sin\alpha\sin\beta\cos C$$

角的正切：直角三角形中对边与邻边的比值。写作：$\tan\phi$ 。$\tan\phi = \sin\phi/\cos\phi$ 。在三角形 ABC 中，$\tan(A/2) = \sqrt{(s-b)(s-c)/s(s-a)}$ ，等等。这个词也用来形容一条切于曲线的直线或切于一个立方图形的平面。

导线测量：通过测量一系列距离和相关方位角来确定点的位置，由连续的角度测量推导出数值。

第6章　微　积　分

6.1　微　　分

微积分是数学的一大分支，它起源于两位伟大数学家艾萨克·牛顿爵士和戈特·莱布尼茨之间激烈的争吵，两人都声称自己是发现者。微分学关注的是函数变化率，而积分学拓展了这一思想，认为有限数量独立值之和可以用来构成连续的值，例如，确定一条曲线之下的面积。

首先，考虑一个函数如图 6.1 中按 *ABCD* 顺序绘制的抛物线。它的函数形式为 $y = ax^2$，其中 a 是某个常数。如果从坐标为 (x,y) 的点 B 移动到点 C，其中方向变化为沿着曲线从 BB' 移动到 CC'。这些方向称为在点 B 和点 C 处的切线。它们与第 5 章中讨论过的角度的正切有关，于是点 B 到点 C 构成的直线斜率表示为图 6.2 中的 $\delta y/\delta x$（δ 是希腊字母的"delta"的小写)。$\delta y/\delta x$ 是直线 BC 斜率的角度 θ (希腊字母"theta"的小写)的正切。

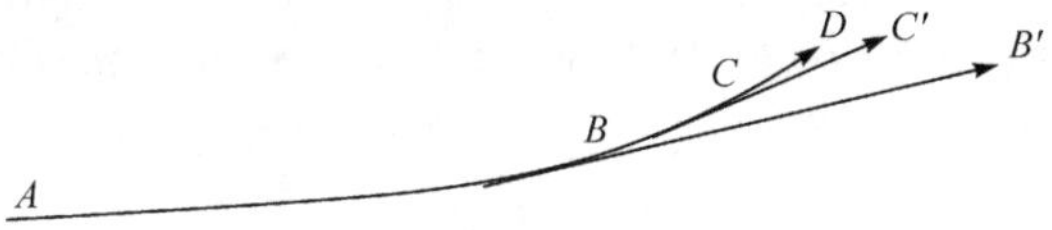

图 6.1　曲线的切线

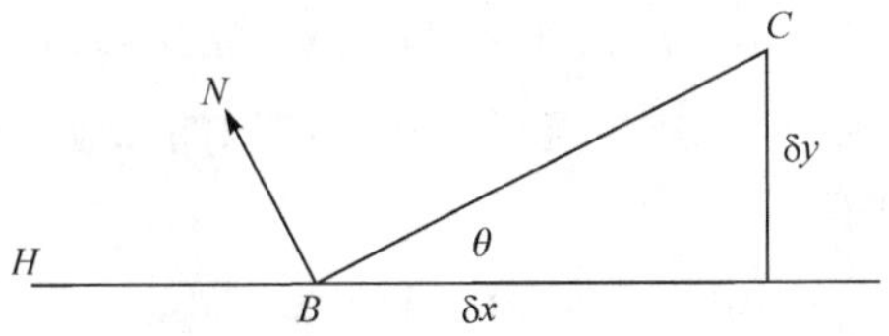

图 6.2　曲线斜率和法线

如果点 B 坐标为 (x,y)，沿着曲线从 B 移动到 C，x 值增加量记为 δx，y 值增加量记为 δy，则点 C 的坐标为 $(x+\delta x, y+\delta y)$。这些也必须满足基本方程 $y = ax^2$。因此有

$$y + \delta y = a(x+\delta x)^2 = ax^2 + 2ax\delta x + a\delta x^2$$

对于点 B 有 $y = ax^2$，故有

$$\delta y = 2ax\delta x + a(\delta x)^2 = (2ax + a\delta x)\delta x$$

两边同时除以 δx，得

$$\delta y/\delta x = 2ax + a\delta x$$

δx 越来越小，δy 和两者之间的比率也越来越小，即 $\delta y/\delta x$ 渐渐接近值 $2ax$。在极限中，使用普通字母表，记为 $\mathrm{d}y/\mathrm{d}x = 2ax$。这个过程称为微分。因此，假如求 y 相对于 x 的微分，对于函数 $y = ax^2$，可得 $\mathrm{d}y/\mathrm{d}x = 2ax$。

注意：δx 表示 x 的极小增量，而 $\mathrm{d}y/\mathrm{d}x$ 表示在极限中，当 δx 和 δy 值都非常非常小时 $\delta y/\delta x$ 的值。

假设有一函数表达式为 $y = ax^2 + bx + c$ ，则有

$$y + \delta y = a(x + \delta x)^2 + b(x + \delta x) + c = ax^2 + 2ax\delta x + a(\delta x)^2 + bx + b\delta x + c$$

或者，有

$$\delta y = 2ax\delta x + a(\delta x)^2 + b\delta x$$

两边同除以 δy ，有

$$\delta y / \delta x = 2ax + b + a\delta x$$

在极限中，随着 δx 趋近于 0，有

$$\mathrm{d}y / \mathrm{d}x = 2ax + b$$

将该推论扩展到立方函数会发现，如果

$$y = ax^3 + bx^2 + cx + e$$

则

$$\mathrm{d}y / \mathrm{d}x = 3ax^2 + 2bx + c$$

一般情况下，如果 $y = ax^n$ ，则 $\mathrm{d}y / \mathrm{d}x = nax^{(n-1)}$ 。

假设两个函数 u 和 v 都是 x 的函数，且 $y = uv$ ，则

$$y + \delta y = (u + \delta u)(v + \delta v) = uv + u\delta v + v\delta u + \delta u \cdot \delta v$$

因此，有

$$\delta y = u\delta v + v\delta u + \delta u \cdot \delta v$$

于是有

$$\delta y / \delta x = u\delta v / \delta x + v\delta u / \delta x + \delta u \cdot \delta v / \delta x$$

表达式 $\delta u \cdot \delta v$ 分别跟 δu 或 δv 以同样速度变小为原来的二分之一，因此 $+\delta u \cdot \delta v / \delta x$ 趋近于 0。于是得到如果 $y = uv$ ，则有

$$\mathrm{d}y / \mathrm{d}x = u\mathrm{d}v / \mathrm{d}x + v\mathrm{d}u / \mathrm{d}x$$

注意：正如所期望的，如果 $y = x^2 = x \times x$ ，则 $u = v = x$ ，且 $\mathrm{d}y / \mathrm{d}x = x(\mathrm{d}x / \mathrm{d}x) + x(\mathrm{d}x / \mathrm{d}x) = 2x$ ，这总结在框注 6.1 中。

框注 6.1　基本微分公式

如果 $y = ax^n + bx^{(n-1)} + cx^{(n-2)} + \cdots + px^2 + qx + r$ ，则有

$$\frac{\mathrm{d}y}{\mathrm{d}x} = nax^{(n-1)} + (n-1)bx^{(n-2)} + (n-2)cx^{(n-3)} + \cdots + 2px + q$$

如果 $y=uv$ ，其中 u 和 v 都是 x 的函数，则有

$$\mathrm{d}y/\mathrm{d}x = u\,\mathrm{d}v/\mathrm{d}x + v\,\mathrm{d}u/\mathrm{d}x$$

“$\mathrm{d}y / \mathrm{d}x$”是 y 相对于 x 的函数的变化率，或者在图 6.1 中用另一种方式来看，它是在点 (x,y) 处的斜率。垂直于切线的直线(图 6.2 中的 BN)称为曲线的法线。BN 的斜率等于 $\theta + 90°$ 。而且有

$$\begin{aligned}\tan(\theta + 90°) &= \sin(\theta + 90°) / \cos(\theta + 90°) = -\cos\theta / \sin\theta = -\cot\theta = -(\delta x / \delta y)\\ &= -1 / (\delta y / \delta x)\end{aligned}$$

因此，法线斜率的正切值等于–1 除以曲线斜率的正切值。

通常如果 y 是 x 的函数，将它写成 $y = f(x)$，其中使用表达式 $f(x)$表示“函数(x)”，继而表示“给定 x 变量值对应的因变量值”。当微分函数 $y = f(x)$，得到 $\mathrm{d}y / \mathrm{d}x$，也可以写作 $f'(x)$。这反过来可以进行二次微分。

二次微分可以写作 $\mathrm{d}^2 y / \mathrm{d}x^2$ 或者 $f''(x)$。因此，如果 $y = f(x) = ax^n$，则有

$$\mathrm{d}y / \mathrm{d}x = f'(x) = nax^{(n-1)}$$

$$\mathrm{d}^2 y / \mathrm{d}x^2 = f''(x) = n(n-1)ax^{(n-2)}$$

因此，如果有

$$y = ax^3 + bx^2 + cx + e$$

则有

$$\mathrm{d}y / \mathrm{d}x = f'(x) = 3ax^2 + 2bx + c$$

$$\mathrm{d}^2 y / \mathrm{d}x^2 = f''(x) = 6ax + 2b$$

$$\mathrm{d}^3 y / \mathrm{d}x^3 = f'''(x) = 6a$$

$$\mathrm{d}^4 y / \mathrm{d}x^4 = f^{IV}(x) = 0$$

注：$f'''(x)$ 是三次微分，f^{IV} 是四次微分，立方曲线的四次微分值为 0。

如果 $\mathrm{d}y / \mathrm{d}x$ 表示曲线的变化率，则 $\mathrm{d}^2 y / \mathrm{d}x^2$ 表示斜率的变化率；换个角度来说，如果 y 是距离，$\mathrm{d}y / \mathrm{d}x$ 是距离或速度的变化率，而 $\mathrm{d}^2 y / \mathrm{d}x^2$ 是加速度，$\mathrm{d}^3 y / \mathrm{d}x^3$ 是加速度的变化率。

考虑函数

$$y = 1 + 9x - 6x^2 + x^3$$

$$\mathrm{d}y / \mathrm{d}x = 9 - 12x + 3x^2 = 3(1-x)(3-x)$$

$$\mathrm{d}^2 y / \mathrm{d}x^2 = -12 + 6x$$

$$\mathrm{d}^2 y / \mathrm{d}x^2 = 0$$

当 x=2，y=3，$\mathrm{d}y / \mathrm{d}x = 0$，当 x=1，y=5 及当 x=3，y=1

在表 6.1 中，列出了此函数中 x 和 y 变量的部分值，绘出了这些点间的插值曲线，如图 6.3(a)所示。从图 6.3(a)中可以看出，有两个点的斜率是水平的，即 $\mathrm{d}y/\mathrm{d}x$=0[在点(1,5)和(3,1)处]。这些点称为曲线的极大值点或者极小值点。一个三次函数的曲线有一个极大值点和一个极小值点——尽管这并不是曲线上所有点中的最大值或最小值，即那种接近正负无穷大小的值。极大值和极小值点是曲线弧上升再下降或者相反趋势的转折点。

表 6.1　函数 $y = 1 + 9x - 6x^2 + x^3$ 的变量及其对应解

x	−3	−2	−1	−0.5	0	0.5	1	1.5	2	2.5	3	3.5	4	4.5	5	5.5	6
y	−107	−49	−15	−5.1	1	4.1	5	4.4	3	1.6	1	1.9	5	11.1	21	35.4	55

满足 $\mathrm{d}^2 y / \mathrm{d}x^2 = 0$ 的点称为拐点，三次曲线有一个这样的点。在拐点处，曲线停止在一个方向上弯曲，开始弯向另一个方向；事实上，该曲线通过拐点的切线。在图 6.3(a)的曲线中，曲线从左下角开始顺时针转动直到它到达拐点 x=2, y=3 处，然后开始逆时针方向弯曲。在例

6.1 中给出一个基于四次方程式的例子，曲线图如图 6.3(b)所示。

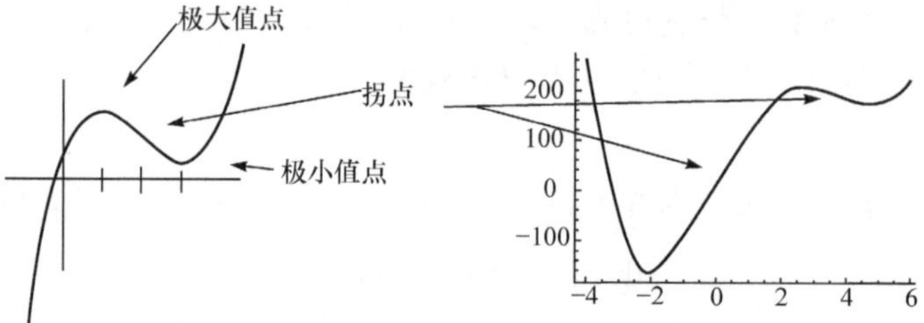

(a) 2极大值/极小值+1拐点　(b) 3极大值/极小值+2拐点

图 6.3　三次曲线和四次曲线

例 6.1　拐点

四次方程式 $y = x^4 - 8x^3 - 2x^2 + 120x + 6$ 有三个极值和两个拐点。

$$\mathrm{d}y/\mathrm{d}x = 4x^3 - 24x^2 - 4x + 120 = 4(x+2)(x-3)(x-5)$$

当 x=−2, +3, +5 时取值为 0。因此，有三处地方曲线达到峰值或谷值：(−2,−162),(3,213),(5,181)。

$$\mathrm{d}^2y/\mathrm{d}x^2 = 12x^2 - 48x - 4 = 4(3x^2 - 12x - 1)$$

使用第 3 章中的公式求二次方程的解，$ax^2 + bx + c = 0$ 的解为 $x = \left[-b \pm \sqrt{(b^2 - 4ac)}\right]/2a$。

因此，当 $x = \left[12 \pm \sqrt{(144+23)}\right]/6$，即 $x \approx -0.08$ 或 $x \approx 4.08$ 时，$(3x^2 - 12x - 1)$ 取值为 0。

在第 8 章中将讨论曲线上一点的曲率半径的概念。在拐点处，曲率半径是无穷大的。

6.2　三角函数的微分

在解释微分的使用之前，需要考虑三角函数及它们该如何微分。在第 5 章有

$$\sin(A+B) = \sin A\cos B + \cos A\sin B$$

因此，有

$$\sin(\theta + \delta\theta) = \sin\theta\cos\delta\theta + \cos\theta\sin\delta\theta$$

在第 5 章中，把“正弦”定义为对边除以斜边等于 BC/AC，如图 6.4 中所示，把“余弦”定义为邻边除以斜边等于 AB/AC。当 BC 边越来越小时，会有角 $\delta\theta$ 接近于 0，最终 $AB = AC$。因此，当 $\delta\theta$ 趋近于 0 时，$\delta\theta$ 的余弦值等于 $AB/AC = 1$。如果 $AC = R$，$\delta\theta$ 表示弧度，则 $BC = R\delta\theta$。

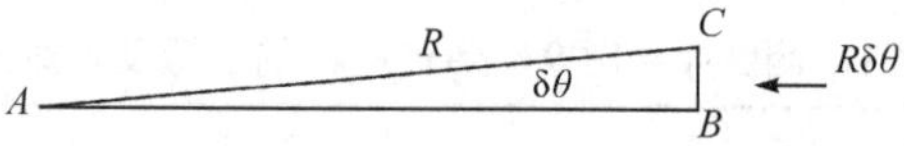

图 6.4　小角度

$$y + \delta y = \sin(\theta + \delta\theta) = \sin\theta\cos\delta\theta + \cos\theta\sin\delta\theta = \sin\theta + \delta\theta\cos\theta$$

既然 $y = \sin\theta$，那么 $\delta y = \delta\theta\cos\theta$，或者 $\delta y/\delta\theta = \cos\theta$。回到批注 $y = \sin x$ 上，则有 $\mathrm{d}y/\mathrm{d}x = \cos x$。

从第 5 章中已经能得出 $\cos(A+B) = \cos A\cos B - \sin A\sin B$，如果 $y = \cos\theta$，则有

$$y + \delta y = \cos(\theta + \delta\theta) = \cos\theta\cos\delta\theta - \sin\theta\sin\delta\theta = \cos\theta - \delta\theta\sin\theta$$

因此，$\delta y/\delta\theta=-\sin\theta$。于是，如果 $y=\cos x$，则 $dy/dx=-\sin x$。结果总结在框注 6.2 和例 6.2 中。

框注 6.2　三角函数的微分

如果 $y=\sin x$，那么 $dy/dx=\cos x$
如果 $y=\cos x$，那么 $dy/dx=-\sin x$
如果 $y=\tan x$，那么 $dy/dx=\sec^2 x$
如果 $y=\csc x$，那么 $dy/dx=-\csc x\cot x$
如果 $y=\sec x$，那么 $dy/dx=\sec x\tan x$
如果 $y=\cot x$，那么 $dy/dx=-\csc^2 x$

例 6.2　$\sin x$ 的变化率

已经在框 6.2 中说明，如果 $y=\sin x$，则 $dy/dx=\cos x$。为了说明这一点，令 $x=30°=\pi/6\text{ rad}=0.5235987756^{r}$：

$$\sin 0.5235988^{r}=0.50000002113249$$

$$\sin 0.5235989^{r}=0.50000010773503$$

两者之差等于 $0.00000008660254=\sin 30°$ 在 0.0000001rad 角差上的变化率。

$$\cos 30°=0.8660254$$

因此，$\sin 30°$ 的变化率等于 $\cos 30°$。

在考虑其他三角函数之前，需要考虑如何微分乘积。考虑 $y=\sin^2 x=\sin x\times\sin x$，先令 $u=\sin x$，则 $du/dx=\cos x$。如果 $y=\sin^2 x$，则 $y=u^2$，$dy/du=2u$。

记住 dy/du 表示 $\delta y/\delta u$ 在 δy、δu 接近于 0 时的极限值，则有

$$\frac{\delta_y}{\delta_x}=\frac{\delta_y\times\delta_u}{\delta_x\times\delta_u}=\frac{\delta_y\times\delta_u}{\delta_u\times\delta_x}=\frac{\delta_y}{\delta_u}\times\frac{\delta_u}{\delta_x}$$

在极限中，有

$$(dy/dx)=(dy/du)\times(du/dx)=2u\times\cos x=2\sin x\cos x$$

因此，如果有

$$y=\sin^2 x$$

则有

$$dy/dx=2\sin x\cos x$$

相似地，如果有

$$y=\sin^3 x$$

则有

$$dy/dx=3\sin^2 x\cos x$$

因此，如果有

$$y=\sin^n x$$

则有

$$dy/dx=n\sin^{(n-1)}x\cos x$$

如果 $y=u\times v$，其中 u 和 v 都是 x 的函数，则有

$$dy/dx=u dv/dx+v du/dx$$

用这个公式来微分 $\tan x$。

如果有

$$y=\tan x=\sin x/\cos x$$

则令

$$u=\sin x$$

对于

$$du/dx=\cos x$$

如果有

$$v=\sec x=1/\cos x=(\cos x)^{-1}$$

则有

$$dv/dx=-1\times(\cos x)^{-2}\times\left[d(\cos x)/dx\right]$$

因此，有

$$dv/dx=-1\times(\cos x)^{-2}\times(-\sin x)=\sin x/(\cos^2 x)=\tan x\sec x$$

(将其写作 $y=\sec x$， $dy/dx=\sec x\tan x$)。

如果有

$$y=\tan x=\sin x/\cos x=u\times v$$

则有

$$du/dx=\cos x \text{ 和 } dv/dx=\sec x\tan x$$

替换掉方程“$dy/dx=u dv/dx+v du/dx$”中的这些变量值，得到

$$y=\tan x$$

则

$$dy/dx=\sin x\times[\sin x/(\cos^2 x)]+(1/\cos x)\times\cos x=\sin^2 x/\cos^2 x+1$$
$$=(\sin^2 x+\cos^2 x)/\cos^2 x=1/\cos^2 x=\sec^2 x$$

(因为 $\sin^2 x+\cos^2 x=1$)。因此，如果有 $y=\tan x$ 则 $dy/dx=\sec^2 x$。

类似的关系对余割 $\csc x$ 和余切 $\cot x$ 也成立，在框注 6.2 中有总结。

6.3 多项式函数

回到一般多项式形式

$$y = f(x) = a_0 + a_1x + a_2x^2 + a_3x^3 + a_4x^4 + \cdots + a_nx^n$$

注意：除了 $a_0 = a_0x^0$，$a_1x = a_1x^1$，当 $x = 0$ 时 $f(x)$ 的值 $f(0) = a_0$。

$$\mathrm{d}y / \mathrm{d}x = f'(x) = a_1 + 2a_2x + 3a_3x^2 + 4a_4x^3 + \cdots + na_nx^{(n-1)}$$

当 $x = 0$ 时，$f'(0) = a_1$ 或 $a_1 = f'(0)/1$。如果微分 $f'(x)$，可以得到 $f''(x)$，且

$$\mathrm{d}^2y / \mathrm{d}x^2 = f''(x) = 2a_2 + 2\times3a_3x + 3\times4a_4x^2 + \cdots + (n-1)na_nx^{(n-2)}$$

因此有

$$f''(0) = 2a_2$$

或者

$$a_2 = f''(0)/(1\times2)$$

继续微分，有

$$\mathrm{d}^3y / \mathrm{d}x^3 = f'''(x) = 1\times2\times3a_3 + 2\times3\times4a_4x + \cdots + (n-2)(n-1)nx^{(n-3)}$$

因此得到

$$f'''(0) = 1\times2\times3\times a_3$$

$$a_3 = f'''(0)/(1\times2\times3)$$

如果一直重复这个过程，可以发现

$$a_n = f^n(0)/(1\times2\times3\times\cdots\times n) = f^n(0)/n!$$

其中，$f^n(0)$ 是当 $x = 0$ 时第 n 次微分的值。因此，可以写出原方程为

$$y = f(0) + x^1f'(0)/1! + x^2f''(0)/2! + x^3f'''(0)/3! + \cdots + x^nf^n(0)/n!$$

该方程称为麦克劳林(Maclaurin)定理，是由 18 世纪苏格兰数学家科林 · 麦克劳林提出的。它与函数如 $f(x) = \sin x$ 有特定关联，由此可以得到 $f'(x) = \cos x$，$f''(x) = -\sin x$，$f'''(x) = -\cos x$，以及 $f^{IV}(x) = \sin x$。

既然 $\sin(0) = 0$，$\cos(0) = 1$，那么通过测量 x(单位为弧度)并使用麦克劳林定理展开公式，可以得到

$$\sin x = x - x^3/3! + x^5/5! - x^7/7! + \cdots$$

类似地，

$$\cos x = 1 - x^2/2! + x^4/4! - x^6/6! + \cdots$$

因此，就有了一种计算 $\sin x$ 和 $\cos x$ 的方法。

如果定义指数函数 $f(x) = \mathrm{e}^x$，那么它的微分就是函数本身，即 $f'(x) = \mathrm{e}^x = f''(x)$。由于 $\mathrm{e}^0 = 1$ (任何数的零次幂等于 1)，则

$$\mathrm{e}^x = 1 + x^1/1! + x^2/2! + x^3/3! + x^4/4! + \cdots$$

$$\mathrm{e}^1 = 1 + 1/1! + 1/2! + 1/3! + 1/4! + \cdots = 2.7182818$$

这种展开是无限的，但是它们收敛很快，使得像正弦、余弦、指数函数这样的函数值计

算相对简单(框注 6.3 和例 6.3)。这种多项式形式不可能表示所有的函数，但是还是有很多函数可以用这种方式表示。

框注 6.3 麦克劳林定理

如果 $y = f(x)$，则

$$y = f(0) + xf'(0)/1! + x^2 f''(0)/2! + x^3 f'''(0)/3! + \cdots + x^n f^n(0)/n!$$

特别地，有

$$e^x = 1 + x^1/1! + x^2/2! + x^3/3! + x^4/4! + \cdots$$

而且，当 x 用弧度衡量时，有

$$\sin x = x - x^3/3! + x^5/5! - x^7/7! + \cdots$$

$$\cos x = 1 - x^2/2! + x^4/4! - x^6/6! + \cdots$$

另外(6.4 节)，$\log_e(1+x) = \ln(1+x) = x - x^2/2 + x^3/3 - x^4/4 + \cdots$

例 6.3 用麦克劳林定理求正弦和余弦值

首先，考察 sin30°，其中 $30° = \pi/6$ rad 等于 0.5235987756^r。使用框注 6.3 中的公式，即 $\sin x = x - x^3/3! + x^5/5! - x^7/7! + \cdots$，则有

$$\sin 30° = 0.5235988 - 0.0239246 + 0.0003280 - 0.0000021 + \cdots = 0.5$$

使用公式 $\cos x = 1 - x^2/2! + x^4/4! - x^6/6! + \cdots$，则有

$$\cos 30° = 1 - 0.1370778 + 0.0031317 - 0.0000286 + 0.0000001 - \cdots = 0.8660254$$

这些值与正弦和余弦值表上的一致。

注意上面所给的 e^x 的展开式中，可以用 e^{nx} 代替 e^x，其中 n 是常数。e^{nx} 的展开式中通用项是 $(nx)^r/r! = n^r x^r/r!$，微分后，有

$$d(n^r x^r/r!)/dx = rn^r x^{r-1}/r! = n\left[n^{r-1}x^{r-1}/(r-1)!\right]$$

这适用于 e^{nx} 展开式中的每一项。因此，e^{nx} 的微分等于 nxe^{nx}，或

$$d(e^{nx})/dx = n \times e^{nx}$$

特别地，e^{-x} 的微分等于 $d(e^{-x})/dx = -e^{-x}$。

如果 $y = e^x$，则 $\log_e y = \ln(e^x) = x\ln e = x$ (如第 2 章所示)。对 y 而不是 x 进行微分，得到

$$\frac{d(\ln y)}{dy} = dx/dy$$

定义 e^x 使 $dy/dx = e^x = y$。因此，有

$$dx/dy = 1/y$$

于是，有

$$\frac{d(\ln y)}{dy} = \frac{1}{y}$$

一般来讲，有

$$\frac{\mathrm{d}(\ln x)}{\mathrm{d}x}=\frac{1}{x}$$

则

$$\frac{\mathrm{d}(\ln y)}{\mathrm{d}x}=\frac{\mathrm{d}(\ln y)}{\mathrm{d}y}\times\frac{\mathrm{d}y}{\mathrm{d}x}=\left(\frac{1}{y}\right)\times\frac{\mathrm{d}y}{\mathrm{d}x}$$

在 $y=\mathrm{e}^{x^2}$ 这种情况下，$\ln y=x^2$，$(1/y)\mathrm{d}y/\mathrm{d}x=2x$。因此

如果 $y=\mathrm{e}^{x^2}$

则有

$$\frac{\mathrm{d}y}{\mathrm{d}x}=2yx=2x\mathrm{e}^{x^2}$$

如果将其扩展到三维或更高维度，将有函数：

$$z=f(x,y)=3x^3+2x^2y+y^3+4x+5y$$

若假设 y 被视为是一个常量，则可相对于 x 对 z 做微分。同理，可把 x 看作常量，则可只相对于 y 对 z 做微分。这称为偏导数，用 ∂ 表示。在该例中，有

$$\partial z/\partial x=9x^2+4xy+4$$

$$\partial z/\partial y=2x^2+3y^2+5$$

在 6.4 节中将会用到偏导数。

6.4 线 性 化

将复杂关系转化为变量线性组合的过程称为线性化。例如，艾萨克·牛顿爵士提出了一种求解非常复杂的非线性方程，他将问题简化到一维，将过程反复迭代直到得到满意的解。在第 2 章的例 2.4 中，说明了如何通过迭代得到平方根解，但没有解释为什么。

考虑到 $f(x)=k$ 的一般情况，其中，k 是常数；$f(x)$ 是 x 的函数，如多项式 ax^3+bx^2+cx。

求方程式 $ax^3+bx^2+cx=k$ 的解很复杂。事实上，用于求解方程的牛顿法(例 6.4)在五次或更高阶的多项式求解中特别有用，因为没有通用的代数方法来求解高阶方程。

例 6.4 求解多项式的牛顿法

在表 6.1 中，考虑函数 $y=f(x)=1+9x-6x^2+x^3$，微分为 $\mathrm{d}y/\mathrm{d}x=f'(x)=9-12x+3x^2$。$y$=0 时 x 取什么值呢？从表 6.1 中得知，答案肯定为 −0.5 ～0。尝试一下

$$x_0=-0.4\ ,\quad x_{\mathrm{new}}=x_{\mathrm{old}}-[f(x_{\mathrm{old}})-k]/f'(x_{\mathrm{old}})$$

$$k=1+9x-6x^2+x^3=0$$

下一步尝试为

$$x_1=-0.4-(1-3.6-0.96-0.064)/(9+4.8+0.48)=-0.4+3.624/14.28=-0.146$$

接着尝试 $x=-0.146$ ，有

$$x_2=-0.146-(1-1.314-0.128-0.003)/(9+1.752+0.064)=-0.146+0.445/10.816$$
$$=-0.105$$

再接着尝试 $x=-0.105$ ，有

$$x_3=-0.105-(1-945-0.066-0.001)/(9+1.260+0.033)=-0.105+0.012/10.293$$
$$=-0.104$$

精确到三位小数，得到解为–0.104。

然而，如果能够在一个近似解上作出猜测(三次方程当然会有三个可能的解，虽然有些可能是虚数)，那么可以计算

$$x_{\text{new}}=x_{\text{old}}-\left[\frac{f(x_{\text{old}}-k)}{f'(x_{\text{old}})}\right]=x_{\text{old}}-\left[f(x_{\text{old}}-k)/f'(x_{\text{old}})\right]$$

其中， $f(x_{\text{old}})$ 为 x 取当前假定值时的函数值； f' 为使用相同值估计的一阶导数。

一直重复这个过程，直到产生足够多的有效数字可以接受这个解。事实上，例 2.4 也是这样一个过程， $f(x)=x^2=k(k=27392834)$ ，且 $f'(x)=2x$ 。

令 $x_{\text{new}}=\left\{x_{\text{old}}-\left[(x_{\text{old}})^2-k\right]/2x_{\text{old}}\right\}=\left\{(1/2)\left[x_{\text{old}}+k/x_{\text{old}}\right]\right\}$ 。在第三次迭代中，找到了寻求的值。例 6.4 阐述了一个求解三次方程的详细过程。

在 6.3 节中，介绍了麦克劳林定理

$$y=f(0)+x^1f'(0)/1!+x^2f''(0)/2!+x^3f'''(0)/3!+\cdots+x^nf^n(0)/n!$$

另一个 18 世纪的数学家布鲁克·泰勒以他的名字命名了这个定理的推广，指出如果 $f(x)$ 是 $a_0+a_1x+a_2x^2+\cdots+a_nx^n$ 形式的多项式，则 δ 取任意数，都有

$$f(x+\delta)=f(\delta)+xf'(\delta)/1!+x^2f''(\delta)/2!+x^3f'''(\delta)/3!+\cdots+x^nf^n(\delta)/n!$$

其中， f^n 是 $f(x)$ 的 n 阶导数。框注 6.4 给出了它的证明。令 $\delta=0$ ，就得到了与麦克劳林定理相同的表达式。

如果 $y=f(x)=\ln(x)$ ，则有

$$f'(x)=(x)^{-1};f''(x)=-(x)^{-2};f'''(x)=+2(x)^{-3};\cdots;f^n(x)=(-1)^{(n-1)}(n-1)!(x)^{(-n)}$$

如果 $\delta=1$ ，则有

$$\ln(x+1)=f(1)+xf'(1)/1!+x^2f''(1)/2!+x^3f'''(1)/3!+\cdots+x^nf^n(1)/n!+\cdots$$

既然 $\ln(1)=0$ ，则有

$$f^n(1)=(-1)^{(n-1)}(n-1)!(1)^{(-n)}$$
$$x^nf^n(1)/n!=(-1)^{(n-1)}x^n/n$$

因此，有

$$\log_e(1+x)=\ln(1+x)=x-x^2/2+x^3/3-x^4/4+\cdots$$

正如在框注 6.4 中给出的：

$$f(x+\delta)=f(x)+\delta f'(x)/1!+\delta^2f''(x)/2!+\delta^3f'''(x)/3!+\cdots+\delta^nf^n(x)/n!$$

框注 6.4 泰勒公式

假设

$$f(x)=a_0+a_1x+a_2x^2+\cdots+a_nx^n$$

则有

$$f'(x)=a_1+2a_2x+\cdots+na_nx^{n-1}$$

$$f''(x)=2a_2+3\times 2a_3x+\cdots+n\times(n-1)a_nx^{n-2}$$，以此类推。

而且，对于

$$f(x+\delta)=a_0+a_1(x+\delta)+a_2(x+\delta)^2+\cdots+a_n(x+\delta)^n$$

则有

$$f'(x+\delta)=a_1+2a_2(x+\delta)+\ldots+na_n(x+\delta)^{n-1},$$

$f''(x+\delta)=2a_2+6a_3(x+\delta)+\cdots+n\times(n-1)a_n(x+\delta)^{n-2}$，以此类推。$x$ 可取任意值。因此，令 $x=0$，有

$$f(\delta)=a_0+a_1(\delta)+a_2(\delta)^2+\cdots+a_n(\delta)^n$$

$$f'(\delta)=a_1+2a_2(\delta)+\cdots+na_n(\delta)^{n-1}$$

$$f''(\delta)=2a_2+6a_3(\delta)+\cdots+n\times(n-1)a_n(\delta)^{n-2}$$，以此类推。

组合所有方程，得到泰勒公式，表示为

$$f(x+\delta)=f(\delta)+xf'(\delta)/1!+x^2f''(\delta)/2!+x^3f'''(\delta)/3!+\cdots+x^nf^n(\delta)/n!$$

也可以表示为

$$f(x+\delta)=f(x)+\delta f'(x)/1!+\delta^2f''(x)/2!+\delta^3f'''(x)/3!+\ldots+\delta^nf^n(x)/n!$$

如果 δ 很小，可以忽略掉 δ^2 项，整理得到

$$\delta=\left[\frac{f(x+\delta)-f(x)}{f'(x)}\right]=\left[f(x+\delta)-f(x)\right]/f'(x)$$

导出为

$$x_{\text{new}}=(x+\delta)=x_{\text{old}}-\left[f(x_{\text{old}})-k\right]/f'(x_{\text{old}})$$

其中，k 是想要取得的 $f(x)$ 的值。这就是解决复杂方程的牛顿法。

事实上，泰勒公式可以将应用扩展到其他多项式函数，包括形为 $z=f(x,y)$ 的函数。这涉及偏导数 $\dfrac{\partial^{(r+s)}f(x,y)}{\partial x^r\partial y^s}$，并且这个形式意味着所有偏导数项的组合达 $n=r+s$ 种。正如 6.3 节中指出的，一阶偏导是对一个变量的微分表达式，而其他变量被看作常数。在这里本书不打算探讨高阶偏导，幸运的是，如果已经做出了一个合理的近似，就能仅用一阶导数；如果没有，就要多次重复这个过程。由此可知：

$$f(x+\delta x,y+\delta y)=f(x,y)+(\partial f/\partial x)\delta x+(\partial f/\partial y)\delta y+\text{小值项}$$

其中，$\partial f/\partial x$ 为 $f(x,y)$ 关于 x 的微分；y 为常数。

在这里本书无法给出证明，但是注意，如果能忽略高阶项，那么留下的就是一个线性关

系的形式

$$f_{\text{new}} = f_{\text{old}} + (\partial f_{\text{old}} / \partial x)\delta x + (\partial f_{\text{old}} / \partial y)\delta y$$

其中，f_{old} 是指在函数 $f(x,y)$ 中插入初始值或迭代值时使用的值，以及它对 x 的偏导和对 y 的偏导。在第 14 章讨论最小二乘平差时，将通过一个例子来说明其应用。

6.5 积　　分

众所周知，微分的过程和积分是相反的。我们已经说明如果 $y = x^n$，则 $\mathrm{d}y / \mathrm{d}x = nx^{(n-1)}$。考察函数 $f(x) = c + x^{(n+1)} / (n+1)$，$c$ 是任意常数。如果微分该函数，得到 $f'(x) = x^n$。当微分的时候，引入的常量 c 消失了，因为它实际上是 cx^0，微分的结果为 0。

如果 $y = x^n$，则函数 $\left[c + x^{(n+1)} / (n+1)\right]$ 称为 y 的不定积分，之所以这么命名，是因为常量 c 现阶段未知。c 也称为积分常数。

y 的积分通常用形为 $\int$ 的加长字母 s 表示。如果 $y = bx$，则有

$$y \text{ 关于 } x \text{ 的积分} \int y\mathrm{d}x = \int (bx)\mathrm{d}x = c + bx^2 / 2$$

不是一直写作“关于 x”，而是使用之前的注明，写作“$\int y\mathrm{d}x$”，解释为“当我们将 y 关于 x 进行积分时会产生什么结果”。

如果 $y = \sin x$，那么 $\int y\mathrm{d}x = c - \cos x$，$\int \cos x\mathrm{d}x = c + \sin x$。在框注 6.5 中给出了积分计算的例子。

框注 6.5　积分表

$$\int x^n\mathrm{d}x = c + \{1/(n+1)\}x^{n+1}, \quad n \neq -1$$

$$\int x^{-1}\mathrm{d}x = c + \ln x$$

$$\int \sin x\mathrm{d}x = c - \cos x$$

$$\int \sin 2x\mathrm{d}x = c - (1/2)\cos 2x$$

$$\int \cos x\mathrm{d}x = \sin x + c$$

$$\int \mathrm{e}^{nx} = (1/n)\mathrm{e}^{nx} + c$$

还有

$$\int \tan x = \ln(\sec x) + c$$

$$\int \cot x = \ln(\sin x) + c$$

$$\int \sec x = \ln(\sec x + \tan x) + c$$

注：在框注 6.6 中会指出它与 $\ln\tan(\pi/4 + x/2) + c$ 等价。

$$\int \csc x = \ln(\csc x - \cot x) + c$$

注：在框注 6.6 中会指出它与 $\ln(\tan x/2) + c$ 等价。

框注 6.6 复合函数

在框注 6.5 中，引用一个事实 $(\sec x + \tan x) = \tan(\pi/4 + x/2)$。为了证明它，使用第 5 章中的框注 5.3 求 $\sin(A+B)$ 和 $\cos(A+B)$ 的公式。

$$\begin{aligned}\tan(\pi/4 + x/2) &= \sin(\pi/4 + x/2)/\cos(\pi/4 + x/2)\\ &= (\sin(\pi/4)\cos(x/2) + \cos(\pi/4)\sin(x/2))/(\cos\pi/4\cos(x/2) - \sin\pi/4\sin(x/2))\\ &= (\cos(x/2) + \sin(x/2))/(\cos(x/2) - \sin(x/2))\end{aligned}$$

(因为 $\sin(\pi/4) = \cos(\pi/4) = 1/\sqrt{2}$)。

分式上下都乘以 $(\cos(x/2) + \sin(x/2))$，那么，有

$$\tan(\pi/4 + x/2) = (\cos^2(x/2) + \sin^2(x/2) + 2\cos(x/2)\sin(x/2))/(\cos^2(x/2) - \sin^2(x/2))$$

但是 $\cos 2A = \cos^2 A - \sin^2 A$，$\sin 2A = 2\sin A\cos A$，且 $\cos^2 A + \sin^2 A = 1$。

因此，有

$$\tan(\pi/4 + x/2) = \{1 + \sin x\}/\cos x = \sec x + \tan x$$

所以，有

$$\int \sec x = \ln(\sec x + \tan x) + c = \ln\left[\tan(\pi/4 + x/2)\right] + c$$

同理，有

$$\csc x - \cot x = (1 - \cos x)/\sin x = (2\sin^2(x/2))/(2\sin(x/2)\cos(x/2))$$

因此，有

$$\csc x - \cot x = \tan(x/2)$$

所以，有

$$\int \csc x = \ln(\csc x - \cot x) + c = \ln(\tan(x/2)) + c$$

基本的计算方法为

$$\int [f(x) + g(x)]\mathrm{d}x = \int f(x)\mathrm{d}x + \int g(x)\mathrm{d}x$$

而且，有

$$\int kf(x)\mathrm{d}x = k\int f(x)\mathrm{d}x\text{，}k\text{ 为常数}$$

可以得到，如果有

$$y = f(x) \times g(x)$$

则有

$$\mathrm{d}y/\mathrm{d}x = g(x) \times \mathrm{d}f/\mathrm{d}x + f(x) \times \mathrm{d}g/\mathrm{d}x$$

可是 $\int [f(x) \times g(x)]\mathrm{d}x$ 不能用这种简单的方式处理，它不遵循这个规则。

鉴于积分是微分的相反形式，且 x^n 的积分等于 $\int x^n \mathrm{d}x = c + [1/(n+1)]x^{n+1}$，如果 n 是负数，可以应用同样的原则，因此，x^{-2} 的积分等于 $\int x^{-2}\mathrm{d}x = c - x^{-1}$。只有一个数例外，这个例外是指当 $n=-1$ 时，不能再采取这种方法来积分 x^{-1}，因为 $1/(n+1)$ 会变成 1/0，即无穷大。可以得到

$$\frac{\mathrm{d}(\ln x)}{\mathrm{d}x} = \frac{1}{x} = x^{-1}$$

知道了这一点后，有

$$\int x^{-1}\mathrm{d}x = c + \ln x$$

因为 e^x 的微分等于 e^x，它也满足 $\int \mathrm{e}^x dx = \mathrm{e}x + 常数$。而且，有

$$\int \mathrm{e}^{nx}\mathrm{d}x = (1/n)\mathrm{e}^{nx} + 常数$$

对三角函数而言，说明 $\tan x$ 的积分为 $\int \tan x = \ln(\sec x)$ 的最简单方式是微分该结果。因此，有

$$如果\ v = \sec x$$

那么，有

$$\mathrm{d}v/\mathrm{d}x = \sec x \tan x$$

还有

$$\mathrm{d}(\ln v)/\mathrm{d}v = 1/v$$

因此，有

$$\mathrm{d}[\ln(\sec x)]/\mathrm{d}x = \mathrm{d}(\ln v)/\mathrm{d}v \times (\mathrm{d}v/\mathrm{d}x) = (1/\sec x)\times \sec x \tan x = \tan x$$

6.6 面积与体积

地理信息科学和地理信息系统中积分经常应用于大量计算，其中之一就是面积的计算。例如，考虑在一条曲线上有两点(图 6.5)：

$$P(x,y),\quad P'(x+\delta x, y+\delta y)$$

线段 $MPP'M'$ 包括的区域面积记为 δA。于是，$\delta A = y\delta x + \frac{1}{2}\delta y\delta x$ 等于一个矩形加一个三角形的面积。6.1 节已讨论过，当 δx 和 δy 越来越小时，会有

$$\delta A/\delta x = y + \frac{1}{2}\delta y$$

取极限得

$$\mathrm{d}A/\mathrm{d}x = y$$

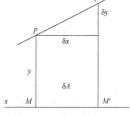

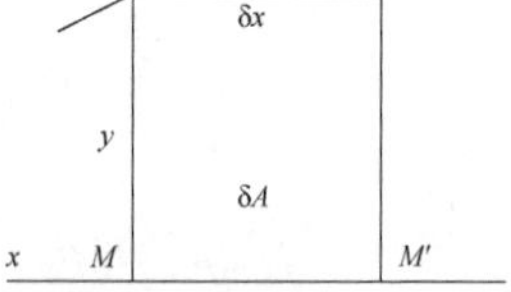

图 6.5 曲线下的面积

换种方式来说，在沿着曲线移动时，如果把所有 δA 都加起来，可以得到曲线下方的整个面积，即 $\sum \delta A$，$\sum$(sigma) 表示“总和”。

更具体地讲，当 δx 趋近于 0，可以改变微分符号，从而将求和符号从 $\sum$ 变成 $\int$，即

$$A=\int \mathrm{d}A=\int y\mathrm{d}x$$

因此，$\int y\mathrm{d}x$ 是曲线下的面积，介于曲线和 x 轴之间。

例如，假设 $y=x^2$，那么其曲线下的面积等于 $c+x^3/3$。当然，积分后得到的常数还是未知的。如果我们对曲线上两点间下方区域的面积感兴趣，例如，$x=1$ 与 $x=2$ 之间，那么这个面积等于 $\left[(c+2^3/3)-(c+1^3/3)\right]$，未知数 c 抵消后得到结果为 7/3。

通过对积分做出一定的限制(如从 $x=a$ 到 $x=b$)，得到定积分。将其写成 $\int_a^b y\mathrm{d}x$，它的意思是“积分 $\int y\mathrm{d}x$ 在 x 取值 b 的结果减去 x 取值 a 时结果的值”。

如果对积分给定了限制条件，那么结果有时会写成在方括号内，形式为 $[I]_{x=a}^{x=b}$，其中 I 是在 $x=b$ 和 $x=a$ 时的不定积分。

所以，如果有

$$y=x^2$$

则有

$$I=\frac{x^3}{3},\left[\frac{x^3}{3}\right]_{x=a}^{x=b}=\left(b^3-a^3\right)/3$$

回到图 6.4 中，小三角形 ABC 的面积为

$$\tfrac{1}{2}\times 底\times 高=\tfrac{1}{2}\times R\times R\delta\theta$$

如果我们在 0～2π 求积分，$\text{Area}=\int_0^{2\pi}\frac{1}{2R^2\mathrm{d}\theta}=1/2R^2\theta$ (θ 取值范围为 0～2π)。

即

$$\left[\frac{R^2\theta}{2}\right]_0^{2\pi}=(\pi R^2-0)=\pi R^2$$

这就证明了众所周知的圆面积公式。

如果 $y=ax^2+bx+c$ 且属于抛物线的一部分，那么在点对应 x_1 的 y_1 和对应 x_2 的 y_2 及 x 轴之间的面积为

$$\text{Area}=\left[\frac{ax^3}{3}+\frac{bx^2}{2}+cx\right]_{x_1}^{x_2}=\frac{ax_2^3}{3}+\frac{bx_2^2}{2}+cx_2-\frac{ax_1^3}{3}-\frac{bx_1^2}{2}-cx_1$$

$$=\frac{ax_2^3}{3}-\frac{ax_1^3}{3}+\frac{bx_2^2}{2}-\frac{bx_1^2}{2}+cx_2-cx_1$$

在这里，最小的公分母为 6。于是有

$$(x_2^3-x_1^3)=(x_2-x_1)(x_2^2+x_2x_1+x_1^2),(x_2^2-x_1^2)=(x_2-x_1)(x_2+x_1)$$

因此，有

$$
\begin{aligned}
\text{Area} &= \frac{1}{6}(x_2 - x_1)\left(2ax_2^2 + 2ax_2x_1 + 2ax_1^2 + 3bx_2 + 3bx_1 + 6c\right) \\
&= \frac{1}{6}(x_2 - x_1)\left(ax_2^2 + bx_2 + c + ax_1^2 + bx_1 + c + ax_2^2 + 2ax_2x_1 + ax_1^2\right. \\
&\quad \left. + 2bx_2 + 2bx_1 + 4c\right) \\
&= \frac{1}{6}(x_2 - x_1)\left[y_2 + y_1 + a(x_2 + x_1)^2 + 2b(x_2 + x_1) + 4c\right] \\
&= \frac{1}{6}(x_2 - x_1)\left[y_2 + y_1 + 4a\left(\frac{x_2 + x_1}{2}\right)^2 + 4b\left(\frac{x_2 + x_1}{2}\right) + 4c\right] \\
&= \frac{1}{6}(x_2 - x_1)\left\{y_2 + y_1 + 4y_m\right\}
\end{aligned}
$$

其中，y_m 是 x_1 和 x_2 中间点处 y 的值，$x = (x_1 + x_2)/2$。

这个公式是 18 世纪数学家托马斯·辛普森提出来的辛普森定理，它提供了一种用来确定地图上不规则形状的面积的方法。因此，在图 6.6 中，可以将一个区域划分成一系列等宽的条带，并量测各直线的长度。如果假设每个条带的宽为 w，如果把每一个条带看成平行四边形，则它的面积为

$$w \times (Y_r + Y_{r+1})/2$$

对于图 6.6 来说，有

$$\text{Area} = (w/2) \times (Y_0 + 2Y_1 + 2Y_2 + 2Y_3 + 2Y_4 + 2Y_5 + 2Y_6 + 2Y_7 + 2Y_8 + 2Y_9 + Y_{10})$$

假设边界是直线而不是曲线。如果假设条带的每一端是抛物线的一部分，那么可以使用辛普森公式(框注 6.7)。为此，首先，要确保有偶数个条带，其次，再处理每对条带。例如，第一对条带的面积为

$$(1/6) \times 2w \times (Y_0 + 4Y_1 + Y_2)$$

那么整个形状的面积将为

$$(w/3)\left(Y_0 + 4Y_1 + 2Y_2 + 4Y_3 + 2Y_4 + 4Y_5 + 2Y_6 + 4Y_7 + 2Y_8 + 4Y_9 + Y_{10}\right)$$

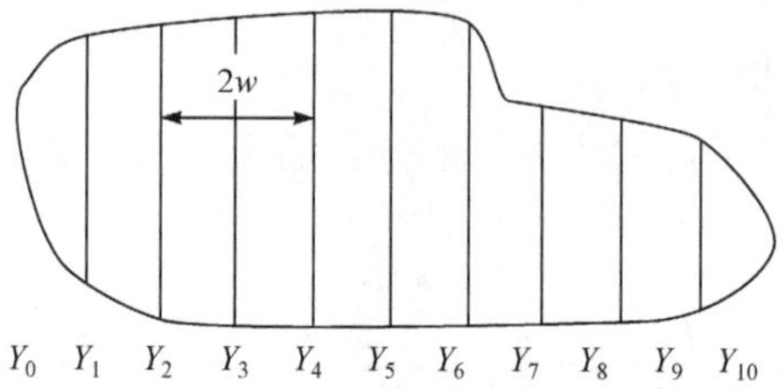

图 6.6　不规则形状的面积

框注 6.7　不规则形状的面积计算

> 对于宽为 w，长为 $Y_i (i = 0 \sim n)$ 的条带，由梯形公式得
>
> $$\text{Area} = (w/2) \times (Y_0 + 2Y_1 + 2Y_2 + 2Y_3 + 2Y_4 + 2Y_5 + \cdots + 2Y_{n-2} + 2Y_{n-1} + Y_n)$$
>
> 根据辛普森定理得面积为
>
> $$\text{Area} = (w/3)\left(Y_0 + 4Y_1 + 2Y_2 + 4Y_3 + 2Y_4 + 4Y_5 + \cdots + 2Y_{n-2} + 4Y_{n-1} + Y_n\right)$$
>
> 其中，n 是偶数。

当它假定边界是曲线，而不是直线时，公式通常会给出一个更好的近似结果。例 6.5 应用椭圆面积公式来说明，只用四个条带进行面积计算是多么的合理。

例 6.5 椭圆的面积公式

在第 4 章 4.6 节中，引用了椭圆面积公式“ πab ”，其中，a 是短半轴，b 是长半轴。这样计算的原因见第 4 章图 4.16，图中说明了辅助圆的面积为 πa^2 。由于在椭圆中平行于长轴方向的尺寸是不变的，而在短轴方向的尺寸以因子 b/a 的系数减小，椭圆的面积是辅助圆面积的 (b/a) 倍，即 $(b/a)\times(\pi a^2)$ 或 πab 。

将椭圆按平行于短轴的方向分成等宽的四个条带(图 6.7)。如果沿长轴间隔 $a/2$ ，那么 $y_0=0=y_4$; $y_2=2b$; $y_1=b\sqrt{3}=y_3$ ，因为椭圆由 $x^2/a^2+y^2/b^2=1$ 定义，且 x 在 y_1 和 y_3 处的值为 $\pm a/2$ ，长度的一半为 $b\sqrt{3}/2$ 。

使用辛普森定理(框注 6.7)，$w=a/2$ 时，椭圆的面积为

$$(a/6)(0+4\times b\sqrt{3}+2\times 2b+4\times b\sqrt{3}+0)=ab(4+8\sqrt{3})/6\approx 3ab$$

这与真值(πab 或 $3.14ab$)相差并不大，而这只是将椭圆切分为四个条带的计算结果。

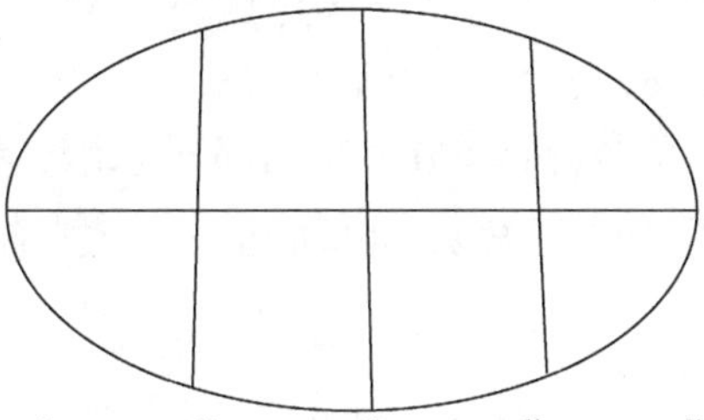

图 6.7 椭圆切成四个条带

积分计算的原理可以用来确定体积。一个柱体不管是什么形状，它的体积等于底面积×高，前提是侧面是平行的。因此，图 6.8 中的柱体体积等于 Ah 。

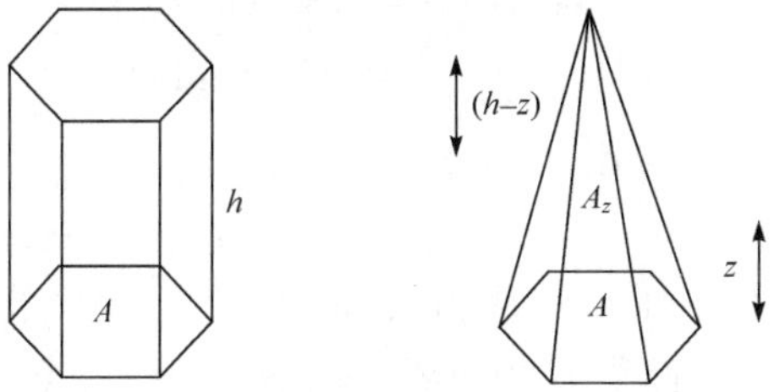

图 6.8 圆柱和圆锥的体积

对于圆锥体来说(可能是一个金字塔或任何其他基本形状，其底面积为 A，高为 h)，在底面上方高度为 z 的横截面切片的面积 A_z 将以底面积 A 为基准，在长度和宽度的量上成比例，为

$$(h-z)/h$$

它的面积为

$$A_z=\left[(h-z)/h\times(h-z)/h\right]\times A=\left(A/h^2\right)\left(h^2-2hz+z^2\right)$$

如果横截面厚度为 δz ，那么它的体积将为

$$\delta V=(A/h^2)(h^2-2hz+z^2)\delta z$$

如果从底到顶求和，得到

$$\mathrm{V}=\frac{A}{h^2}=\left(\frac{A}{h^2}\right)\left(h^2z-hz^2+\frac{z^3}{3}\right)_{z=0}^{z=h}=\frac{\left(\frac{1}{3}\right)Ah^3}{h^2}=\left(\frac{1}{3}\right)Ah=\left(\frac{1}{3}\right)\text{底面积}\times\text{高}$$

小　　结

积分常数：积分后必须加上的未知量。因此，$\int x\mathrm{d}x=x^2/2+c$，其中，$c$ 是积分常数。

定积分：在限定的区间内积分一个函数得到的值。给定一个多项式 $y=f(x)$，它表示曲线、x 轴，以及 x 取两条积分区间端点的直线之间的估计面积。因此，从 $x=a$ 到 $x=b$，它是 $\int f(x)$ 在 b 处的估计值与 a 处的估计值之差。中间抵消了积分常数。如果 $g(x)=\int f(x)$，则值为 $g(b)-g(a)$。区间写在积分号的上下端，形式为 $\int_a^b$ 或者 $\left[g(x)\right]_{x=a}^{x=b}$。

δ：一个微小变量，例如，δx 表示 x 上很小的增量。

导数：当 δ 趋近于 0 时，函数 $\left[f(x+\delta)-f(x)\right]/\delta$ 的极限。若 $y=f(x)$，则它的导数可写作 $\mathrm{d}y/\mathrm{d}x$ 或者 $f'(x)$。导数的导数(二阶导数)可写成 $\mathrm{d}^2y/\mathrm{d}x^2$ 或者 $f''(x)$。若 $y=x^n$，则导数为

$$\mathrm{d}y/\mathrm{d}x=nx^{(n-1)}。$$

$$\mathrm{d}^2y/\mathrm{d}x^2=n(n-1)x^{(n-2)}$$

$$\mathrm{d}\left[\sin(x)\right]/\mathrm{d}x=\cos(x)$$

$$\mathrm{d}\left[\cos(x)\right]/\mathrm{d}x=-\sin(x)$$

$$\mathrm{d}\left[\tan(x)\right]/\mathrm{d}x=\sec^2(x)$$

$$\mathrm{d}\left[\csc(x)\right]/\mathrm{d}x=-\csc(x)\cot(x)$$

$$\mathrm{d}\left[\sec(x)\right]/\mathrm{d}x=\sec(x)\tan(x)$$

$$\mathrm{d}\left[\cot(x)\right]/\mathrm{d}x=-\csc^2(x)$$

对数的导数为 $\ln(x)=1/x$。对于复合函数 $y=f(x)\times g(x)$，有 $\mathrm{d}y/\mathrm{d}x=f(x)\times g'(x)+g(x)\times f'(x)$，其中 $f'(x)$ 和 $g'(x)$ 是 $f(x)$ 和 $g(x)$ 的一阶导数。

如果 $y=u\times v$，其中 u 和 v 都是 x 的函数，那么 $\mathrm{d}y/\mathrm{d}x=u\mathrm{d}v/\mathrm{d}x+v\mathrm{d}u/\mathrm{d}x$。

微分学：数学的分支——研究导数。

微分：确定一个较低阶函数的导数的运算过程。

不定积分：当一个给定的函数在一个不确定的区间内积分时产生的函数，因此有必要引入一个未知量，称为积分常数。

积分：符号为∫，有时也被称为反导数。一个函数微分的结果被积分后还能得到此函数。因此，$\int x^n\mathrm{d}x=\left[x^{(n+1)}\right]/(n+1)+c$，其中，$c$ 是常量。

积分学：研究积分的数学分支。

积分：确定函数积分的过程。

线性化：将变量间复杂的关系转化成更简单的线性组合关系的过程。

麦克劳林公式：如果函数“f”是无限可微的，那么，有

$$f(x)=f(0)+x^1f'(0)/1!+x^2f''(0)/2!+\cdots x^nf^n(0)/n!+\cdots$$

其中，$f^n(0)$ 是 x 趋近于 0 的 n 阶导数。

$$\sin x=x-x^3/3!+x^5/5!-x^7/7!+\cdots$$

$$\cos x=1-x^2/2!+x^4/4!-x^6/6!+\cdots$$

$$e^x=1+x^1/1!+x^2/2!+x^3/3!+x^4/x!+\cdots$$

极大值与极小值：曲线上满足 $dy/dx=0$ 的点。

牛顿法：迭代使用下面等式求解复杂方程的方法。

$$x_{\text{new}}=x_{\text{old}}-\left[\frac{f(x_{\text{old}}-k)}{f'(x_{\text{old}})}\right]$$

法线：垂直于曲线上一点处切线的线。

偏导数：通常写成卷曲的 ∂ 。有两个变量或两个以上变量的函数的微分，只考虑其中一个变量，把其他变量假定成常数。如果有 $z=ax^2+by^2+cxy+dx+ey+f$ ，那么，

$$\partial z/\partial x=2ax+cy+d$$

$$\partial z/\partial y=2by+cx+e$$

拐点：曲线上满足 $d^2y/dx^2=0$ 的点，斜率从正到负或相反。在这一点上曲线通过切线的一侧。

极大值和极小值点：曲线上满足 $dy/dx=0$ 的点。

二阶导数(三阶或四阶)：dy/dx 的导数，为 d^2y/dx^2 。它是 dy/dx 的变化率。三阶导数是二阶导数的导数，等等。

辛普森定理：如果一个封闭的形状被划分成偶数个宽为 w、直线长度为 $y_0,y_1,\cdots,y_n$ 的条带，其中，n 是一个偶数，那么这个不规则形状的面积为

$$\text{Area}=(w/3)\times(y_0+4y_1+2y_2+4y_3+2y_4+\cdots+2y_{n-2}+4y_{n-1}+y_n)$$

切线：相切于曲线的直线，它的斜率等于 dy/dx 。

泰勒公式：如果 $f(x)$ 是一个多项式 $a_0+a_1x+a_2x^2+\ldots+a_nx^n$ ，且 δ 是任意数，那么

$$f(x+\delta)=f(\delta)+xf'(\delta)/1!+x^2f''(\delta)/2!+x^3f''(\delta)/3!+\ldots x^nf^n(\delta)/n!$$

例如，有

$$\log_e(1+x)=\ln(1+x)=x-x^2/2+x^3/3-x^4/4+\cdots$$

梯形公式：如果一个封闭的形状被划分成偶数个宽为 w，直线长度为 $y_0,y_1,\cdots,y_n$ 的条带，那么这个不规则形状的面积为

$$\text{Area}=(w/2)\times(y_0+2y_1+2y_2+2y_3+2y_4+\cdots+2y_{(n-2)}+2y_{(n-1)}+y_n)$$

棱锥或圆锥的体积：体积=1/3×底面积×高。

第 7 章 矩阵和行列式

7.1 基本矩阵运算

矩阵是一种速记的数学表达形式。从最简单的层面来说，矩阵是在封闭括号内的一组行列对齐的数字集合。矩阵中的每一个数都是一个元素，所有数的集合可以看作数组。但是本书不讨论矩阵中的每个元素，而是把矩阵看作一个整体并把它称为 $\boldsymbol{M}$。

例如，有

$$\boldsymbol{M}=\begin{pmatrix}1 & 2 & 3\\ 4 & 5 & 6\end{pmatrix}$$

是一个排列成两行三列的矩阵，它具有六个整数，称为 2×3 矩阵。就像一个电子表格一样，可以把 $\boldsymbol{M}$ 看成 6 个盒子或者单元格，每一个包含一个数字：

1	2	3
4	5	6

同样地，也可以有一列竖直堆放的单元格，如：

$$\begin{pmatrix}7\\ 8\\ 9\end{pmatrix}$$

这是具有三行一列的 3×1 矩阵。如果行数和列数相等，可以称为正方矩阵(方阵)，如：

$$\begin{pmatrix}-1 & 0 & 0\\ 0 & 2 & 0\\ 0 & 0 & -3\end{pmatrix}$$

这是一个具有 9 个单元格的 3×3 方阵。而且在这个例子中，所有的非零数字都在对角线上，称为对角矩阵。从左上到右下的对角线称作主对角线。如果所有的主对角线上的数字都是 1 而其他数字是 0，则该矩阵是单位矩阵，例如：

$$\begin{pmatrix}1 & 0\\ 0 & 1\end{pmatrix}\text{和}\begin{pmatrix}1 & 0 & 0\\ 0 & 1 & 0\\ 0 & 0 & 1\end{pmatrix}\text{和}\begin{pmatrix}1 & 0 & 0 & 0\\ 0 & 1 & 0 & 0\\ 0 & 0 & 1 & 0\\ 0 & 0 & 0 & 1\end{pmatrix}$$

都是单位矩阵而且经常写作 $\boldsymbol{I}$。

矩阵运算遵守相应的规则，因为是重复运算所以可以简单地用电脑实现。两个大小相同的矩阵可以进行加法和减法运算，这是通过相应元素的加减法实现的(框注 7.1)。例如，

$$\begin{pmatrix} 1 & 2 & 3 & 4 \\ 5 & 6 & 7 & 8 \end{pmatrix}$$

是一个 2×4 矩阵。另一个 2×4 矩阵为

$$\begin{pmatrix} 6 & -5 & 4 & -3 \\ 9 & -8 & 7 & 6 \end{pmatrix}$$

相加得到

$$\begin{pmatrix} 1+6 & 2-5 & 3+4 & 4-3 \\ 5+9 & 6-8 & 7+7 & 8+6 \end{pmatrix} = \begin{pmatrix} 7 & -3 & 7 & 1 \\ 14 & -2 & 14 & 14 \end{pmatrix}$$

$\begin{pmatrix} 1 & 2 & 3 \\ 4 & 5 & 6 \end{pmatrix}$不能跟$\begin{pmatrix} 7 \\ 8 \\ 9 \end{pmatrix}$进行加减法运算，因为这两个矩阵大小并不一致。

框注 7.1　矩阵加法和减法

> 如果矩阵 $\boldsymbol{A}$ 第 i 行 j 列的元素$=a_{ij}$，相同大小的矩阵 $\boldsymbol{B}$ 第 i 行 j 列$=b_{ij}$，则有
>
> $$\boldsymbol{A}+\boldsymbol{B}=\boldsymbol{C}\ (c_{ij}=a_{ij}+c_{ij})$$
>
> $$\boldsymbol{A}-\boldsymbol{B}=\boldsymbol{D}\ (d_{ij}=a_{ij}-b_{ij})$$

如果用一个数字来乘以整个矩阵，则矩阵中的每个元素都要和该数相乘，如：

$$\boldsymbol{M} = \begin{pmatrix} 1 & 2 & 3 & 4 \\ 5 & 6 & 7 & 8 \end{pmatrix}，\text{则 } 4\boldsymbol{M} = \begin{pmatrix} 4 & 8 & 12 & 16 \\ 20 & 24 & 28 & 32 \end{pmatrix}$$

需要注意使用一个黑斜体的字母来代表矩阵，如 $\boldsymbol{M}$。

当两个矩阵相乘时，要求第一个矩阵的列数等于第二个矩阵的行数，满足这样要求的矩阵称为合适(可乘)的。这是必需的，因为乘法是以特殊形式运算的，它创造了一个新矩阵，且行数和列数分别与第一个矩阵的行数和第二个矩阵的列数相等。换一种说法，如果第一个矩阵有 p 行 q 列，而第二个矩阵有 q 行 r 列，则两个矩阵相乘的结果具有 p 行 r 列。

例如，一个 2×2 的矩阵 $\boldsymbol{A} = \begin{pmatrix} a & b \\ d & e \end{pmatrix}$包含元素 a,b,d,e；假设矩阵 $\boldsymbol{B}$ 是个 2×1 的矩阵(包含元素 u 和 w)：$\boldsymbol{B} = \begin{pmatrix} u \\ w \end{pmatrix}$，则 $\boldsymbol{A} \times \boldsymbol{B} = \begin{pmatrix} a & b \\ d & e \end{pmatrix} \times \begin{pmatrix} u \\ w \end{pmatrix} = \begin{pmatrix} au+bw \\ du+ew \end{pmatrix}$。

在第一行，将第一个矩阵第一行的元素依次与第二个矩阵中第一列相对应的元素做乘法运算，第二行也是如此。2×2 矩阵左乘 2×1 矩阵的结果是一个 2×2 矩阵。相反地，不能用 2×1 矩阵来左乘 2×2 矩阵，因为第一个矩阵的列数与第二个矩阵的行数并不相同。在这种情况下 $\boldsymbol{B}\times\boldsymbol{A}$ 是不存在的。

3×3 矩阵左乘 3×2 矩阵也是同样的方法：

$$\begin{pmatrix} a & b & c \\ d & e & f \\ g & h & i \end{pmatrix} \times \begin{pmatrix} u & x \\ v & y \\ w & z \end{pmatrix} = \begin{pmatrix} au+nv+cw & ax+by+cz \\ du+ev+fw & dx+ey+fz \\ gu+hv+iw & gx+hy+iz \end{pmatrix} = \boldsymbol{C}$$

$\boldsymbol{C}$ 是一个 3×2 矩阵。

在以上的实例中，如果矩阵 **A** 中的数字 $a=e=i=1$(也就是说在主对角线上的元素都是 1)，而 **A** 的其他元素都是 0，则 **A** 是一个单位矩阵 **I**，即

$$\boldsymbol{A}=\boldsymbol{I}=\begin{pmatrix}1 & 0 & 0\\ 0 & 1 & 0\\ 0 & 0 & 1\end{pmatrix}$$

如果 $\boldsymbol{B}=\begin{pmatrix}u & x\\ v & y\\ w & z\end{pmatrix}$，则当计算 **C=I×B** 时，**C** 中所有的元素都与 **B** 相同，即 **I×B=B**。

再强调一下，如果 **A** 是个 3×3 矩阵且 **B** 是 3×2 矩阵，则可以使 **A** 左乘 **B** 得到新的矩阵 **C**。矩阵的顺序很重要，由于相应的行列数不一致，不能使 **B** 左乘 **A**。但如果 **A** 矩阵的行数和 **B** 矩阵的列数也相同，那么可以计算 **A×B** 和 **B×A**。例如，如果 **A** 是一个 4×2 矩阵而 **B** 是 2×4 矩阵，那么 **A×B** 是 4×4 矩阵，而 **B×A** 是 2×2 矩阵。因此，跟普通算术不一样，矩阵乘法中矩阵在左边还是右边是很重要的(框注 7.2 和例 7.1)。

框注 7.2　矩阵乘法(1)

如果矩阵 **A** 第 i 行 j 列的元素称为 a_{ij}，**B** 的列数跟 **A** 的行数相同，其 i 行 j 列的元素称为 b_{ij}，则有

$$\boldsymbol{A}\times\boldsymbol{B}=\boldsymbol{C}$$

c_{ij} 是 **A** 的 i 行元素同 **B** 的 j 列元素的乘积之和，为

$$c_{ij}=\left(a_{i1}b_{1j}+a_{i2}b_{2j}+a_{i3}b_{3j}+\cdots+a_{in}b_{nj}\right)$$

例 7.1　矩阵乘法

如果 **A** 是一个 4×2 矩阵，**B** 是一个 2×4 矩阵：

$$\boldsymbol{A}=\begin{pmatrix}2 & 5\\ 5 & 7\\ 7 & 3\\ 8 & 6\end{pmatrix},\ \boldsymbol{B}=\begin{pmatrix}7 & 9 & 3 & 1\\ 5 & 8 & 4 & 3\end{pmatrix};\ 则\ \boldsymbol{A}\times\boldsymbol{B}=\begin{pmatrix}39 & 58 & 26 & 17\\ 70 & 101 & 43 & 26\\ 64 & 87 & 33 & 16\\ 86 & 120 & 48 & 27\end{pmatrix}$$

$$\boldsymbol{B}=\begin{pmatrix}7 & 9 & 3 & 1\\ 5 & 8 & 4 & 3\end{pmatrix},\ \boldsymbol{A}=\begin{pmatrix}2 & 5\\ 5 & 7\\ 7 & 3\\ 8 & 6\end{pmatrix},\ 则\ \boldsymbol{B}\times\boldsymbol{A}=\begin{pmatrix}88 & 106\\ 102 & 111\end{pmatrix}$$

对于规律 **A×B=B×A** 来说，也有例外。例如，**B** 是满足 **A×B=I**(单位矩阵的矩阵)。如矩阵 **A** 为

$$\boldsymbol{A}=\begin{pmatrix}a & b\\ d & e\end{pmatrix}$$

而且，有

$$\boldsymbol{B}=\frac{1}{ae-bd}\times\begin{pmatrix} e & -b \\ -d & a \end{pmatrix}$$

如果 $\boldsymbol{A}\times\boldsymbol{B}$，可得到

$$\begin{pmatrix} 1 & 0 \\ 0 & 1 \end{pmatrix}$$

它是一个单位矩阵。用 $\boldsymbol{B}$ 左乘 $\boldsymbol{A}$ 即 $\boldsymbol{B}\times\boldsymbol{A}$ 也可得到同样的结果。具有这种性质的矩阵称为 $\boldsymbol{A}$ 的逆矩阵，记作 $\boldsymbol{A}^{-1}$。它具有的特性是 $\boldsymbol{A}\boldsymbol{A}^{-1}=\boldsymbol{A}^{-1}\boldsymbol{A}=\boldsymbol{I}$。说明见例 7.2。

例 7.2　逆矩阵

如果 $\boldsymbol{A}$ 是一个 3×3 的矩阵 $\begin{pmatrix} 1 & 4 & 3 \\ 2 & 5 & 4 \\ 7 & 6 & 7 \end{pmatrix}$ 且 $\boldsymbol{B}=\begin{pmatrix} -5.5 & 5 & -0.5 \\ -7 & 7 & -1 \\ 11.5 & -11 & 1.5 \end{pmatrix}$

则 $\boldsymbol{A}\times\boldsymbol{B}=\begin{pmatrix} 1 & 0 & 0 \\ 0 & 1 & 0 \\ 0 & 0 & 1 \end{pmatrix}=\boldsymbol{B}\times\boldsymbol{A}$

$\boldsymbol{A}\times\boldsymbol{B}=\boldsymbol{I}$，则 $\boldsymbol{B}=\boldsymbol{A}^{-1}$，即 $\boldsymbol{B}$ 是 $\boldsymbol{A}$ 的逆矩阵。

7.2　行　列　式

对于 2×2 的矩阵 $\boldsymbol{A}=\begin{pmatrix} a & b \\ d & e \end{pmatrix}$，数字$(ae-bd)$是 $\boldsymbol{A}$ 的一个特殊数，称为行列式。通常用直线括号表示为

$$\boldsymbol{A}\text{ 的行列式}=|\boldsymbol{A}|=\begin{vmatrix} a & b \\ d & e \end{vmatrix}=ae-bd$$

该符号不能和同样使用直线括号的模数相混淆。模数是一个正实数，代表的是量的绝对值，即不管其是正是负，因此 mod(−3)=| −3|=+3。

一个行列式是对具有 n 行 n 列的矩阵而言的，n 是整数，如 1,2,3,4 等。如果一个 2×2 矩阵且 $ae=bd$，则 $1/|\boldsymbol{A}|=1/0$，是无穷大的。所以矩阵 $\boldsymbol{A}$ 没有逆矩阵，则称为奇异矩阵。

对于 3×3 矩阵，其运算稍微复杂一些。计算过程被分为 3 个阶段。

$\begin{vmatrix} a & b & c \\ d & e & f \\ g & h & i \end{vmatrix}$ 可分为 3 部分：$\begin{vmatrix} a & . & . \\ . & e & f \\ . & h & i \end{vmatrix}$ 和 $\begin{vmatrix} . & b & . \\ d & . & f \\ g & . & i \end{vmatrix}$ 和 $\begin{vmatrix} . & . & c \\ d & e & . \\ g & h & . \end{vmatrix}$。

这些子分量每一个包含一个对应于行列式第一行各元素的 2×2 的行列式。所以 3×3 行列式的值可以按以下步骤计算：

$$|\boldsymbol{A}|=a(ei-fh)-b(di-fg)+c(dh-eg)$$

记下交替运算符号，加 a，减 b，加 c，往后依次运算。

如果一个行列式中有两行(列)或更多是成比例的，则$|\boldsymbol{A}|$是 0。例如，在框注 7.3 中的示例，第三行是第二行的倍数，则可以通过$[k\times d\ k\times e\ k\times f]$($k$ 是倍数)来表示$[g\ h\ i]$，即

$$|\boldsymbol{A}|= a(e\times k\times f-k\times e\times h)-b(\times k\times i-f\times k\times d)+c(d\times k\times e-e\times k\times d)=0$$

因而其相应矩阵为奇异矩阵。

框注 7.3　矩阵行列式

如果 $\boldsymbol{A}$ 是一个 3×3 的方阵，即

$$\boldsymbol{A}=\begin{vmatrix} a & b & c \\ d & e & f \\ g & h & i \end{vmatrix}，则|\boldsymbol{A}|=a\times\begin{vmatrix} e & f \\ h & i \end{vmatrix}-b\times\begin{vmatrix} d & f \\ g & i \end{vmatrix}+c\times\begin{vmatrix} d & e \\ g & h \end{vmatrix}$$

因此，$\boldsymbol{A}$ 的行列式$=|\boldsymbol{A}|=a(ei-fh)-b(di-fg)+c(dh-eg)$。

如果$|\boldsymbol{A}|=\mathbf{0}$，则其是奇异的。对于 4×4 矩阵，其行列式为

$$\begin{vmatrix} a & b & c & p \\ d & e & f & q \\ g & h & i & r \\ j & k & l & s \end{vmatrix}=a\times\begin{vmatrix} e & f & q \\ h & i & r \\ k & l & s \end{vmatrix}-b\times\begin{vmatrix} d & f & q \\ g & i & r \\ j & l & s \end{vmatrix}+c\times\begin{vmatrix} d & e & q \\ g & h & r \\ j & l & s \end{vmatrix}-p\times\begin{vmatrix} d & e & f \\ g & h & i \\ j & k & l \end{vmatrix}$$

其每一个 3×3 子行列式按照同样的方法进行计算。

其运算是整体整齐的，而且其交替运算符号为+、−、+、−，往后依次类推。

如果将矩阵 $\boldsymbol{A}$ 中的行向量转变为列向量，从而组成一个新矩阵，则称为 $\boldsymbol{A}$ 的转置矩阵，记作 $\boldsymbol{A}^{\mathrm{T}}$。在方阵情况下，因为行列式值的计算在行列之间是对称的，所以转置的行列式与原始行列式的数值相同，即$|\boldsymbol{A}|=|\boldsymbol{A}^{\mathrm{T}}|$。

同样地，如果 $\boldsymbol{A}$ 具有 n 行 n 列，将其所有元素乘以标量 k，则$|k\boldsymbol{A}|=k^n|\boldsymbol{A}|$，因此如果 $\boldsymbol{A}$ 是一个 3×3 矩阵且 $\boldsymbol{B}=2\boldsymbol{A}$，则$|\boldsymbol{B}|=2^3|\boldsymbol{A}|=8|\boldsymbol{A}|$，如例 7.3 所示。

例 7.3　一个 3×3 行列式

如例 7.2 所示，若矩阵 $\boldsymbol{A}$ 是$\begin{pmatrix} 1 & 6 & 3 \\ 2 & 5 & 4 \\ 7 & 4 & 7 \end{pmatrix}$，则有

$$|\boldsymbol{A}|=1\times(5\times7-4\times6)-4\times(2\times7-4\times7)+3\times(2\times6-5\times7)=11+56-69=-2$$

还是如例 7.2 所示，若 $\boldsymbol{B}=\begin{pmatrix} -5.5 & 5 & -0.5 \\ -7 & 7 & -1 \\ 11.5 & -11 & 1.5 \end{pmatrix}$，则有

$$\begin{aligned}|\boldsymbol{B}| &= -5.5\times(5\times1.5-1\times11)-5\times\left[-7\times1.5-(-1)\times11.5\right]+(-0.5)\times\left[(-7)\times(-11)-(7\times11.5)\right] \\ &= 2.75-5+1.75=-0.5\end{aligned}$$

注释：如果 $\boldsymbol{A}\times\boldsymbol{B}=|\boldsymbol{I}|$的行列式=1，则$|\boldsymbol{A}|\times|\boldsymbol{B}|=|\boldsymbol{B}|\times|\boldsymbol{A}|=|\boldsymbol{A}\times\boldsymbol{B}|=|\boldsymbol{B}\times\boldsymbol{A}|$。其应用于 $\boldsymbol{A}$ 和 $\boldsymbol{B}$ 都是可相乘的，尽管一般来说 $\boldsymbol{A}\times\boldsymbol{B}\neq\boldsymbol{B}\times\boldsymbol{A}$。

如果 k=1，则$|-\boldsymbol{A}|=(-1)^n|\boldsymbol{A}|$，且当 n 是奇数时结果为$-|\boldsymbol{A}|$。

例 7.4　将行列式中的各元素乘以一个系数

令

$$|A| = \begin{vmatrix} 1 & 2 & 3 \\ 4 & 6 & 5 \\ 9 & 7 & 8 \end{vmatrix} = 1\times\begin{vmatrix} 6 & 5 \\ 7 & 8 \end{vmatrix} - 2\times\begin{vmatrix} 4 & 5 \\ 9 & 8 \end{vmatrix} + 3\times\begin{vmatrix} 4 & 6 \\ 9 & 7 \end{vmatrix}$$

$$|A| = 1\times(48-35) - 2\times(32-45) + 3\times(28-54) = 13+26-78 = -39 = -1\times 39$$

将 A 中的各元素乘以系数 2，得到

$$|B| = \begin{vmatrix} 2 & 4 & 6 \\ 8 & 10 & 12 \\ 18 & 14 & 16 \end{vmatrix} = 2\times\begin{vmatrix} 12 & 10 \\ 14 & 16 \end{vmatrix} - 4\times\begin{vmatrix} 8 & 10 \\ 18 & 16 \end{vmatrix} + 6\times\begin{vmatrix} 8 & 12 \\ 18 & 14 \end{vmatrix}$$

$$|B| = 2\times(192-140) - 4\times(128-180) + 6\times(112-160) = 104+208-624 = -312 = -8\times 39$$

A 和 B 都是 3×3 的矩阵，A 中各元素乘以 2 得到新矩阵 B，则 B 的行列式$|B|=2^3|A|=8|A|$。

若不将矩阵 A 的每个元素都乘以系数 k，仅用 k'乘以单独的某一行(列)，则该矩阵的行列式值是原矩阵的 k'倍，即 $k'|A|$。如果交换两行(列)的顺序，则行列式值将变成原值的相反数。例如，在例 7.4 中的$|B|$，交换第 2 行和第 3 行，得到新矩阵 C，则有

$$|C| = \begin{vmatrix} 2 & 6 & 4 \\ 8 & 10 & 12 \\ 18 & 16 & 14 \end{vmatrix} = 2\times\begin{vmatrix} 10 & 12 \\ 18 & 14 \end{vmatrix} - 6\times\begin{vmatrix} 8 & 12 \\ 18 & 14 \end{vmatrix} + \begin{vmatrix} 8 & 10 \\ 18 & 16 \end{vmatrix}$$

$$= 2\times(140-192) - 6\times(112-216) + (128-180) = 104+624-208$$

$$= +312 = 8\times 39$$

这与例 7.4 中的$|B|$在数值大小上是一致的。

进而考虑两个方阵：

$$A = \begin{pmatrix} a_{11} & a_{12} & a_{13} \\ a_{21} & a_{22} & a_{23} \\ a_{31} & a_{32} & a_{33} \end{pmatrix}，\quad B = \begin{pmatrix} b_{11} & b_{12} & b_{13} \\ b_{21} & b_{22} & b_{23} \\ b_{31} & b_{32} & b_{33} \end{pmatrix}$$

则 $A\times B=$

$$\begin{pmatrix} a_{11}b_{11} & + & a_{12}b_{21} & + & a_{13}b_{31}a_{11}b_{12} & + & a_{12}b_{22} & + & a_{13}b_{32}a_{11}b_{13} & + & a_{12}b_{23} & + & a_{13}b_{33} \\ a_{21}b_{11} & + & a_{22}b_{21} & + & a_{23}b_{31}a_{21}b_{12} & + & a_{22}b_{22} & + & a_{23}b_{32}a_{21}b_{13} & + & a_{22}b_{23} & + & a_{23}b_{33} \\ a_{31}b_{11} & + & a_{32}b_{21} & + & a_{33}b_{31}a_{31}b_{12} & + & a_{32}b_{22} & + & a_{33}b_{32}a_{31}b_{13} & + & a_{32}b_{23} & + & a_{33}b_{33} \end{pmatrix}$$

$B\times A=$

$$\begin{pmatrix} b_{11}a_{11} & + & b_{12}a_{21} & + & b_{13}a_{31}b_{11}a_{12} & + & b_{12}a_{22} & + & b_{13}a_{32}b_{11}a_{13} & + & b_{12}a_{23} & + & b_{13}a_{33} \\ b_{21}a_{11} & + & b_{22}a_{21} & + & b_{23}a_{31}b_{21}a_{12} & + & b_{22}a_{22} & + & b_{23}a_{32}b_{21}a_{13} & + & b_{22}a_{23} & + & b_{23}a_{33} \\ b_{31}a_{11} & + & b_{32}a_{21} & + & b_{33}a_{31}b_{31}a_{12} & + & b_{32}a_{22} & + & b_{33}a_{32}b_{31}a_{13} & + & b_{32}a_{23} & + & b_{33}a_{33} \end{pmatrix}$$

或者重排后为

$$\begin{pmatrix} a_{11}b_{11} & + & a_{21}b_{12} & + & a_{31}b_{13}a_{12}b_{11} & + & a_{22}b_{12} & + & a_{32}b_{13}a_{13}b_{11} & + & a_{23}b_{12} & + & a_{33}b_{13} \\ a_{11}b_{21} & + & a_{21}b_{22} & + & a_{31}b_{23}a_{12}b_{21} & + & a_{22}b_{22} & + & a_{32}b_{23}a_{13}b_{21} & + & a_{23}b_{22} & + & a_{33}b_{23} \\ a_{11}b_{31} & + & a_{21}b_{32} & + & a_{31}b_{33}a_{12}b_{31} & + & a_{22}b_{32} & + & a_{32}b_{33}a_{13}b_{31} & + & a_{23}b_{32} & + & a_{33}b_{33} \end{pmatrix}$$

可以看到 $\boldsymbol{A}\times\boldsymbol{B}$ 的结果跟 $\boldsymbol{B}\times\boldsymbol{A}$ 的并不一样。但是，对比行列式：

$$|\boldsymbol{A}| = a_{11}(a_{22}a_{33} - a_{23}a_{32}) - a_{12}(a_{21}a_{33} - a_{23}a_{31}) + a_{13}(a_{21}a_{32} - a_{22}a_{31})$$

$$|\boldsymbol{B}| = b_{11}(b_{22}b_{33} - b_{23}b_{32}) - b_{12}(b_{21}b_{33} - b_{23}b_{31}) + b_{13}(b_{21}b_{32} - b_{22}b_{31})$$

不难得到

$$|\boldsymbol{A}\times\boldsymbol{B}| = |\boldsymbol{B}\times\boldsymbol{A}| = |\boldsymbol{A}|\times|\boldsymbol{B}| = |\boldsymbol{B}|\times|\boldsymbol{A}|$$

7.3 相关矩阵

将矩阵 $\boldsymbol{A}$(并不局限于方阵)的行列对换可以得到其转置矩阵 $\boldsymbol{A}^{\mathrm{T}}$，因此，如果有

$$\boldsymbol{A} = \begin{pmatrix} a & b & c & d \\ e & f & g & h \end{pmatrix}$$

则 $\boldsymbol{A}^{\mathrm{T}} = \begin{pmatrix} a & e \\ b & f \\ c & g \\ d & h \end{pmatrix}$

如果 $\boldsymbol{A}$ 有 m 行 n 列，则 $\boldsymbol{A}^{\mathrm{T}}$ 具有 n 行 m 列，可以进行乘法运算如 $\boldsymbol{A}\times\boldsymbol{A}^{\mathrm{T}}$ 和 $\boldsymbol{A}^{\mathrm{T}}\times\boldsymbol{A}$，尽管其结果可能不一样(框注 7.4)。

框注 7.4　矩阵乘法(2)

如果 $\boldsymbol{A}=\begin{pmatrix} a & b \\ c & d \end{pmatrix}$，$\boldsymbol{B}=\begin{pmatrix} e & f \\ g & h \end{pmatrix}$，则

$$\boldsymbol{A}\times\boldsymbol{B}=\begin{pmatrix} ae+bg & af+bh \\ ce+dg & cf+dh \end{pmatrix}，\boldsymbol{B}\times\boldsymbol{A}=\begin{pmatrix} ae+cf & br+df \\ ag+ch & bg+dh \end{pmatrix}$$

如果 $\boldsymbol{A}^{\mathrm{T}}=\begin{pmatrix} a & c \\ b & d \end{pmatrix}$，则 $\boldsymbol{A}\times\boldsymbol{A}^{\mathrm{T}}=\begin{pmatrix} a^2+b^2 & ac+bd \\ ac+bd & c^2+d^2 \end{pmatrix}$，$\boldsymbol{A}^{\mathrm{T}}\times\boldsymbol{A}=\begin{pmatrix} a^2+c^2 & ab+cd \\ ab+cd & b^2+d^2 \end{pmatrix}$

一般来说(并非所有情况)，有

$$\boldsymbol{A}\times\boldsymbol{B}\neq\boldsymbol{B}\times\boldsymbol{A}，\quad \boldsymbol{A}\times\boldsymbol{A}^{\mathrm{T}}\neq\boldsymbol{A}^{\mathrm{T}}\times\boldsymbol{A}$$

矩阵相乘的顺序至关重要。

在这个特例中，如果 $\boldsymbol{A}=(x\ y\ z)$，则 $\boldsymbol{A}^{\mathrm{T}}=\begin{pmatrix} x \\ y \\ z \end{pmatrix}$，而且 $\boldsymbol{A}\times\boldsymbol{A}^{\mathrm{T}}=(x^2+y^2+z^2)$，是个 1×1 矩阵。

如果计算 $\boldsymbol{A}^{\mathrm{T}}\times\boldsymbol{A}=\begin{pmatrix} x \\ y \\ z \end{pmatrix}(x\ y\ z)$，可以得到 $\boldsymbol{A}^{\mathrm{T}}\times\boldsymbol{A}=\begin{pmatrix} xx & xy & xz \\ yx & yy & yz \\ zx & zy & zz \end{pmatrix}$，是个 3×3 矩阵。

7.2 节介绍了按行和列标记每个元素的思想。与其将矩阵表示为 $A=(abcd)$ 的形式，倒不如表示为 $A=(a_{11}a_{12}a_{13}a_{14})$ 的形式更加直观明晰，如下面的 4×4 矩阵：

$$\begin{pmatrix} a_{11} & a_{12} & a_{13} & a_{14} \\ a_{21} & a_{22} & a_{23} & a_{24} \\ a_{31} & a_{32} & a_{33} & a_{34} \\ a_{41} & a_{42} & a_{43} & a_{44} \end{pmatrix}$$

一般来说，a_{ij} 表示第 i 行 j 列的元素，在转置矩阵中它变到了 j 行 i 列，即 a_{ji}。

可以认为一个方阵 $\boldsymbol{A}$ 中的元素组成了就像棋盘中的一个个正方形，如图 7.1 是 8×8 的棋盘，但我们仍假设它是 $n\times n$(n 是一个正整数)的。该棋盘第 i 行 j 列应包含了如 a_{ij} 的元素。如果剔除 i 行和 j 列的所有元素，则可得到一个$(n-1)\times(n-1)$的矩阵，称为 a_{ij} 的子矩阵。a_{ij} 的子矩阵的行列式值即 a_{ij} 的子式。

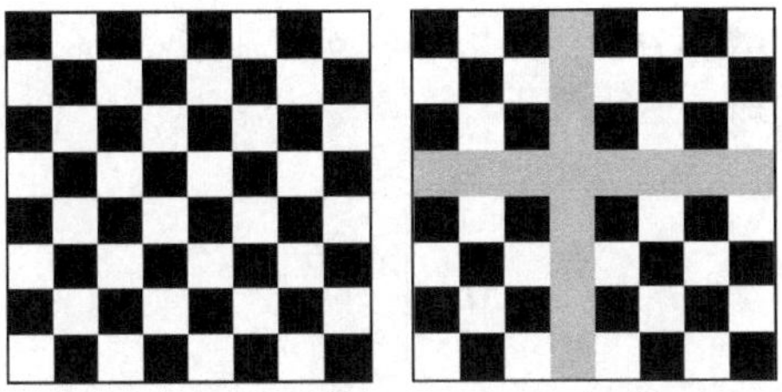

(a) 子矩阵　　　　(b) 余子式

图 7.1　子矩阵和余子式

如果将 a_{ij} 的子矩阵称作 $\boldsymbol{M}_{ij}$，则正如框注 7.3 所示，当计算矩阵 $\boldsymbol{A}$ 的行列式时，需要交替运算符号(加减加减加减等)。可以把棋盘中的黑格子作加法，白格子作减法，或者说符号是 $(-1)^{(i-j)}$。定义元素 a_{ij} 的余子式为矩阵 $(-1)^{(i-j)}\boldsymbol{M}_{ij}$ 的行列式值，记作 $\boldsymbol{A}_{ij}$。一个代数余子式是一个行列式值，即一个数字，是带符号(正或负)的 a_{ij} 的余子式。

矩阵 $\boldsymbol{A}$ 的行列式值是由某一行元素及其相应的余子式决定的，即

$$\left|\boldsymbol{A}\right| = a_{11}\boldsymbol{A}_{11} + a_{12}\boldsymbol{A}_{12} + a_{13}\boldsymbol{A}_{13} + \cdots + a_{1n}\boldsymbol{A}_{1n}$$

也可以选择第 i 行，即

$$\left|\boldsymbol{A}\right| = a_{i1}\boldsymbol{A}_{i1} + a_{i2}\boldsymbol{A}_{i2} + a_{i3}\boldsymbol{A}_{I3} + \cdots + a_{in}\boldsymbol{A}_{in}$$

该公式是基于选择第 i 行元素进行计算的。

因此，一个 $n\times n$ 的行列式值是由 n 个元素(第 i 行或列)及它们相应余子式的累加得到的。每个余子式都是由与它相应的子矩阵依次叠加得到的，每一个子矩阵从$(n-1)\times(n-1)$开始，直到迭代为 2×2。这是框注 7.3 的拓展。

将方阵 $\boldsymbol{A}$ 的伴随矩阵 $\boldsymbol{A}^*$定义为 $\boldsymbol{A}$ 元素在转置位置的余子式形成的新矩阵。因此对于 4×4 矩阵：

$$\boldsymbol{A}^* = \begin{pmatrix} A_{11} & A_{21} & A_{31} & A_{41} \\ A_{12} & A_{22} & A_{32} & A_{42} \\ A_{13} & A_{23} & A_{33} & A_{43} \\ A_{14} & A_{24} & A_{34} & A_{44} \end{pmatrix}$$

如果

$$A=\begin{pmatrix} a_{11} & a_{12} & a_{13} & a_{14} \\ a_{21} & a_{22} & a_{23} & a_{24} \\ a_{31} & a_{32} & a_{33} & a_{34} \\ a_{41} & a_{42} & a_{43} & a_{44} \end{pmatrix}$$

那么可以得到

$$AA^{*}=\begin{pmatrix} |A| & 0 & 0 & 0 \\ 0 & |A| & 0 & 0 \\ 0 & 0 & |A| & 0 \\ 0 & 0 & 0 & |A| \end{pmatrix}=|A|I$$

也可得到 $A^{*}\times A=|A|I$。通过 $AA^{-1}=A^{-1}A=I$ 可以求得 $A^{*}/|A|=A^{-1}$，即 A 的逆矩阵。因此通过计算某矩阵的伴随矩阵，可以得到其逆矩阵。

如果一个 2×2 矩阵为

$$M=\begin{bmatrix} a & b \\ c & c \end{bmatrix}$$

则有

$$M^{-1}=\frac{1}{(ad-bc)}\begin{bmatrix} d & -b \\ -c & a \end{bmatrix}$$

其行列式$|M|=(ad-bc)$。

如果一个 3×3 矩阵为

$$M=\begin{pmatrix} a & b & c \\ d & e & f \\ g & h & k \end{pmatrix}$$

则有

$$|M|=a(ek-fh)-b(dk-fg)+c(dh-eg)$$

$$M^{-1}=\begin{pmatrix} a & b & c \\ d & e & f \\ g & h & k \end{pmatrix}^{-1}=\frac{1}{|M|}\begin{pmatrix} A & B & C \\ D & E & F \\ G & H & K \end{pmatrix}^{\mathrm{T}}=\frac{1}{|M|}\begin{pmatrix} A & D & G \\ B & E & H \\ C & F & K \end{pmatrix}$$

A 表示 M 中元素 a 的余子式。也即

行列式$|M|=a(ek-fh)-b(dk-fg)+c(dh-eg)$

$$A=ek-fh;\quad B=-(dk-fg);\quad C=(dh-eg);$$

$$D=-(bk-ch);\quad E=(ak-cg);\quad F=-(ah-bg);$$

$$G=(bf-ec);\quad H=-(af-cd);\quad K=(ae-bd)$$

则有

$$M^{-1}=\frac{1}{a(ek-fh)-(dk-fg)+c(dh-eg)}\begin{bmatrix} (ek-fh) & (ch-bk) & (bf-ec) \\ (fg-dk) & (ak-cg) & (cd-af) \\ (dh-eg) & (bg-ah) & (ae-bd) \end{bmatrix}$$

如果有一个 4×4 矩阵为

$$\boldsymbol{M}=\begin{bmatrix} a & b & c & d \\ e & f & g & h \\ j & k & l & m \\ n & p & q & r \end{bmatrix}$$

则有

$$|\boldsymbol{M}|=a\begin{vmatrix} f & g & h \\ k & l & m \\ p & q & r \end{vmatrix}-b\begin{vmatrix} e & g & h \\ j & l & m \\ n & q & r \end{vmatrix}+c\begin{vmatrix} e & f & h \\ j & k & m \\ n & p & r \end{vmatrix}-d\begin{vmatrix} e & f & g \\ j & k & l \\ n & p & q \end{vmatrix}$$

或者有

$$|\boldsymbol{M}|=-e\begin{vmatrix} b & c & d \\ k & l & m \\ p & q & r \end{vmatrix}+f\begin{vmatrix} a & c & d \\ j & l & m \\ n & q & r \end{vmatrix}-g\begin{vmatrix} a & b & d \\ j & k & m \\ n & p & r \end{vmatrix}+h\begin{vmatrix} a & b & c \\ j & k & l \\ n & p & q \end{vmatrix}$$

或者有

$$|\boldsymbol{M}|=j\begin{vmatrix} b & c & d \\ f & g & h \\ p & q & r \end{vmatrix}-k\begin{vmatrix} a & c & d \\ e & g & h \\ n & q & r \end{vmatrix}+l\begin{vmatrix} a & b & d \\ e & f & h \\ n & p & r \end{vmatrix}-m\begin{vmatrix} a & b & c \\ e & f & g \\ n & p & q \end{vmatrix}$$

或者有

$$|\boldsymbol{M}|=-n\begin{vmatrix} b & c & d \\ f & g & h \\ k & l & m \end{vmatrix}+p\begin{vmatrix} a & c & d \\ e & g & h \\ j & l & m \end{vmatrix}-q\begin{vmatrix} a & b & d \\ e & f & h \\ j & k & m \end{vmatrix}+r\begin{vmatrix} a & b & c \\ e & f & g \\ j & k & l \end{vmatrix}$$

再扩展一下，该行列式为

$$\begin{aligned}|\boldsymbol{M}|=&a\left[f(lr-mq)-g(kr-mp)+h(kq-lp)\right]-b\left[e(lr-mq)-g(jr-mn)\right]\\&+f(jp-kn)+c\left[e(kr-pm)-f(jr-mn)+h(jp-kn)\right]\\&-d\left[e(kq-lp)-f(jq-ln)+g(jp-kn)\right]\end{aligned}$$

或者有

$$\begin{aligned}|\boldsymbol{M}|=&-\mathrm{e}\left[b(lr-mq)-c(kr-mp)+d(kq-lp)\right]\\&+f\left[a(lr-mq)-c(jr-mn)+d(jq-ln)\right]\\&-g\left[a(kr-mp)-b(jr-mn)+d(jp-kn)\right]\\&+h\left[a(kq-lp)-b(jq-ln)+c(jp-kn)\right]\end{aligned}$$

或者有

$$\begin{aligned}|\boldsymbol{M}|=&j\left[b(gr-hq)-c(fr-hp)+d(fq-gp)\right]\\&-k\left[a(gr-hq)-c(er-hn)+d(eq-gn)\right]\\&+l\left[a(fr-hp)-b(er-hn)+d(ep-fn)\right]\\&-m\left[a(fq-gp)-b(eq-gn)+c(ep-fn)\right]\end{aligned}$$

或者有

$$
\begin{aligned}
|\boldsymbol{M}| = &-n\left[b(gm-hl)-c(fm-hk)+d(fl-gk)\right] \\
&+p\left[a(gm-hl)-c(em-hj)+d(el-gj)\right] \\
&-q\left[a(fm-hk)-b(em-hj)+d(ek-fj)\right] \\
&+\left[a(fl-gk)-b(el-gk)+c(ek-fj)\right]
\end{aligned}
$$

这些式子都具有相同的值。

如果 **M** 的余子式是

$$
\begin{bmatrix} A & B & C & D \\ E & F & G & H \\ J & K & L & M \\ N & P & Q & R \end{bmatrix}
$$

则其伴随矩阵

$$
\boldsymbol{M}^{*} = \begin{bmatrix} A & E & J & N \\ B & F & K & P \\ C & G & L & Q \\ D & H & M & R \end{bmatrix}
$$

或者

$$
\begin{bmatrix}
\{f(lr-mq)-g(kr-mp)+h(kq-lp)\} & \{-b(lr-mq)+c(kr-mp)-d(kq-lp)\} & \{b(gr-hq)-c(fr-hp)+d(fq-gp)\} & \{-b(gm-hl)+c(fm-hk)-d(fl-gk)\} \\
\{-e(lr-mq)+g(jr-mn)-h(jq-kn)\} & \{a(lr-mq)-c(jr-mn)+d(jq-ln)\} & \{-a(gr-hq)+c(er-hn)-d(eq-gn)\} & \{a(gm-hl)-c(em-hj)+d(el-gj)\} \\
\{e(kr-pm)-f(jr-mn)+h(jp-kn)\} & \{-a(kr-mp)+b(jr-mn)-d(jp-kn)\} & \{a(fr-hp)-b(er-hn)+d(ep-fn)\} & \{-a(fm-hk)+b(em-hj)-d(ek-fj)\} \\
\{-e(kq-lp)+f(jq-ln)-g(jp-kn)\} & \{a(kq-lp)-b(jq-ln)+c(jp-kn)\} & \{-a(fq-gp)+b(eq-gn)-c(ep-fn)\} & \{a(fl-gk)-b(el-gk)+c(ek-fj)\}
\end{bmatrix}
$$

M 的逆矩阵 $\boldsymbol{M}^{-1}=(1/|\boldsymbol{M}|)\times\boldsymbol{M}^{*}$。例 7.5 中给出了一个实例，结果总结于框注 7.5 中。

例 7.5　一个 4×4 矩阵的逆矩阵

如果 $\boldsymbol{A}=\begin{bmatrix} 3 & 1 & 4 & 2 \\ 6 & 2 & 1 & 3 \\ -1 & 2 & 4 & 2 \\ 4 & 1 & 3 & 7 \end{bmatrix}$，它的伴随矩阵 $\boldsymbol{A}^{*}=\begin{bmatrix} 27 & 27 & -36 & -9 \\ -60 & 75 & 98 & -43 \\ 75 & -33 & -1 & -7 \\ -39 & -12 & 7 & 49 \end{bmatrix}$，$\boldsymbol{AA}^{*}=\begin{bmatrix} 243 & 0 & 0 & 0 \\ 0 & 243 & 0 & 0 \\ 0 & 0 & 243 & 0 \\ 0 & 0 & 0 & 243 \end{bmatrix}$

展示了 **A** 的行列式 $|\boldsymbol{A}|=243$。

框注 7.5　方阵的逆矩阵和转置矩阵

如果 $\boldsymbol{C}=\boldsymbol{AB}$，则 $\boldsymbol{C}^{\mathrm{T}}=\boldsymbol{B}^{\mathrm{T}}\boldsymbol{A}^{\mathrm{T}}$，且 $\boldsymbol{C}^{-1}=\boldsymbol{B}^{-1}\boldsymbol{A}^{-1}$。

类似地，如果 $\boldsymbol{D}=\boldsymbol{ABC}$，则 $\boldsymbol{D}^{\mathrm{T}}=\boldsymbol{C}^{\mathrm{T}}\boldsymbol{B}^{\mathrm{T}}\boldsymbol{A}^{\mathrm{T}}$，且 $\boldsymbol{D}^{-1}=\boldsymbol{C}^{-1}\boldsymbol{B}^{-1}\boldsymbol{A}^{-1}$，此处 $\boldsymbol{A}^{-1}$ 是方阵 $\boldsymbol{A}$ 的逆矩阵，$\boldsymbol{AA}^{-1}=\boldsymbol{A}^{-1}\boldsymbol{A}=\boldsymbol{I}$。

更一般地，$(\boldsymbol{A}^{-1})^{-1}=\boldsymbol{A}$；$(\boldsymbol{A}^{\mathrm{T}})^{-1}=(\boldsymbol{A}^{-1})^{\mathrm{T}}$；$(k\boldsymbol{A})^{-1}=\boldsymbol{k}^{-1}\boldsymbol{A}^{-1}$，$k$ 是一个规模系数，$\boldsymbol{A}^{*}$是方阵 $\boldsymbol{A}$ 的伴随矩阵，是由 $\boldsymbol{A}$ 各元素相应位置的余子式组成的。$\boldsymbol{A}^{*}\boldsymbol{A}=|\boldsymbol{A}|\boldsymbol{I}$ 或者 $\boldsymbol{A}^{*}/|\boldsymbol{A}|=\boldsymbol{A}^{-1}$。

当一个矩阵规模大于 4×4 的时候，将其拆分运算的表达式极其复杂。但是可以将其分块计算，例如，已有矩阵 $\boldsymbol{A}$、$\boldsymbol{B}$、$\boldsymbol{C}$ 和 $\boldsymbol{D}$。其中 $\boldsymbol{A}$ 和 $\boldsymbol{D}$ 是方阵，而且 $\boldsymbol{A}$ 和$(\boldsymbol{D}-\boldsymbol{CA}^{-1}\boldsymbol{B})$是非奇异的，则有

$$\begin{bmatrix}\boldsymbol{A} & \boldsymbol{B}\\ \boldsymbol{C} & \boldsymbol{D}\end{bmatrix}^{-1}=\begin{bmatrix}\boldsymbol{A}^{-1}+\boldsymbol{A}^{-1}\boldsymbol{B}\left(\boldsymbol{D}-\boldsymbol{CA}^{-1}\boldsymbol{B}\right)^{-1}\boldsymbol{CA}^{-1} & -\boldsymbol{A}^{-1}\boldsymbol{B}\left(\boldsymbol{D}-\boldsymbol{CA}^{-1}\boldsymbol{B}\right)^{-1}\\ -\left(\boldsymbol{D}-\boldsymbol{CA}^{-1}\boldsymbol{B}\right)^{-1}\boldsymbol{CA}^{-1} & \left(\boldsymbol{D}-\boldsymbol{CA}^{-1}\boldsymbol{B}\right)^{-1}\end{bmatrix}$$

这样可以将运算操作简化为一种更容易的形式，在此不再赘述。将会在 7.6 节讨论分块矩阵。

7.4 应用矩阵

现在开始考虑一些矩阵的简单应用，前面提到了矩阵是一种数学速记形式，只有当处理大量数据集的时候才会使用。矩阵是由如 a_{ij} 和 a_{kl} 这类只能进行加减乘除简单运算的数字组成的，其运算结果按照原矩阵中元素的位置排列而产生新矩阵。

矩阵运算理论上很适合计算机运算，因为其运算过程是连续重复的。如框注 7.6 所示，有一个简单的示例，关于两条直线的交点。其计算过程包括将一个矩阵转换为其逆矩阵($\boldsymbol{A}$ 到 $\boldsymbol{A}^{-1}$)，以及两个矩阵的乘法($\boldsymbol{A}^{-1}\times\boldsymbol{B}$)。

框注 7.6　求两条直线的交点

在第 3 章中，求过两条直线的交点。

将两条直线表达为

$$a_{11}x+a_{12}y=b_{11}$$
$$a_{21}x+a_{22}y=b_{21}$$

或者为

$$\begin{pmatrix}a_{11} & a_{12}\\ a_{21} & a_{22}\end{pmatrix}\begin{pmatrix}x\\ y\end{pmatrix}=\begin{pmatrix}b_{11}\\ b_{21}\end{pmatrix}$$

或者为 $\boldsymbol{AX}=\boldsymbol{B}$。

在等式两侧同时乘以 $\boldsymbol{A}^{-1}$ 得到 $\boldsymbol{A}^{-1}\boldsymbol{AX}=\boldsymbol{A}^{-1}\boldsymbol{B}$。

因为 $\boldsymbol{A}^{-1}\boldsymbol{A}=\boldsymbol{I}$，所以 $\boldsymbol{X}=\boldsymbol{A}^{-1}\boldsymbol{B}$。从前面 7.1 节末尾，可得

$$\boldsymbol{A}^{-1}=\left[1/\left(a_{11}a_{22}-a_{12}a_{21}\right)\right]\times\begin{pmatrix}a_{22} & a_{12}\\ -a_{21} & a_{11}\end{pmatrix}$$

因此，有

$$\boldsymbol{X}=\begin{pmatrix}x\\ y\end{pmatrix}=\left[1/\left(a_{11}a_{22}-a_{12}a_{21}\right)\right]\times\begin{pmatrix}a_{22} & -a_{12}\\ -a_{21} & a_{11}\end{pmatrix}\begin{pmatrix}b_{11}\\ b_{21}\end{pmatrix}$$

或者有

$$\begin{pmatrix} x \\ y \end{pmatrix} = \left[1/\left(a_{11}a_{22} - a_{12}a_{21}\right)\right] \times \begin{pmatrix} a_{22}b_{11} & -a_{12}b_{21} \\ -a_{21}b_{11} & a_{11}b_{21} \end{pmatrix}$$

或者有

$$x = \left(a_{22}b_{11} - a_{12}b_{21}\right) / \left(a_{11}a_{22} - a_{12}a_{21}\right)$$

$$y = \left(a_{11}b_{21} - a_{12}b_{11}\right) / \left(a_{11}a_{22} - a_{12}a_{21}\right)$$

这就是两条线的交点。例 7.6 给出了一个具体的例子。

例 7.6　直线求交

以直线 $3x+4y=10$ 和 $5x-7y=3$ 为例，可以将其表达为

$$\boldsymbol{AX}=\boldsymbol{B}$$

其中 $\boldsymbol{A}=\begin{pmatrix} 3 & 4 \\ 5 & -7 \end{pmatrix}$，$\boldsymbol{X}=\begin{pmatrix} x \\ y \end{pmatrix}$，$\boldsymbol{B}=\begin{pmatrix} 10 \\ 3 \end{pmatrix}$

根据框注 7.6 的方程式，有

$$\boldsymbol{A}^{-1} = [1/(-21-20)]\begin{pmatrix} -7 & -4 \\ -5 & 3 \end{pmatrix}$$

则

$$\boldsymbol{A}^{-1}\boldsymbol{B} = \{-1/41\}\begin{pmatrix} -7 & -4 \\ -5 & 3 \end{pmatrix}\begin{pmatrix} 10 \\ 3 \end{pmatrix} = \{-1/41\}\begin{pmatrix} -82 \\ -41 \end{pmatrix} = \begin{pmatrix} 2 \\ 1 \end{pmatrix} = \begin{pmatrix} x \\ y \end{pmatrix}$$

于是 $\begin{pmatrix} x \\ y \end{pmatrix} = \begin{pmatrix} 2 \\ 1 \end{pmatrix}$，即两条线的交点是 $x=2$，$y=1$。

在框注 7.6 和例 7.6 的计算中，如果行列式 $|\boldsymbol{A}|=\boldsymbol{0}$(当 $a_{11}a_{22}-a_{12}a_{21}=0$)，则该方程无解。当两条直线平行或者在有限空间内没有交点时会出现这种情况。

7.5　旋转和变换

当处理有关坐标系、位置变化或者基本的坐标轴变换问题时，矩阵代数非常有用。在二维空间内，原点可以通过增量(a,b)从原点 1 移到原点 2(图 7.2)。

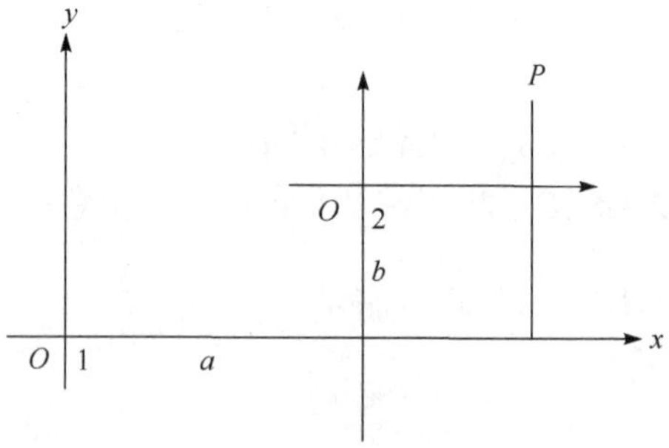

图 7.2　原点的移动变换

如果在坐标系中任一点 P 在原点 1 下的坐标是(x_1,y_1)，则相对于原点 2，其坐标是(x_1-a, y_1-b)。对于一系列的点，有

$$\boldsymbol{X}_n=\boldsymbol{X}_o-\boldsymbol{A}$$

其中，n 是新的坐标，o 是旧坐标，而且矩阵为

$$\boldsymbol{X}=\begin{pmatrix} x_i \\ y_i \end{pmatrix},\ \boldsymbol{A}=\begin{pmatrix} a \\ b \end{pmatrix}$$

$\boldsymbol{X}_n=\boldsymbol{X}_o-\boldsymbol{A}$ 可以应用于任何维度(尤其是三维)，该操作称为平移，意为从原点移到其他的点。

如果要将一个对象关于 y 轴作对称(图 7.3)，即得到其镜像。可以通过应用矩阵：

$$\begin{pmatrix} -1 & 0 \\ 0 & 1 \end{pmatrix} \text{ to } \begin{pmatrix} x \\ y \end{pmatrix}$$

来得到一个新的 x 值，$x_n=-x$，$y_n=y$。

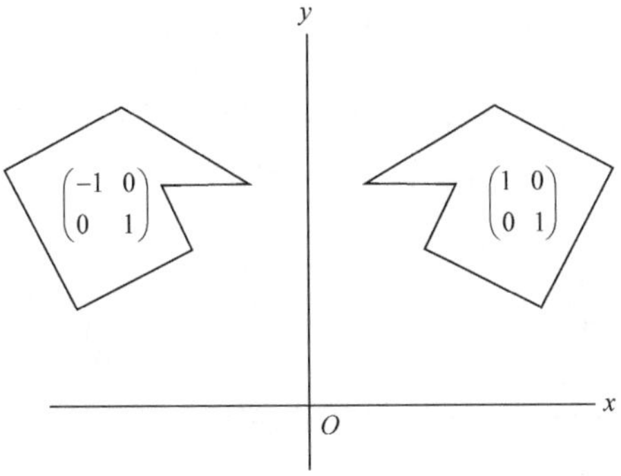

图 7.3　关于 y 轴的镜像

类似地，通过应用变换矩阵$\begin{pmatrix} 1 & 0 \\ 0 & -1 \end{pmatrix}$可以得到关于 x 轴对称的镜像。

如果要通过参数 s 改变坐标的规模大小即 $\boldsymbol{X}_n=s\boldsymbol{X}$，那么每一个 x 和 y 值都会被乘以系数 s。如果要改变 x 方向的比例且同 y 方向的不同，那么需要使用矩阵 $\boldsymbol{S}=\begin{pmatrix} s_1 & 0 \\ 0 & s_2 \end{pmatrix}$，即 $\boldsymbol{X}_n=\boldsymbol{SX}$。

因此，如果要通过系数 2 拉伸 x 方向的距离，系数 3 拉伸 y 方向的距离，可以使用矩阵$\begin{pmatrix} 2 & 0 \\ 0 & 3 \end{pmatrix}$，可以得到结果 $x_n=2x_0$，$y_n=3y_0$。

如果改变原点，可得到 $\boldsymbol{X}_n=\boldsymbol{SX}-\boldsymbol{A}$。如果要在改变规模前改变原点，则可得到 $\boldsymbol{X}_n=\boldsymbol{S}(\boldsymbol{X}-\boldsymbol{A})$。再次强调，执行操作的顺序对转换矩阵的影响很大。

如果要将坐标轴基于原方向旋转一个角度，如θ，那么矩阵代数为其提供了一种很简便的方式来描述该旋转(图 7.4)。

假设一个点 P 和坐标轴 OX_{old}、OY_{old}，且点 P 的坐标表达为 $x_o=OA$，$y_o=AP$。如果将原坐标轴按顺时针方向旋转 θ，从而得到 OX_{new}、OY_{new}，且新坐标为 $x_n=OB$，$y_n=BP$。令$\angle POA=\phi$，则 $PA=y_o=OP\sin\phi$，$OA=x_o=OP\cos\phi$。

$$\begin{aligned} BP=y_n&=OP\sin(\theta+\phi)=OP(\sin\theta\cos\phi+\cos\theta\sin\phi) \\ &=OP\sin\theta\cos\phi+OP\cos\theta\sin\phi \end{aligned}$$

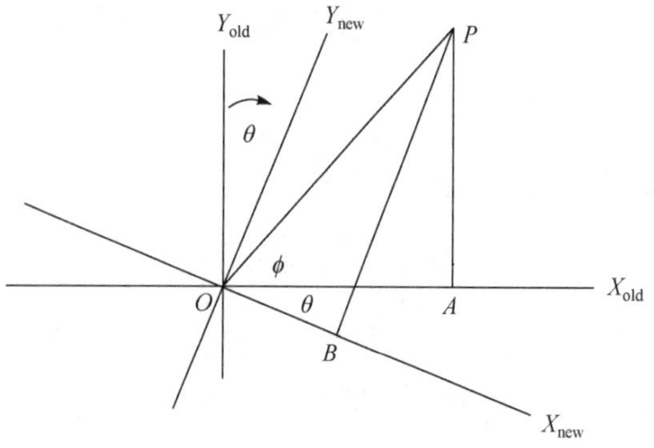

图 7.4　坐标轴的旋转

则 $y_n = y_o\cos\theta + x_o\sin\theta$，且 $OB = x_n = OP\cos(\theta+\phi) = OP(\cos\theta\cos\phi - \sin\theta\sin\phi)$。

因此 $x_n = x_o\cos\theta - y_o\sin\theta$，将其表达为矩阵形式为

$$\begin{pmatrix} x_n \\ y_n \end{pmatrix} = \begin{pmatrix} \cos\theta & -\sin\theta \\ \sin\theta & \cos\theta \end{pmatrix}\begin{pmatrix} x_o \\ y_o \end{pmatrix}$$

或者 $\boldsymbol{X}_n = \boldsymbol{R}\boldsymbol{X}_o$。

其中，$\boldsymbol{R} = \begin{pmatrix} \cos\theta & -\sin\theta \\ \sin\theta & \cos\theta \end{pmatrix}$。

记 $\boldsymbol{R}$ 的行列式$|\boldsymbol{R}|=\cos^2\theta + \sin^2\theta = 1$，则 $\boldsymbol{R}$ 的逆矩阵为

$$\boldsymbol{R}^{-1} = \begin{pmatrix} \cos\theta & \sin\theta \\ -\sin\theta & \cos\theta \end{pmatrix}$$

因此，有

$$\boldsymbol{R}\boldsymbol{R}^{-1} = \begin{pmatrix} \cos^2\theta + \sin^2\theta & \sin\theta\cos\theta - \sin\theta\cos\theta \\ \sin\theta\cos\theta - \sin\theta\cos\theta & \sin^2\theta\cos^2\theta \end{pmatrix} = \begin{pmatrix} 1 & 0 \\ 0 & 1 \end{pmatrix}$$

即单位矩阵 $\boldsymbol{I}$。任何矩阵与其逆矩阵相乘得到单位矩阵时，该矩阵称为正交矩阵。

在保持两坐标轴垂直的情况下旋转坐标轴、移动原点，甚至是改变比例，这些操作都称为相似变换，常应用于摄影测量和计算机建模过程中，第 10 章将举例说明。

上面的推导中，假设正旋转是顺时针旋转。由于 $\cos(-\theta)=\cos\theta$，$\sin(-\theta)=-\sin\theta$，如果将逆时针旋转当作正旋转，则可得到框注 7.7 和例 7.7。

$$\begin{pmatrix} x_n \\ y_n \end{pmatrix} = \begin{pmatrix} \cos\theta & \sin\theta \\ -\sin\theta & \cos\theta \end{pmatrix}\begin{pmatrix} x_o \\ y_o \end{pmatrix}$$

框注 7.7　坐标轴旋转

当把 x 和 y 轴按照顺时针旋转 θ 得到新的坐标系时有

$$\begin{pmatrix} x_n \\ y_n \end{pmatrix} = \begin{pmatrix} \cos\theta & -\sin\theta \\ \sin\theta & \cos\theta \end{pmatrix}\begin{pmatrix} x_o \\ y_o \end{pmatrix}$$

注：当保持坐标轴不变，反方向旋转对象(点、线或者多边形)时也是这个结果。

例 7.7　在二维平面中旋转一个对象

假设图 7.5 中的矩形 *ABCD* 各顶点的坐标分别为 *A*(4,6),*B*(8,6),*C*(8,3),*D*(4,3)，其中心为(6,4.5)，如果坐标(x_o, y_o)相对于原点的坐标是(x_i,y_i)(*i* 为 1,2,3,4)，且其中心为 $\boldsymbol{O}=\begin{pmatrix}6\\4.5\end{pmatrix}$。那么矩形的中心，新的($x_n$,$y_n$)是

$$\boldsymbol{X}_n=\boldsymbol{X}_o-\boldsymbol{O}$$

$$或\begin{pmatrix}x_n\\y_n\end{pmatrix}=\begin{pmatrix}x_o-6\\y_o-4.5\end{pmatrix}$$

将该多边形绕其中心顺时针旋转 40°，则 sin40°=0.6428，cos40°=0.7660。

应用该旋转矩阵 $\begin{pmatrix}0.7660 & 0.6428\\-0.6428 & 0.7660\end{pmatrix}$，可以得到

$$\begin{aligned}\begin{pmatrix}0.7660 & 0.6248\\-0.6248 & 0.7660\end{pmatrix}\begin{pmatrix}x_n\\y_n\end{pmatrix}&=\begin{pmatrix}0.7660 & 0.6428\\-0.6428 & 0.7660\end{pmatrix}\begin{pmatrix}x_o-6.0\\y_o-4.5\end{pmatrix}\\&=\begin{pmatrix}0.7660x_o-4.5960+0.6428y_o-2.8926\\-0.6428x_o+3.8568+0.7660y_o-3.4470\end{pmatrix}\\&=\begin{pmatrix}0.7660x_o+0.6428y_o-7.4886\\-0.6428x_o+0.7660y_o+0.4098\end{pmatrix}\end{aligned}$$

注意：旋转的是该对象，而不是坐标。

接下来回到原点，给 *x* 值增加到 6，*y* 值增加到 4.5，得到旋转后的新坐标为

$$\begin{pmatrix}0.7660x_o+0.6428y_o-1.4886\\-0.6428x_o+0.7660y_o+4.9098\end{pmatrix}$$

于是 *A*(4,6)变为(5.4322,6.9346)；*B*(8,6)变为(8.4962,4.3634)；*C*(8,3)变为(6.5678, 2.0654)；*D*(4,3)变为(3.5038,4.6366)。

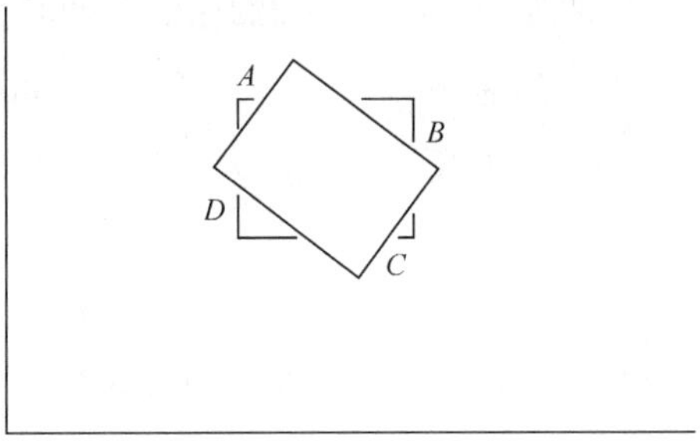

图 7.5　矩形的旋转

一般来说，当改变坐标轴方向时，$\boldsymbol{X}_n=\boldsymbol{R}\boldsymbol{X}_o$，$\boldsymbol{R}$ 称为旋转矩阵。因为在测绘学和 GIS 中经常提到的方位关系是顺时针计量的，所以顺时针的情况下可以使用该旋转公式。但是在摄影测量学中，标准转换是逆时针的，所以不可避免地会引起困惑。关键在于正弦符号有所不同。这个问题之所以发生是因为有时候向上看是顺时针，而向下看却变成了逆时针。在第 10 章给出了一个有关摄影测量计算的示例。

$\boldsymbol{R}$ 定义为是正交矩阵，但是有时候会出现需要将矩阵格网直角坐标系倾斜的情况。如图 7.6 所示，矩形原格网倾斜后形成了一个平面上的新格网。尽管平行于 *x* 轴和 *y* 轴的距离保持不变

($AP=AP'$)，但是坐标轴的角度不再是直角了。因此，如果坐标比例没有改变的话，在原格网上 P 坐标是(x_o,y_o)或者(OA, AP)，而在新格网上对于 P'点，其相对于原点的距离变为(OA, AP')。于是 P'的坐标变成了(x',y')或者(OB,BP')。

$$x' = OB = OA + AP'\sin\phi = x + y\sin\phi$$

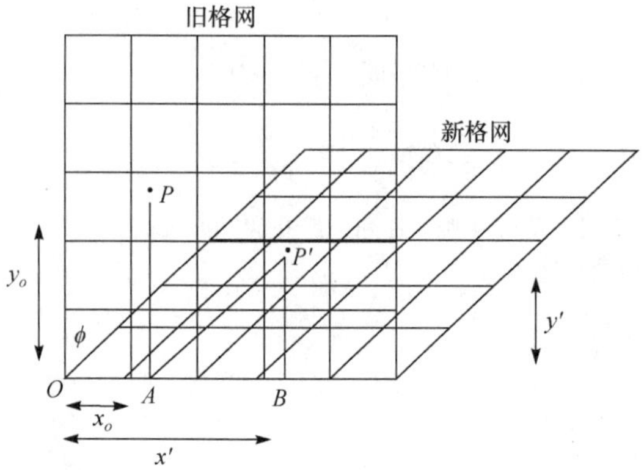

图 7.6　倾斜的格网

在此处 ϕ 是 y 轴顺时针旋转的角度。

$$Y' = BP' = AP'\cos\phi = y\cos\phi$$

因此，有

$$\begin{pmatrix} x' \\ y' \end{pmatrix} = \begin{pmatrix} 1 & \sin\phi \\ 0 & \cos\phi \end{pmatrix}\begin{pmatrix} x \\ y \end{pmatrix} \text{或者 } \boldsymbol{X}' = \boldsymbol{MX}$$

这里，$\boldsymbol{M}=\begin{pmatrix} 1 & \sin\phi \\ 0 & \cos\phi \end{pmatrix}$，不是正交变换。

如果通过系数 s_y 和系数 s_x 分别改变 x 轴和 y 轴的比例，使其变成 $s_y y$ 和 $s_x x$，则有

$$\begin{pmatrix} x' \\ y' \end{pmatrix} = \begin{pmatrix} 1 & \sin\phi \\ 0 & \cos\phi \end{pmatrix}\begin{pmatrix} s_x & 0 \\ 0 & s_y \end{pmatrix}\begin{pmatrix} x \\ y \end{pmatrix} = \begin{pmatrix} s_x & s_y\sin\phi \\ 0 & s_y\cos\phi \end{pmatrix}$$

注意：

$$\begin{pmatrix} 1 & \sin\phi \\ 0 & \cos\phi \end{pmatrix}\begin{pmatrix} s_x & 0 \\ 0 & s_y \end{pmatrix} = \begin{pmatrix} s_x & s_y\sin\phi \\ 0 & s_y\cos\phi \end{pmatrix}$$

同时：

$$\begin{pmatrix} s_x & 0 \\ 0 & s_y \end{pmatrix}\begin{pmatrix} 1 & \sin\phi \\ 0 & \cos\phi \end{pmatrix} = \begin{pmatrix} s_x & s_y\sin\phi \\ 0 & s_y\cos\phi \end{pmatrix}$$

这是有所不同的。第一种情况是在变换坐标之前使用比例因子，第二种情况是旋转以后使用比例因子。

在三维坐标系中旋转坐标轴时旋转顺序尤其重要。顺时针方向的角度量算是基于左手法则的，因为如果你的左手大拇指朝上，那么从上看(其他)手指从直到弯的过程是顺时针变化的。如果食指伸直则指向了 y 轴方向。如图 7.7 所示，当基于右手法则时，x 和 y 就颠倒了。在每种情况里，大拇指和其他手指指向的都是正方向。

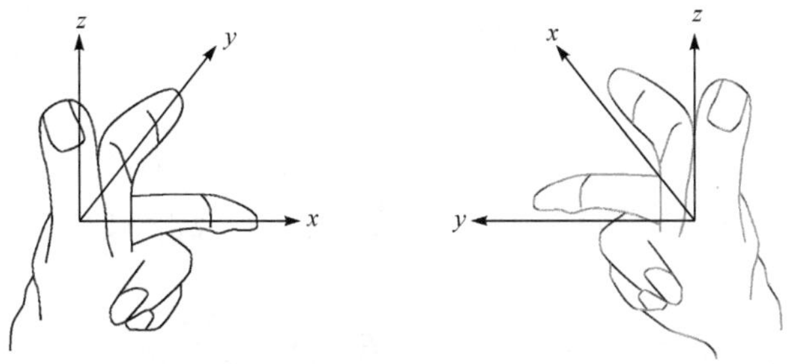

(a) 左手法则　(b) 右手法则

图 7.7　左右手法则

在图 7.8(a)中，x 轴(朝东)和 y 轴(朝北)位于一个平面，而 z 轴则垂直于该平面。图 7.8(b)、图 7.8(c)、图 7.8(d)分别显示了绕 x 轴、y 轴、z 轴顺时针旋转的效果。

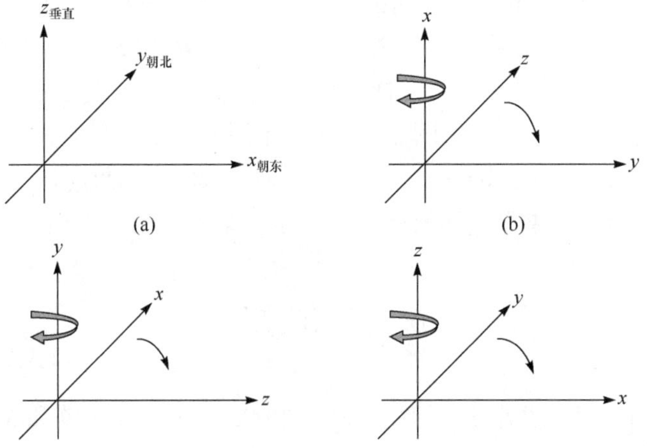

图 7.8　绕每个轴正向旋转——左手法则

应该强调的是，在摄影测量学里使用的是右手法则，正旋转表达相反方向的意义，而且是对象围绕轴旋转还是轴围绕对象旋转也容易混淆。接下来讨论坐标轴旋转，关键在于正弦的符号。

在三维坐标系(x,y,z)下，参照二维的情况，关于 z 轴的旋转矩阵是

$$\boldsymbol{R}_z = \begin{pmatrix} \cos\phi_z & -\sin\phi_z & 0 \\ \sin\phi_z & \cos\phi_z & 0 \\ 0 & 0 & 1 \end{pmatrix}$$

在此，ϕ_z 是指沿 z 轴方向顺时针旋转的角度。类似的有

$$\boldsymbol{R}_x = \begin{pmatrix} 1 & 0 & 0 \\ 0 & \cos\phi_x & -\sin\phi_x \\ 0 & \sin\phi_x & \cos\phi_x \end{pmatrix}$$

$$\boldsymbol{R}_y = \begin{pmatrix} \cos\phi_y & 0 & -\sin\phi_y \\ 0 & 1 & 0 \\ \sin\phi_y & 0 & \cos\phi_y \end{pmatrix}$$

因此，如图 7.8(b)、图 7.8(c)、图 7.8(d)所示，若坐标轴是绕正方向旋转，那么，有

$$\boldsymbol{X}_n = \begin{pmatrix} x_n \\ y_n \\ z_n \end{pmatrix} = \boldsymbol{R}_x \boldsymbol{R}_y \boldsymbol{R}_z \boldsymbol{X}_o$$

其中，$\boldsymbol{X_o}$ 为原始坐标$\begin{pmatrix} x_o \\ y_o \\ z_o \end{pmatrix}$。

必须记住：旋转的顺序很重要，因为矩阵代数中 $\boldsymbol{A}\times\boldsymbol{B}$ 同 $\boldsymbol{B}\times\boldsymbol{A}$ 不一样。旋转表达式 $\boldsymbol{R}_y\boldsymbol{R}_x\boldsymbol{R}_z$(把 $\boldsymbol{R}_x$ 应用到 $\boldsymbol{R}_z$，然后在得到的结果上应用 $\boldsymbol{R}_y$)，或者是应用 $\boldsymbol{R}_y$ 到 $\boldsymbol{R}_x$，然后将其 $\boldsymbol{R}_y\boldsymbol{R}_x$ 得到的结果应用到 $\boldsymbol{R}_z$，其同 $\boldsymbol{R}_x\boldsymbol{R}_y\boldsymbol{R}_z$ 的旋转结果不一样。在后一种情况下，首先绕 z 轴旋转，然后绕 y 轴旋转，最后绕 z 轴旋转。如第 2 章的图 2.1 所示，不同旋转顺序产生显著不同的结果。

因为 $\boldsymbol{A}\times\boldsymbol{B}\times\boldsymbol{C}=\boldsymbol{A}\times(\boldsymbol{B}\times\boldsymbol{C})=(\boldsymbol{A}\times\boldsymbol{B})\times\boldsymbol{C}$，所以首先计算 $\boldsymbol{A}\times\boldsymbol{B}$，将结果应用于 $\boldsymbol{C}$，或首先计算 $\boldsymbol{B}\times\boldsymbol{C}$ 然后再将结果应用于 $\boldsymbol{A}$，效果是一样的。

7.6 简化矩阵

矩阵可以被分割，即分块处理。假设有两个矩阵，4×5 的 $\boldsymbol{A}$ 矩阵和 5×2 的 $\boldsymbol{B}$ 矩阵。

$$\boldsymbol{A}\times\boldsymbol{B} = \begin{pmatrix} a_{11} & a_{12} & a_{13} & a_{14} & a_{15} \\ a_{21} & a_{22} & a_{23} & a_{24} & a_{25} \\ a_{31} & a_{32} & a_{33} & a_{34} & a_{35} \\ a_{41} & a_{42} & a_{43} & a_{44} & a_{45} \end{pmatrix} \times \begin{pmatrix} b_{11} & b_{12} \\ b_{21} & b_{22} \\ b_{31} & b_{32} \\ b_{41} & b_{42} \\ b_{51} & b_{52} \end{pmatrix}$$

也可以写为

$$\boldsymbol{A}\times\boldsymbol{B} = \begin{pmatrix} a_{11} & a_{12} & a_{13} & a_{14} & a_{15} \\ a_{21} & a_{22} & a_{23} & a_{24} & a_{25} \\ a_{31} & a_{32} & a_{33} & a_{34} & a_{35} \\ a_{41} & a_{42} & a_{43} & a_{44} & a_{45} \end{pmatrix} \times \left(\begin{array}{cc} b_{11} & b_{12} \\ b_{21} & b_{22} \\ b_{31} & b_{32} \\ \hline b_{41} & b_{42} \\ b_{51} & b_{52} \end{array}\right)$$

或者为

$$\boldsymbol{A}\times\boldsymbol{B} = (\boldsymbol{A}_1 \ \ \boldsymbol{A}_2)\times\begin{pmatrix} \boldsymbol{B}_1 \\ \boldsymbol{B}_2 \end{pmatrix}$$

其中，有

$$\boldsymbol{A}_1=\begin{pmatrix} a_{11} & a_{12} & a_{13} \\ a_{21} & a_{22} & a_{23} \\ a_{31} & a_{32} & a_{33} \\ a_{41} & a_{42} & a_{43} \end{pmatrix}, \boldsymbol{A}_2=\begin{pmatrix} a_{14} & a_{15} \\ a_{24} & a_{25} \\ a_{34} & a_{35} \\ a_{44} & a_{45} \end{pmatrix}$$

$$\boldsymbol{B}_1=\begin{pmatrix} b_{11} & b_{12} \\ b_{21} & b_{22} \\ b_{31} & b_{32} \end{pmatrix}, \boldsymbol{B}_2=\begin{pmatrix} b_{41} & b_{42} \\ b_{51} & b_{52} \end{pmatrix}$$

$\boldsymbol{A}_1$、$\boldsymbol{A}_2$、$\boldsymbol{B}_1$ 和 $\boldsymbol{B}_2$ 是矩阵的分块，则原矩阵 $\boldsymbol{A}\times\boldsymbol{B}$ 可以写为

$$\boldsymbol{A}\times\boldsymbol{B}=\begin{pmatrix} \boldsymbol{A}_1\boldsymbol{B}_1 & \boldsymbol{A}_1\boldsymbol{B}_2 \\ \boldsymbol{A}_2\boldsymbol{B}_1 & \boldsymbol{A}_2\boldsymbol{B}_2 \end{pmatrix}$$

也可以通过将其划分为三角矩阵的形式来简化矩阵，例如，$\boldsymbol{A}_{\mathrm{U}}$ 称为上三角矩阵，$\boldsymbol{A}_{\mathrm{L}}$ 称为下三角矩阵，表示为

$$\boldsymbol{A}_{\mathrm{U}}=\begin{pmatrix} a_{11} & a_{12} & a_{13} & a_{14} & a_{15} \\ 0 & a_{22} & a_{23} & a_{24} & a_{25} \\ 0 & 0 & a_{33} & a_{34} & a_{35} \\ 0 & 0 & 0 & a_{44} & a_{45} \\ 0 & 0 & 0 & 0 & a_{55} \end{pmatrix}, \boldsymbol{A}_{\mathrm{L}}=\begin{pmatrix} a_{11} & 0 & 0 & 0 & 0 \\ a_{21} & a_{22} & 0 & 0 & 0 \\ a_{31} & a_{32} & a_{33} & 0 & 0 \\ a_{41} & a_{42} & a_{43} & a_{44} & 0 \\ a_{51} & a_{52} & a_{53} & a_{54} & a_{55} \end{pmatrix}$$

为了说明原理，考察五个未知数(x_1, x_2, x_3,x_4, x_5)的五个方程式：

$$a_{11}x_1 + a_{12}x_2 + a_{13}x_3 + a_{14}x_4 + a_{15}x_5 = b_1$$
$$a_{21}x_2 + a_{22}x_2 + a_{23}x_3 + a_{24}x_4 + a_{25}x_5 = b_2$$
$$a_{31}x_3 + a_{32}x_2 + a_{33}x_3 + a_{34}x_4 + a_{35}x_5 = b_3$$
$$a_{41}x_4 + a_{42}x_2 + a_{43}x_3 + a_{44}x_4 + a_{45}x_5 = b_4$$
$$a_{51}x_5 + a_{52}x_2 + a_{53}x_3 + a_{54}x_4 + a_{55}x_5 = b_5$$

其中的 $a_{11}, a_{22},\cdots$ 及 $b_1, b_2,\cdots$ 都是已知量，可以表达为

$$\begin{pmatrix} a_{11} & a_{12} & a_{13} & a_{14} & a_{15} \\ a_{21} & a_{22} & a_{23} & a_{24} & a_{25} \\ a_{31} & a_{32} & a_{33} & a_{34} & a_{35} \\ a_{41} & a_{42} & a_{43} & a_{44} & a_{45} \\ a_{51} & a_{52} & a_{53} & a_{54} & a_{55} \end{pmatrix}\times\begin{pmatrix} x_1 \\ x_2 \\ x_3 \\ x_4 \\ x_5 \end{pmatrix}=\begin{pmatrix} b_1 \\ b_2 \\ b_3 \\ b_4 \\ b_5 \end{pmatrix}$$

或者是

$$\boldsymbol{AX}=\boldsymbol{B}$$

现在用由第一列的元素倒数组成的对角矩阵 $\boldsymbol{C}_1$ 预乘 $\boldsymbol{AX}=\boldsymbol{B}$ 的两边。$\boldsymbol{C}_1$ 的对角元素为 $\{1/ a_{11}, 1/ a_{21}, 1/ a_{31}, 1/ a_{41}, 1/ a_{51}\}$。

于是得到 $\boldsymbol{C}_1\boldsymbol{AX}=\boldsymbol{C}_1\boldsymbol{B}$，或者有

$$\begin{pmatrix} a_{11}/a_{11} & a_{12}/a_{11} & a_{13}/a_{11} & a_{14}/a_{11} & a_{15}/a_{11} \\ a_{21}/a_{21} & a_{22}/a_{21} & a_{23}/a_{21} & a_{24}/a_{21} & a_{25}/a_{21} \\ a_{31}/a_{31} & a_{32}/a_{31} & a_{33}/a_{31} & a_{34}/a_{31} & a_{35}/a_{31} \\ a_{41}/a_{41} & a_{42}/a_{41} & a_{43}/a_{41} & a_{44}/a_{41} & a_{45}/a_{41} \\ a_{51}/a_{51} & a_{52}/a_{51} & a_{53}/a_{51} & a_{54}/a_{51} & a_{55}/a_{51} \end{pmatrix}\times\begin{pmatrix} x_1 \\ x_2 \\ x_3 \\ x_4 \\ x_5 \end{pmatrix}=\begin{pmatrix} b_1/a_{11} \\ b_2/a_{21} \\ b_3/a_{31} \\ b_4/a_{41} \\ b_5/a_{51} \end{pmatrix}$$

或者有

$$\begin{pmatrix} 1 & a_{11}/a_{11} & a_{12}/a_{11} & a_{13}/a_{11} & a_{14}/a_{11} & a_{15}/a_{11} \\ 1 & a_{21}/a_{21} & a_{22}/a_{21} & a_{23}/a_{21} & a_{24}/a_{21} & a_{25}/a_{21} \\ 1 & a_{31}/a_{31} & a_{32}/a_{31} & a_{33}/a_{31} & a_{34}/a_{31} & a_{35}/a_{31} \\ 1 & a_{41}/a_{41} & a_{42}/a_{41} & a_{43}/a_{41} & a_{44}/a_{41} & a_{45}/a_{41} \\ 1 & a_{51}/a_{51} & a_{52}/a_{51} & a_{53}/a_{51} & a_{54}/a_{51} & a_{55}/a_{51} \end{pmatrix} \times \begin{pmatrix} x_1 \\ x_2 \\ x_3 \\ x_4 \\ x_5 \end{pmatrix} = \begin{pmatrix} b_1/a_{11} \\ b_2/a_{21} \\ b_3/a_{31} \\ b_4/a_{41} \\ b_5/a_{51} \end{pmatrix}$$

从第二行开始，每一行与第一行相减，得到

$$\begin{pmatrix} 1 & \alpha_{12}/\alpha_{11} & \alpha_{13}/\alpha_{11} & \alpha_{14}/\alpha_{11} & \alpha_{15}/\alpha_{11} \\ 0 & \alpha_{22}/\alpha_{21}-\alpha_{12}/\alpha_{11} & \alpha_{23}/\alpha_{21}-\alpha_{13}/\alpha_{11} & \alpha_{24}/\alpha_{21}-\alpha_{14}/\alpha_{11} & \alpha_{25}/\alpha_{21}-\alpha_{15}/\alpha_{11} \\ 0 & \alpha_{32}/\alpha_{31}-\alpha_{12}/\alpha_{11} & \alpha_{33}/\alpha_{31}-\alpha_{13}/\alpha_{11} & \alpha_{34}/\alpha_{31}-\alpha_{34}/\alpha_{11} & \alpha_{35}/\alpha_{31}-\alpha_{15}/\alpha_{11} \\ 0 & \alpha_{42}/\alpha_{41}-\alpha_{12}/\alpha_{11} & \alpha_{43}/\alpha_{41}-\alpha_{13}/\alpha_{11} & \alpha_{44}/\alpha_{41}-\alpha_{14}/\alpha_{11} & \alpha_{45}/\alpha_{41}-\alpha_{15}/\alpha_{11} \\ 0 & \alpha_{52}/\alpha_{51}-\alpha_{12}/\alpha_{11} & \alpha_{53}/\alpha_{51}-\alpha_{13}/\alpha_{54} & \alpha_{51}/\alpha_{14}-\alpha_{14}/\alpha_{11} & \alpha_{55}/\alpha_{51}-\alpha_{15}/\alpha_{11} \end{pmatrix}$$

$$\times \begin{pmatrix} x_1 \\ x_2 \\ x_3 \\ x_4 \\ x_5 \end{pmatrix} = \begin{pmatrix} b_1/a_{11} \\ b_2/a_{21}-b_1/a_{11} \\ b_3/a_{31}-b_1/a_{11} \\ b_4/a_{41}-b_1/a_{11} \\ b_5/a_{51}-b_1/a_{12} \end{pmatrix}$$

接下来，重复此步骤，不管第一行和第一列，仅考虑 2～5 行和 2～5 列的 4×4 矩阵的元素，也就是将其整体看作一个 1×1 的矩阵。再次从 3×3 矩阵到 2×2 矩阵重复这个步骤，直到得出一个上三角矩阵，为

$$\boldsymbol{B}' = \begin{pmatrix} 1 & a_{12}/a_{11} & a_{13}/a_{11} & a_{14}/a_{11} & a_{15}/a_{11} \\ 0 & 1 & a'_{23} & a'_{24} & a'_{25} \\ 0 & 0 & 1 & a'_{34} & a'_{35} \\ 0 & 0 & 0 & 1 & a'_{45} \\ 0 & 0 & 0 & 0 & 1 \end{pmatrix} \times \begin{pmatrix} x_1 \\ x_2 \\ x_3 \\ x_4 \\ x_5 \end{pmatrix} = \begin{pmatrix} b_1/a_{11} \\ b'_2 \\ b'_3 \\ b'_4 \\ b'_5 \end{pmatrix}$$

这个过程是重复烦琐的，但是刚好适合计算机程序中通过递归求出所有的 a'，b'。例 7.8 给出了一个计算实例。

例 7.8　联立方程式的求解过程

有四个等式为

$$x+y+z+w=11; 2x-6y+3z+7w=24$$

$$7x+2y+5z-3w=10; 9x-3y+2z+2w=21$$

将其写为矩阵形式：$\begin{pmatrix} 1 & 1 & 1 & 1 \\ 2 & -6 & 3 & 7 \\ 7 & 2 & 5 & -3 \\ 9 & -3 & 2 & 2 \end{pmatrix}\begin{pmatrix} x \\ y \\ z \\ w \end{pmatrix} = \begin{pmatrix} 11 \\ 24 \\ 10 \\ 21 \end{pmatrix}$

将第一列化为单位 1(例如，将第二行的数字除以 2，等等)，可以得到

$$\begin{pmatrix}1 & 1 & 1 & 1\\ 1 & -3 & 1.5 & 3.5\\ 1 & 0.286 & 0.714 & -0.429\\ 1 & -0.333 & 0.222 & 0.222\end{pmatrix}\times\begin{pmatrix}x\\ y\\ z\\ w\end{pmatrix}=\begin{pmatrix}11\\ 12\\ 1.429\\ 2.333\end{pmatrix}$$

对第 2～4 行，让每一行都减去第一行，得到

$$\begin{pmatrix}1 & 1 & 1 & 1\\ 0 & -4 & 0.5 & 2.5\\ 0 & -0.714 & -0.286 & -1.429\\ 0 & -1.333 & -0.778 & 0.778\end{pmatrix}\times\begin{pmatrix}x\\ y\\ z\\ w\end{pmatrix}=\begin{pmatrix}11\\ 1\\ -9.571\\ -8.667\end{pmatrix}$$

然后重复以上步骤，得到

$$\begin{pmatrix}1 & 1 & 1 & 1\\ 0 & 1 & -0.125 & -0.625\\ 0 & 1 & 0.4 & 2\\ 0 & 1 & 0.584 & 0.584\end{pmatrix}\times\begin{pmatrix}x\\ y\\ z\\ w\end{pmatrix}=\begin{pmatrix}11\\ -0.25\\ 13.4\\ 6.5\end{pmatrix}$$

再用第二行减第三行和第四行，得到

$$\begin{pmatrix}1 & 1 & 1 & 1\\ 0 & 1 & -0.125 & -0.625\\ 0 & 0 & 0.525 & 2.625\\ 0 & 0 & 0.71 & 1.21\end{pmatrix}\times\begin{pmatrix}x\\ y\\ z\\ w\end{pmatrix}=\begin{pmatrix}11\\ -0.25\\ 13.65\\ 6.75\end{pmatrix}$$

$$\begin{pmatrix}1 & 1 & 1 & 1\\ 0 & 1 & -0.125 & -0.625\\ 0 & 0 & 1 & 5\\ 0 & 0 & 1 & 1.7\end{pmatrix}\times\begin{pmatrix}x\\ y\\ z\\ w\end{pmatrix}=\begin{pmatrix}11\\ -0.25\\ 26\\ 9.5\end{pmatrix}$$

继续重复，得到

$$\begin{pmatrix}1 & 1 & 1 & 1\\ 0 & 1 & -0.125 & -0.625\\ 0 & 0 & 1 & 5\\ 0 & 0 & 0 & -3.3\end{pmatrix}\times\begin{pmatrix}x\\ y\\ z\\ w\end{pmatrix}=\begin{pmatrix}11\\ -0.25\\ 26\\ -16.5\end{pmatrix}$$

再重复一次，得到

$$\begin{pmatrix}1 & 1 & 1 & 1\\ 0 & 1 & -0.125 & -0.625\\ 0 & 0 & 1 & 5\\ 0 & 0 & 0 & 1\end{pmatrix}\times\begin{pmatrix}x\\ y\\ z\\ w\end{pmatrix}=\begin{pmatrix}11\\ -0.25\\ 26\\ 5\end{pmatrix}$$

最终得到

$$\begin{pmatrix}1 & 1 & 1 & 1\\ 0 & 1 & -0.125 & -0.625\\ 0 & 0 & 1 & 5\\ 0 & 0 & 0 & 1\end{pmatrix}\times\begin{pmatrix}x\\ y\\ z\\ w\end{pmatrix}=\begin{pmatrix}11\\ -0.25\\ 26\\ 5\end{pmatrix}$$

于是，从这个矩阵的第四行，$w=5$。

从第三行，$z+5w=26$，则 $z=1$。

从第二行，$y-0.125z-0.625w=-0.25$，则 $y=3$。

从第一行，$x+y+z+w=11$，则 $x=2$。

X 是通过回代计算出来的，***B′***最后一行是以 1 结束的，因此 $x_5=b'_5$。将 x_5 往上代入，于是有 $x_4+a'_{45}x_5=b'_4$ 或者 $x_4=b'_4-a'_{45}x_5$，等等。

如果重回到原来的表达式 $\boldsymbol{AX=B}$，即

$$\begin{pmatrix} a_{11} & a_{12} & a_{13} & a_{14} & a_{15} \\ a_{21} & a_{22} & a_{23} & a_{24} & a_{25} \\ a_{31} & a_{32} & a_{33} & a_{34} & a_{35} \\ a_{41} & a_{42} & a_{43} & a_{44} & a_{45} \\ a_{51} & a_{52} & a_{53} & a_{54} & a_{55} \end{pmatrix} \times \begin{pmatrix} x_1 \\ x_2 \\ x_3 \\ x_4 \\ x_5 \end{pmatrix} = \begin{pmatrix} b_1 \\ b_2 \\ b_3 \\ b_4 \\ b_5 \end{pmatrix}$$

该运算全是关于 a 和 b 的。将这些方程写成数字块的形式为

$$\begin{pmatrix} a_{11} & a_{12} & a_{13} & a_{14} & a_{15} & b_1 \\ a_{21} & a_{22} & a_{23} & a_{24} & a_{25} & b_2 \\ a_{31} & a_{32} & a_{33} & a_{34} & a_{35} & b_3 \\ a_{41} & a_{42} & a_{43} & a_{44} & a_{45} & b_4 \\ a_{51} & a_{52} & a_{53} & a_{54} & a_{55} & b_5 \end{pmatrix}$$

其中，$\boldsymbol{B}$ 列为常数列向量；a 项构成系数矩阵。这个组合表达式称为增广矩阵。

当通过上述方法将矩阵简化为对角线形式时，可能会遇到待除系数是 0 的情况。当五个方程不独立时就会发生整个方程组无解的情况，为了找到唯一解，必须至少有与未知数同样数目的独立方程组才有可能得到解。正如土地调查测量那样，若有附加方程，进行冗余测量将有助于改进测量结果的准确性，对此可使用统计方法找到最可能的解(如最小二乘解)，这将在第 14 章加以讨论。

小　　结

伴随矩阵：也为转置矩阵，由方阵 $\boldsymbol{A}$ 各元素对应的余子式按其相应位置排列得到的 $\boldsymbol{A}^*$。$\boldsymbol{A}^*\times\boldsymbol{A}=|\boldsymbol{A}|\boldsymbol{I}$，此处$|\boldsymbol{A}|$为 $\boldsymbol{A}$ 的行列式。由此可得 $\boldsymbol{A}^*/|\boldsymbol{A}|=\boldsymbol{A}^{-1}$，即 $\boldsymbol{A}$ 的逆矩阵。

数组：以二维矩阵形式成行(或列)排列的数字或者符号。

增广矩阵：一个矩阵同一组系数(通常为一列常数)连接形成的新矩阵，常用于联立方程式组求解。

余子式：带符号(正或负)的矩阵的子方阵的行列式值。

矩阵可乘：第一个矩阵的列数等于第二个矩阵的行数。

行列式：对于方阵中的各元素通过交替的加减号求和所得的标量值。通常在两边加上两道竖线，形如$|\boldsymbol{A}|$。

对角矩阵：除了对角元素以外其他元素全部为零的矩阵。

元素：在数组中指定行列的某个数字或者符号。$\boldsymbol{A}$ 矩阵第 i 行 j 列的元素可以记作 a_{ij}。

单位矩阵：对角矩阵中所有的对角元素都为 1，一般记作 $\boldsymbol{I}$。

$$\boldsymbol{I}\times\boldsymbol{A}=\boldsymbol{A}\times\boldsymbol{I}=\boldsymbol{A}$$

逆矩阵：对于方阵 $\boldsymbol{A}$ 和 $\boldsymbol{B}$，如果 $\boldsymbol{A}\times\boldsymbol{B}=\boldsymbol{I}$(单位矩阵)，那么 $\boldsymbol{B}$ 称为 $\boldsymbol{A}$ 的逆矩阵，一般记作 $\boldsymbol{A}^{-1}$，有

$$\boldsymbol{A}\times\boldsymbol{A}^{-1}=\boldsymbol{A}^{-1}\times\boldsymbol{A}=\boldsymbol{I}$$

主对角线：方阵或者行列式从左上角到右下角的一串元素。

矩阵：一组按行和列对齐的数字组成的一个矩形阵列集合，经常写作 $\boldsymbol{M}$。行数和列数不一定要对齐但是每一行或者列的元素个数必须一致。

矩阵加法或减法：两个矩阵如果行数和列数都相同的话，可以进行加法或者减法运算。如果矩阵 $\boldsymbol{A}$ 的元素为 a_{ij}，而矩阵 $\boldsymbol{B}$ 的元素为 b_{ij}，那么 $\boldsymbol{A}\pm\boldsymbol{B}$ 的相应元素为 $a_{ij}\pm b_{ij}$。

矩阵乘法：只有第一个矩阵的列数和第二个矩阵的行数一致时才可以进行乘法运算。用矩阵 $\boldsymbol{A}$ 的第 i 行元素分别乘以矩阵 $\boldsymbol{B}$ 的第 i 列元素，如果 $\boldsymbol{A}$ 有 i 行 j 列，而 $\boldsymbol{B}$ 有 j 行 k 列，那么 $\boldsymbol{A}\times\boldsymbol{B}$ 有 i 行 k 列，每个元素都是通过 i 次乘法求和得到的。除非 $\boldsymbol{A}\times\boldsymbol{B}=\boldsymbol{I}$，一般来说，$\boldsymbol{A}\times\boldsymbol{B}\neq\boldsymbol{B}\times\boldsymbol{A}$。

子矩阵行列式：一个矩阵的子方阵的行列式值。

模：除去符号(正或负)，一个数量确切的值。

正交矩阵：一个方阵乘上它的逆矩阵得到单位矩阵。因此，如果有 $\boldsymbol{A}\boldsymbol{A}^{-1}=\boldsymbol{I}$，那么 $\boldsymbol{A}$ 就是正交矩阵。

分块：将矩阵分解为可相乘的子矩阵。

旋转矩阵：用于计算旋转参考坐标系的坐标轴所得结果的矩阵。

标量：有大小但是没有方向的量，如距离。

相似变换：涉及移动、旋转、放缩的矩阵变换。

奇异矩阵：由于行列式值为零，没有逆矩阵的方阵。

方阵：行列数相同的矩阵。

子矩阵：通过移除原矩阵指定行或列所得的新矩阵。需要特别指出的是，如果一个方阵 i 行 j 列的元素为 a_{ij}，那么元素 a_{ij} 的子矩阵就是除去 i 行和 j 列元素后所得的矩阵。

平移：一组原坐标的移动。

转置矩阵：将行元素转换为列元素(行列变换)得到的新矩阵。$\boldsymbol{A}$ 的转置矩阵为 $\boldsymbol{A}^{\mathrm{T}}$。

三角矩阵：主对角线以下元素全为 0 的矩阵称为上三角矩阵，反之则称为下三角矩阵。

第 8 章　向　　量

8.1　向 量 特 点

仅有一行或者一列的矩阵也可以视为向量。尽管矩阵代数和向量运算很相近，但是不能将二者混淆。在本章中，向量是指像速度一样同时具有量级(大小)和方向的量，标量则是指只有量级(大小)而没有方向的量。

量级表示类似长度一样的距离或者表示类似力或速度的大小。在地理信息系统中，相对栅格表达方式，向量被认为是具有方向和长度的线，常用于表示重力等有大小和方向的现象。距离关系是向量的一种特例。

图 8.1 中，$\boldsymbol{OP}$ 代表一个基于正交轴的向量，该处正交轴为 x,y,z，称其方向为 $\boldsymbol{i}$、$\boldsymbol{j}$、$\boldsymbol{k}$，用粗体字母表示，称作单位向量，即单位长度的向量。如果将 OP 看作以坐标轴为边的长方体的对角线，那么该长方体的边长为 a_p、b_p 和 c_p，则可以将 $\boldsymbol{OP}$ 表达为

$$\boldsymbol{OP} = a_p\boldsymbol{i} + b_p\boldsymbol{j} + c_p\boldsymbol{k}$$

意为 P 到 O 点在 x 方向的距离是 a_p，y 方向是 b_p，z 方向是 c_p。如图 8.2 所示，如果有另一个从 P 点开始的向量 $\boldsymbol{PQ}$，则有

$$\boldsymbol{PQ} = a_q\boldsymbol{i} + b_q\boldsymbol{j} + c_q\boldsymbol{k}$$

在此处 a_q 是从 P 到 Q 在 x 方向上的距离，则

$$\boldsymbol{OQ} = \boldsymbol{OP} + \boldsymbol{PQ} = \left(a_p + a_q\right)\boldsymbol{i} + \left(b_p + b_q\right)\boldsymbol{j} + \left(c_p + c_q\right)\boldsymbol{k}$$

从 Q 到 O 需要在 $\boldsymbol{i,j,k}$ 方向上反向移动，可得

$$\boldsymbol{OP} + \boldsymbol{PQ} + \boldsymbol{QO} = \boldsymbol{0}$$

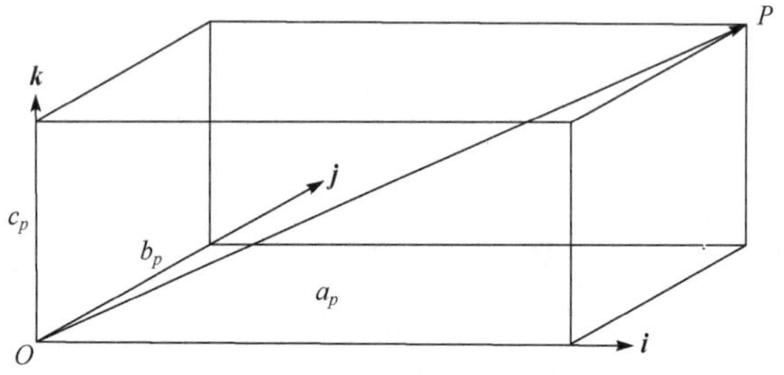

图 8.1　向量 $\boldsymbol{OP}$ 的坐标轴 $\boldsymbol{i,j,k}$

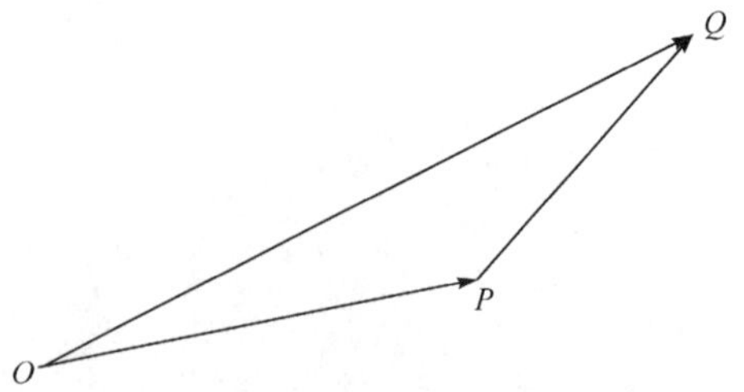

图 8.2　向量加法(合成)

向量也可以用线段上方添加箭头表达，如 $\overrightarrow{OP}+\overrightarrow{PQ}=\overrightarrow{OQ}$，则 $\overrightarrow{OP}+\overrightarrow{PQ}+\overrightarrow{QO}=0$。

也可以分两部分来表达向量的长度和方向，$\boldsymbol{a}$ 可以表为

$$\boldsymbol{a}=|\boldsymbol{a}|\hat{\boldsymbol{a}}$$

这就意味着一个向量 $\boldsymbol{a}$ 具有模 $|\boldsymbol{a}|$ 和方向 $\hat{\boldsymbol{a}}$，$\hat{\boldsymbol{a}}$ 是已知的单位向量。

$\boldsymbol{OP}=a_p\boldsymbol{i}+b_p\boldsymbol{j}+c_p\boldsymbol{k}$，由勾股定理可以得到 $\boldsymbol{OP}$ 的长度

$$|\boldsymbol{OP}|=\sqrt{{a_p}^2+{b_p}^2+{c_p}^2}$$

此处，$|\boldsymbol{OP}|$(向量 $\boldsymbol{OP}$ 的模)是个标量，没有方向，但有长度(参见例 8.1)，而 $\hat{a}$ 有方向，是向量。

$\boldsymbol{OP}$ 与参考向量 $\boldsymbol{i}$、$\boldsymbol{j}$、$\boldsymbol{k}$ 所成夹角的余弦称为方向余弦，记作 $\alpha(\angle PO\boldsymbol{i})$，$\beta(\angle PO\boldsymbol{j})$，$\gamma(\angle PO\boldsymbol{k})$，如图 8.3 和例 8.2 所示。

$$a_p=|\boldsymbol{OP}|\cos\alpha \quad b_p=|\boldsymbol{OP}|\cos\beta \quad c_p=|\boldsymbol{OP}|\cos\gamma$$

例 8.1　空间内的三角形

假设空间中有 $P(5,9,2)$、$Q(3,7,4)$、$R(9,6,8)$ 三点，$O(0,0,0)$ 是原点，那么有

$$\boldsymbol{OP}=5\boldsymbol{i}+9\boldsymbol{j}+2\boldsymbol{k}\ ;\boldsymbol{OQ}=3\boldsymbol{i}+7\boldsymbol{j}+4\boldsymbol{k}\ ;\boldsymbol{OR}=9\boldsymbol{i}+6\boldsymbol{j}+8\boldsymbol{k}$$

同样地，有

$$\boldsymbol{PQ}=-2\boldsymbol{i}-2\boldsymbol{j}+2\boldsymbol{k}\ ;\boldsymbol{QR}=6\boldsymbol{i}-\boldsymbol{j}+4\boldsymbol{k}\ ;\boldsymbol{RP}=-4\boldsymbol{i}+3\boldsymbol{j}-6\boldsymbol{k}$$

注意，有

$$\boldsymbol{PQ}+\boldsymbol{QR}+\boldsymbol{RP}=0$$

则 $\boldsymbol{PQ}=\sqrt{(3-5)^2+(7-9)^2+(4-2)^2}=\sqrt{2^2+2^2+2^2}$；$\boldsymbol{QR}=\sqrt{6^2+1^2+4^2}$；$\boldsymbol{RP}=\sqrt{4^2+3^2+6^2}$。

因此，$|\boldsymbol{PQ}|=2\sqrt{3}$；$|\boldsymbol{PQ}|=\sqrt{53}$；$|\boldsymbol{RP}|=\sqrt{61}$。

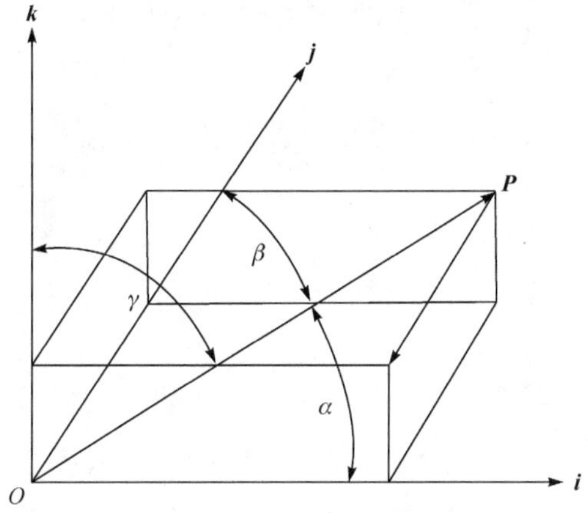

图 8.3　方向余弦

例 8.2　方向余弦

假设 $P(5,9,2)$ 是空间中的一点(图 8.3)，如果 O 是原点，则有

$$\boldsymbol{OP}=5\boldsymbol{i}+9\boldsymbol{j}+2\boldsymbol{k}$$

$$|\boldsymbol{OP}|=\sqrt{5^2+9^2+2^2}=\sqrt{110}=10.488$$

则 $\boldsymbol{OP}$ 的方向余弦为

$$\cos\alpha=5/10.488=0.4767;\ \cos\beta=9/10.488=0.8581;\ \cos\gamma=2/10.488=0.1907$$

$$(\alpha\approx 61.5°;\beta\approx 30.9°;\gamma\approx 79.0°)$$

一个三维向量可以用它的长度和余弦角表示。向量长度可以简单地通过一个规模系数改变，例如，有

$$3\boldsymbol{a}=3|\boldsymbol{a}|\hat{\boldsymbol{a}}$$

如果 $\boldsymbol{a}=2\boldsymbol{i}+3\boldsymbol{j}+4\boldsymbol{k}$，那么 $3\boldsymbol{a}=6\boldsymbol{i}+9\boldsymbol{j}+12\boldsymbol{k}$

例 8.3　二维平面内两条直线相交

在二维空间内，假设原点为 O，四个点 P_1、P_2、P_3、P_4,坐标为(x_1,y_1)、(x_2,y_2)、…，在 P_1P_2 上的任何一个点 P_n 都可以用向量 $p_n=p_1+s(p_2-p_1)$ 表示，此处 s 是一个变量(在 P_1 处为 0，P_2 处为 1)。如果 P_n 也恰好在 P_3P_4 上，那么 $p_n=p_3+t(p_4-p_3)$，此处 t 也是一个变量。因此，在这两条线的交点处，有

$$p_1+s(p_2-p_1)=p_3+t(p_4-p_3)$$

因此，有

$$s=\left[(p_3-p_1)+t(p_4-p_3)\right]/(p_4-p_3)\text{或}t=\left[(p_1-p_3)+s(p_2-p_1)\right]/(p_4-p_3)$$

这对于 x 和 y 甚至 z(三维坐标系中)值都是成立的。即

$$t=\left[(x_1-x_3)+s(x_2-x_1)\right]/(x_4-x_3)=\left[(y_1-y_3)+s(y_2-y_1)\right]/(y_4-y_3)$$

因此，有

$$s=\frac{x_1(y_4-y_3)+x_3(y_1-y_4)+x_4(y_3-y_1)}{(x_4-x_3)(y_2-y_1)-(x_2-x_1)(y_4-y_3)}$$

而且，有

$$t=\frac{x_1(y_3-y_2)+x_2(y_3-y_1)+x_3(y_2-y_1)}{(x_2-x_1)(y_4-y_3)-(x_4-x_3)(y_2-y_1)}$$

从 $p_n=p_1+s(p_2-p_1)$，有

$$x_n=x_1+s(x_2-x_1)$$

$$y_n=y_1+s(y_2-y_1)$$

例如，通过例 3.1 和例 3.2 的数据，有

$A=P_1=(1234.56,2345.67)$　$B=P_2=(1296.32,2417.38)$

$C=P_3=(1300.24,2351.67)$　$D=P_4=(1212.45,2431.78)$

$s=(-5790.5758/-11236.8385)=0.51532073$

$x_n=1266.3$　$y_n=2382.62$

这与第 3 章例 3.2 求得的结果是基本吻合的。

在二维坐标系中我们只需要 $\boldsymbol{i}$ 和 $\boldsymbol{j}$，在例 8.3 中通过计算一个平面中两条直线的交点，展示了笛卡儿坐标系同向量之间的关系。示例的第一部分给出了步骤，该步骤可以扩展至三维(甚至更多维)。

8.2　点积和叉积

向量可以进行加法和减法运算，也可以和一个标量进行乘法和除法运算。两个向量可以相乘，但其概念跟普通的乘法运算并不一样。假设有两个向量 $\boldsymbol{a}$ 和 $\boldsymbol{b}$，

$$\boldsymbol{a}=\boldsymbol{a}_x\boldsymbol{i}+\boldsymbol{a}_y\boldsymbol{j}+\boldsymbol{a}_z\boldsymbol{k}\quad 且\quad \boldsymbol{b}=\boldsymbol{b}_x\boldsymbol{i}+\boldsymbol{b}_y\boldsymbol{j}+\boldsymbol{b}_z\boldsymbol{k}$$

则有两种形式的积，分别是点积(数量积)和叉积(向量积)。点积的结果是一个标量，记作“a 点积 $\boldsymbol{b}$”，即

$$\boldsymbol{a}\cdot\boldsymbol{b}=|\boldsymbol{a}||\boldsymbol{b}|\cos\phi$$

此处 ϕ 是指两个向量在方向或角度上的分异。$\phi=0$ 时，$\cos0°=1$；$\phi=90°$，$\cos90°=0$。由定义可知，因为是单位向量，所以 $|\boldsymbol{i}|=|\boldsymbol{j}|=|\boldsymbol{k}|=1$，$\boldsymbol{i}\cdot\boldsymbol{i}=\boldsymbol{j}\cdot\boldsymbol{j}=\boldsymbol{k}\cdot\boldsymbol{k}=1$，但 $\boldsymbol{i}\cdot\boldsymbol{j}=\boldsymbol{j}\cdot\boldsymbol{k}=\boldsymbol{k}\cdot\boldsymbol{i}=0$。于是，$\boldsymbol{a}\cdot\boldsymbol{b}=\left(\boldsymbol{a}_x\boldsymbol{i}+\boldsymbol{a}_y\boldsymbol{j}+\boldsymbol{a}_z\boldsymbol{k}\right)\cdot\left(\boldsymbol{b}_x\boldsymbol{i}+\boldsymbol{b}_{yj}+\boldsymbol{b}_z\boldsymbol{k}\right)$，得到 3×3=9 种关系，如 $\boldsymbol{i}\cdot\boldsymbol{i}(=1)$ 或者 $\boldsymbol{i}\cdot\boldsymbol{j}(=0)$ 或者 $\boldsymbol{j}\cdot\boldsymbol{i}(=0)$。

通过这样计算可以得到

$$\boldsymbol{a}\cdot\boldsymbol{b}=\boldsymbol{a}_x\boldsymbol{b}_x+\boldsymbol{a}_y\boldsymbol{b}_y+\boldsymbol{a}_z\boldsymbol{b}_z$$

该式为一个简单的数字或者标量(例 8.4)。

例 8.4　两个向量间的角度

使用例 8.1 中的数据，$P(5,9,2)$ 和 $Q(3,7,4)$ 是空间中的两个坐标，且 $\boldsymbol{OP}=5\boldsymbol{i}+9\boldsymbol{j}+2\boldsymbol{k}$，$\boldsymbol{OQ}=3\boldsymbol{i}+7\boldsymbol{j}+4\boldsymbol{k}$，于是

$$\boldsymbol{OP}\cdot\boldsymbol{PQ}=5\times3+9\times7+2\times4=15+63+8=86$$

$$\boldsymbol{OP}\cdot\boldsymbol{PQ}=|\boldsymbol{OP}||\boldsymbol{OQ}|\cos\phi$$

这里，ϕ 是 $\boldsymbol{OP}$ 和 $\boldsymbol{OQ}$ 之间的角度。

$$\boldsymbol{OP}\cdot\boldsymbol{PQ}=|\boldsymbol{OP}||\boldsymbol{OQ}|\cos\phi=\sqrt{110}\times\sqrt{74}\cos\phi=90.22\cos\phi$$

因为

$$\boldsymbol{OP}\cdot\boldsymbol{PQ}=5\times3+9\times7+2\times4=15+63+8=86$$

所以，$\cos\phi$ =86/90.22=0.953 或者 ϕ =17.6°

注：利用第 5 章框注 5.2 的公式 $\cos\phi=(a^2+b^2-c^2)/2ab$

$$=(\boldsymbol{OP}^2+\boldsymbol{OQ}^2-\boldsymbol{PQ}^2)/(2\times\boldsymbol{OP}\times\boldsymbol{OQ})$$

于是，有

$$\boldsymbol{PQ}^2=12，\boldsymbol{OP}^2=110，\boldsymbol{OQ}^2=74$$

$$\cos\phi=(110+74-12)/2\sqrt{110\times74}=\frac{172}{180.44}=0.953$$

进一步验证了其结果是正确的。

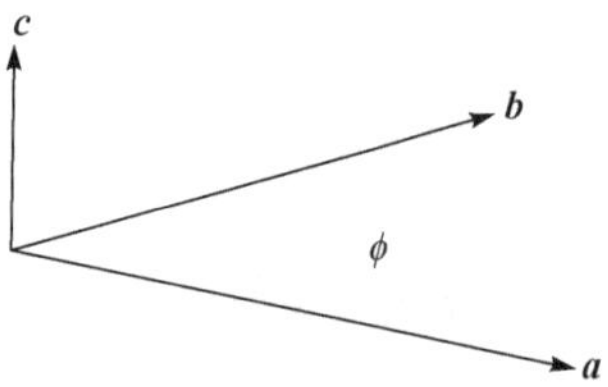

图 8.4 点积和叉积

叉积则产生了一个垂直于 $\boldsymbol{a}$ 和 $\boldsymbol{b}$ 所在平面的向量，如图 8.4 的 $\boldsymbol{c}$ 所示。虽然其与测绘科学和 GIS 中很多问题都有关系，但是它起源于电磁学。例如，判断一个物体(如建筑立面)的表面元素是正对或者侧对观察者，也允许计算阴影层次或删除隐藏的表面，叉积表达式为

$$\boldsymbol{a}\times\boldsymbol{b}=|\boldsymbol{a}||\boldsymbol{b}|\sin\phi\boldsymbol{c}$$

向量 $\boldsymbol{c}$ 的模 $|\boldsymbol{a}||\boldsymbol{b}|\sin\phi$ 是一个标量，其方向按照约定被确定为右手坐标系。如果将其相乘的顺序反过来，则向量 $\boldsymbol{c}$ 指向相反的方向，即

$$\boldsymbol{a}\times\boldsymbol{b}=-\boldsymbol{b}\times\boldsymbol{a}$$

对于单位向量，它们之间的角度是 90° ，因为 sin90°=1，cos90°=sin0°=0，所以，$\boldsymbol{i}\times\boldsymbol{i}=\boldsymbol{j}\times\boldsymbol{j}=\boldsymbol{k}\times\boldsymbol{k}=\boldsymbol{0}$ 。

同理：有

$$\boldsymbol{i}\times\boldsymbol{j}=\boldsymbol{k};\ \boldsymbol{j}\times\boldsymbol{k}=\boldsymbol{i};\ \boldsymbol{k}\times\boldsymbol{i}=\boldsymbol{j}\text{ 且 }\boldsymbol{j}\times\boldsymbol{i}=-\boldsymbol{k};\ \boldsymbol{k}\times\boldsymbol{j}=-\boldsymbol{i};\ \boldsymbol{i}\times\boldsymbol{k}=-\boldsymbol{j}$$

前文已经叙及，有

$$\boldsymbol{a}=\boldsymbol{a}_x\boldsymbol{i}+\boldsymbol{a}_y\boldsymbol{j}+\boldsymbol{a}_z\boldsymbol{k}\quad\text{且}\quad\boldsymbol{b}=\boldsymbol{b}_x\boldsymbol{i}+\boldsymbol{b}_y\boldsymbol{j}+\boldsymbol{b}_z\boldsymbol{k}$$

进而，有

$$\boldsymbol{a}\times\boldsymbol{b}=\left(\boldsymbol{a}_x\boldsymbol{i}+\boldsymbol{a}_y\boldsymbol{j}+\boldsymbol{a}_z\boldsymbol{k}\right)\times\left(\boldsymbol{b}_x\boldsymbol{i}+\boldsymbol{b}_y\boldsymbol{j}+\boldsymbol{b}_z\boldsymbol{k}\right)$$

这样就得到了 3×3=9 组类似于 $\boldsymbol{i}\times\boldsymbol{i}(=0)$ 或者 $\boldsymbol{i}\times\boldsymbol{j}(=\boldsymbol{k})$ 或者 $\boldsymbol{j}\times\boldsymbol{i}(=-\boldsymbol{k})$ 。

由此可得 $\boldsymbol{a}\times\boldsymbol{b}=\left(\boldsymbol{a}_y\boldsymbol{b}_z-\boldsymbol{a}_z\boldsymbol{b}_y\right)\boldsymbol{i}+\left(\boldsymbol{a}_z\boldsymbol{b}_x-\boldsymbol{a}_x\boldsymbol{b}_z\right)\boldsymbol{j}+\left(\boldsymbol{a}_x\boldsymbol{b}_y-\boldsymbol{a}_y\boldsymbol{b}_y\right)\boldsymbol{k}$ 。也可以将其表达为行列式的形式(例 8.5)。

例 8.5 三角形面积

依然使用例 8.1 中的数据，$P(5,9,2)$和 $Q(3,7,4)$是空间中的两个坐标，

则 $|\boldsymbol{PQ}|=\sqrt{4+4+4}=2\sqrt{3}\approx3.46$ ； $|\boldsymbol{PR}|=\sqrt{16+9+36}=\sqrt{61}\approx7.81$ ；

$$\boldsymbol{PQ}=-2\boldsymbol{i}-2\boldsymbol{j}+2\boldsymbol{k};\ \boldsymbol{PR}=4\boldsymbol{i}-3\boldsymbol{j}+6\boldsymbol{k};\ \boldsymbol{QR}=6\boldsymbol{i}-\boldsymbol{j}+4\boldsymbol{k}$$

则叉积为

$$\boldsymbol{PQ}\times\boldsymbol{QR}=\begin{vmatrix}\boldsymbol{i}&\boldsymbol{j}&\boldsymbol{k}\\-2&-2&2\\4&-3&6\end{vmatrix}=-6\boldsymbol{i}+20\boldsymbol{j}+14\boldsymbol{k}$$

其模数 ≈ 25.14 。

因为三角形面积= $\frac{1}{2}ab\sin C$ ，叉积的模数= $|\boldsymbol{PQ}|\times|\boldsymbol{PR}|\times\sin\angle QPR$ ，则 $\boldsymbol{PQ}\times\boldsymbol{PR}$ 的模等于该三角形面积的两倍。故三角形 PQR 的面积=1/2×25.14=12.57。

因为 $\boldsymbol{QR}=\sqrt{53}\approx7.28$(可以根据框注 4.2 的半周长公式计算)，其中 $s\approx9.25$，因此可得 $\sqrt{9.725\times5.815\times1.465\times1.995}\approx12.56$。

其两个计算结果有所不同是由舍入引起的。如果使用更高精度的小数位，两个数值将会完全一致。

$$\boldsymbol{a}\times\boldsymbol{b}=\begin{vmatrix}\boldsymbol{i} & \boldsymbol{j} & \boldsymbol{k}\\ \boldsymbol{a}_x & \boldsymbol{a}_y & \boldsymbol{a}_z\\ \boldsymbol{b}_x & \boldsymbol{b}_y & \boldsymbol{b}_z\end{vmatrix}=\begin{vmatrix}\boldsymbol{a}_y & \boldsymbol{a}_z\\ \boldsymbol{b}_y & \boldsymbol{b}_z\end{vmatrix}\boldsymbol{i}-\begin{vmatrix}\boldsymbol{a}_x & \boldsymbol{a}_z\\ \boldsymbol{b}_x & \boldsymbol{b}_z\end{vmatrix}\boldsymbol{j}+\begin{vmatrix}\boldsymbol{a}_x & \boldsymbol{a}_{xy}\\ \boldsymbol{b}_x & \boldsymbol{b}_y\end{vmatrix}\boldsymbol{k}$$

关系 $\boldsymbol{a}\cdot(\boldsymbol{b}\times\boldsymbol{c})$ 代表的是两个向量($\boldsymbol{a}$ 和 $\boldsymbol{b}\times\boldsymbol{c}$)的点积，称为纯量三重积(混合积)，等于由 $\boldsymbol{a}$、$\boldsymbol{b}$、$\boldsymbol{c}$ 三个向量组成的立方体的体积。该立方体具有平行边，看似被压扁的砖，称为平行六面体(图 8.5)。

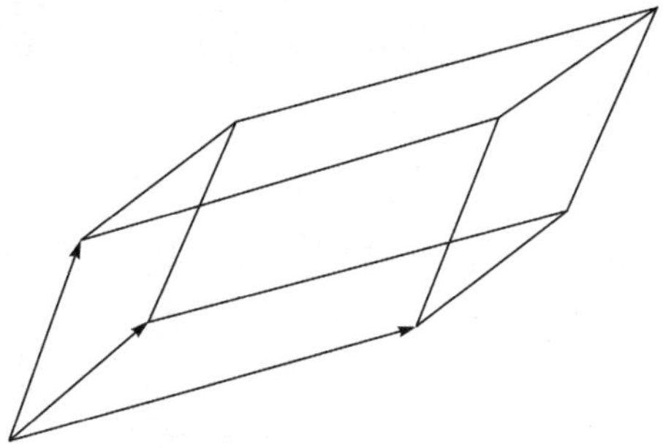

图 8.5 平行六面体

如果有

$$\boldsymbol{a}=\boldsymbol{a}_x\boldsymbol{i}+\boldsymbol{a}_y\boldsymbol{j}+\boldsymbol{a}_z\boldsymbol{k},\ \boldsymbol{b}=\boldsymbol{b}_x\boldsymbol{i}+\boldsymbol{b}_y\boldsymbol{j}+\boldsymbol{b}_z\boldsymbol{k}\text{ ，而且 }\boldsymbol{c}=\boldsymbol{c}_x\boldsymbol{i}+\boldsymbol{c}_y\boldsymbol{j}+\boldsymbol{c}_z\boldsymbol{k}$$

那么有

$$\boldsymbol{b}\times\boldsymbol{c}=(\boldsymbol{b}_y\boldsymbol{c}_z-\boldsymbol{b}_z\boldsymbol{c}_y)\boldsymbol{i}+(\boldsymbol{b}_z\boldsymbol{c}_x-\boldsymbol{b}_x\boldsymbol{c}_z)\boldsymbol{j}+(\boldsymbol{b}_x\boldsymbol{c}_y-\boldsymbol{b}_y\boldsymbol{c}_x)\boldsymbol{k}$$

因此，有

$$\begin{aligned}&\boldsymbol{a}\cdot(\boldsymbol{b}\times\boldsymbol{c})\left[\boldsymbol{a}_x\boldsymbol{i}+\boldsymbol{a}_x\boldsymbol{j}+\boldsymbol{a}_x\boldsymbol{k}\cdot\left(\boldsymbol{b}_y\boldsymbol{c}_z-\boldsymbol{b}_z\boldsymbol{c}_y\right)\boldsymbol{i}+\left(\boldsymbol{b}_z\boldsymbol{c}_x-\boldsymbol{b}_x\boldsymbol{c}_z\right)\boldsymbol{j}+\left(\boldsymbol{b}_x\boldsymbol{c}_y-\boldsymbol{b}_y\boldsymbol{c}_x\right)\boldsymbol{k}\right]\\&=\boldsymbol{a}_x\left(\boldsymbol{b}_y\boldsymbol{c}_z-\boldsymbol{b}_z\boldsymbol{c}_y\right)+\boldsymbol{a}_y\left(\boldsymbol{b}_z\boldsymbol{c}_x-\boldsymbol{b}_x\boldsymbol{c}_z\right)+\boldsymbol{a}_z\left(\boldsymbol{b}_x\boldsymbol{c}_y-\boldsymbol{b}_y\boldsymbol{c}_x\right)\\&=\boldsymbol{a}_x\left(\boldsymbol{b}_y\boldsymbol{c}_z-\boldsymbol{b}_z\boldsymbol{c}_y\right)-\boldsymbol{a}_y\left(\boldsymbol{b}_x\boldsymbol{c}_z-\boldsymbol{b}_z\boldsymbol{c}_x\right)+\boldsymbol{a}_z\left(\boldsymbol{b}_x\boldsymbol{c}_y-\boldsymbol{b}_y\boldsymbol{b}_x\right)\end{aligned}$$

那么有

$$\boldsymbol{a}\cdot(\boldsymbol{b}\times\boldsymbol{c})=\begin{vmatrix}\boldsymbol{a}_x & \boldsymbol{a}_y & \boldsymbol{a}_z\\ \boldsymbol{b}_x & \boldsymbol{b}_y & \boldsymbol{b}_z\\ \boldsymbol{c}_x & \boldsymbol{c}_y & \boldsymbol{c}_z\end{vmatrix}$$

框注 8.1 中对向量乘法进行了总结。

框注 8.1 向量乘法

如果 $\boldsymbol{a}=\boldsymbol{a}_x\boldsymbol{i}+\boldsymbol{a}_y\boldsymbol{j}+\boldsymbol{a}_z\boldsymbol{k},\ \boldsymbol{b}=\boldsymbol{b}_x\boldsymbol{i}+\boldsymbol{b}_y\boldsymbol{j}+\boldsymbol{b}_z\boldsymbol{k}$ ，则 $\boldsymbol{c}=\boldsymbol{c}_x\boldsymbol{i}+\boldsymbol{c}_y\boldsymbol{j}+\boldsymbol{c}_z\boldsymbol{k}$ ，那么：

$$\boldsymbol{a}\cdot\boldsymbol{b}=\boldsymbol{a}_x\boldsymbol{b}_x+\boldsymbol{a}_y\boldsymbol{b}_y+\boldsymbol{a}_z\boldsymbol{b}_z$$

$$\boldsymbol{a}\times\boldsymbol{b}=(\boldsymbol{a}_y\boldsymbol{b}_z-\boldsymbol{a}_z\boldsymbol{b}_y)\boldsymbol{i}+(\boldsymbol{a}_z\boldsymbol{b}_x-\boldsymbol{a}_x\boldsymbol{b}_z)\boldsymbol{j}+(\boldsymbol{a}_x\boldsymbol{b}_y-\boldsymbol{a}_y\boldsymbol{b}_x)\boldsymbol{k}$$

$$\boldsymbol{a}\cdot\left(\boldsymbol{b}\times\boldsymbol{c}\right)=\boldsymbol{b}_x\left(\boldsymbol{b}_y\boldsymbol{c}_z-\boldsymbol{b}_z\boldsymbol{c}_y\right)-\ \boldsymbol{a}_y\left(\boldsymbol{b}_x\boldsymbol{c}_z-\boldsymbol{b}_z\boldsymbol{c}_x\right)+\boldsymbol{a}_z\left(\boldsymbol{b}_x\boldsymbol{c}_y-\boldsymbol{b}_y\boldsymbol{c}_x\right)=\begin{vmatrix}\boldsymbol{a}_x & \boldsymbol{a}_y & \boldsymbol{a}_z\\ \boldsymbol{b}_x & \boldsymbol{b}_x & \boldsymbol{b}_z\\ \boldsymbol{c}_x & \boldsymbol{c}_y & \boldsymbol{c}_z\end{vmatrix}$$

8.3 向量和平面

如果有三个点 $A(x_A,y_A,z_A)$ 、 $B(x_B,y_B,z_B)$ 和 $C(x_C,y_C,z_C)$ ，那么可以用三个从原点 $P(0,0,0)$ 出发的向量来表示(图 8.6)，即

$$P_A(x_A\boldsymbol{i},y_A\boldsymbol{j},z_A\boldsymbol{k})\ ,\quad P_B=(x_B\boldsymbol{i},y_B\boldsymbol{j},z_B\boldsymbol{k})\ ,\quad P_C=(x_C\boldsymbol{i},y_C\boldsymbol{j},z_C\boldsymbol{k})$$

则线 CA 和 CB 可以通过 (P_A-P_C) 和 (P_B-P_C) 来表示，这两条线的交集可以表示为

$$(P_A-P_C)\times(P_B-P_C)$$

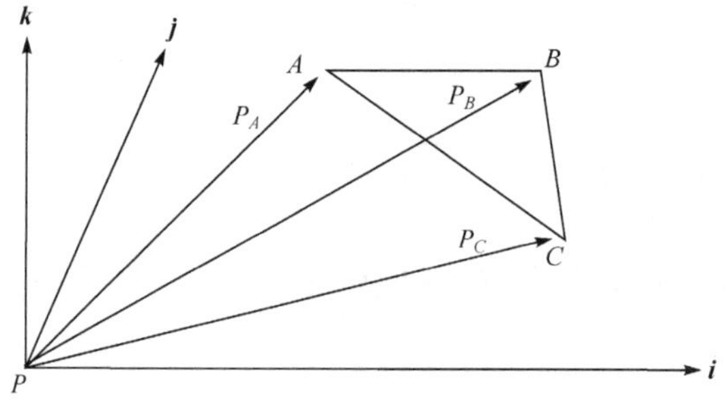

图 8.6 向量和平面

叉积=

$$\begin{aligned}&\left[(x_A-x_C)\boldsymbol{i}+(y_A-y_C)\boldsymbol{j}+(z_A-z_C)\boldsymbol{k}\right]\times\left[(x_B-x_C)\boldsymbol{i}+(y_B-y_C)\boldsymbol{j}+(z_B-z_C)\boldsymbol{k}\right]\\ &=\left[(x_A-x_C)(y_B-y_C)\boldsymbol{k}-(x_A-x_C)(z_B-z_C)\boldsymbol{j}-(y_A-y_C)(x_B-x_C)\boldsymbol{k}\right.\\ &\quad\left.+(y_A-y_C)(z_B-z_C)\boldsymbol{i}+(z_A-z_C)(x_B-x_C)\boldsymbol{j}-(z_A-z_C)(y_B-y_C)\right]\boldsymbol{i}\\ &=\left[y_A(z_B-z_C)+y_B(z_C-z_A)+y_C(z_A-z_B)\right]\boldsymbol{i}\\ &\quad+\left[z_A(x_B-x_C)+z_B(x_C-x_A)+z_C(x_A-x_B)\right]\boldsymbol{j}\\ &\quad+\left[x_A(y_B-y_C)+x_B(y_C-y_A)+x_C(y_A-y_B)\right]\boldsymbol{k}\end{aligned}$$

表示一个新向量与图 8.6 中向量 $\boldsymbol{CA}$ 和 $\boldsymbol{CB}$ 都垂直，即与面 ABC 垂直。该方向可以用来计算一个表面的光照强度。可以通过反转顺序来求得 $\boldsymbol{CB}$ 和 $\boldsymbol{CA}$ 的叉积，则正常的方向会被颠倒，即变成反方向。

如果再加一个常规点如点 $Q(x,y,z)$，那么向量 $\boldsymbol{CQ}$ 为 $\left(P_Q-P_C\right)$。如果点 Q 在面 ABC 上面，那么该向量和平面的法线的叉积将会为 0。也就是说，对于在面 ABC 上的点 Q，有

$$(P_A-P_C)\times(P_B-P_C)\cdot\left(P_Q-P_C\right)=0$$

或者有

$$(P_A-P_C)\times(P_B-P_C)\cdot\left[(x-x_C)\boldsymbol{i}+(y-y_C)\boldsymbol{j}+(z-z_C)\boldsymbol{k}\right]=0$$

这表明

$$
\begin{aligned}
&(x-x_C)\left[y_A(z_B-z_C)+y_B(z_C-z_A)+y_C(z_A-z_B)\right]\\
&+(y-y_C)\left[z_A(x_B-x_C)+z_B(x_C-x_A)+z_C(x_A-x_B)\right]\\
&+(z-z_C)\left[x_A(y_B-y_C)+x_B(y_C-y_A)+x_C(y_A-y_B)\right]=0
\end{aligned}
$$

这就是面 ABC 的方程式(框注 8.2 和例 8.6)

框注 8.2 平面方程式

如果一个平面包含三个点：

$$A(x_A,y_A,z_A)、B(x_B,y_B,z_B) \text{ 和 } C(x_C,y_C,z_C)$$

可以表达为

$$
\begin{aligned}
&(x-x_C)\left[y_A(z_B-z_C)+y_B(z_C-z_A)+y_C(z_A-z_B)\right]\\
&+(y-y_C)\left[z_A(x_B-x_C)+z_B(x_C-x_A)+z_C(x_A-x_B)\right]\\
&+(z-z_C)\left[x_A(y_B-y_C)+x_B(y_C-y_A)+x_C(y_A-y_B)\right]=0
\end{aligned}
$$

用行列式形式可以简化为

$$ax+by+cz+d=0$$

此处，有

$$a=\begin{vmatrix}(y_A-y_C)(z_A-z_C)\\(y_B-y_C)(z_B-z_C)\end{vmatrix};\quad b=\begin{vmatrix}(z_A-z_C)(x_A-x_C)\\(z_B-z_C)(x_B-x_C)\end{vmatrix};\quad c=\begin{vmatrix}(x_A-x_C)(y_A-y_C)\\(x_B-x_C)(y_B-y_C)\end{vmatrix};$$

$$d=-(ax_C+by_C+cz_C)$$

例 8.6 一个平面方程式

使用例 8.1 中的数据，$P(5,9,2)$、$Q(3,7,4)$和 $R(9,6,8)$，而且使用求 a、b、c、d 的公式：

$$a=\begin{vmatrix}1&6&8\\1&9&2\\1&7&4\end{vmatrix}=-6;\quad b=\begin{vmatrix}9&1&8\\5&1&2\\3&1&4\end{vmatrix}=20;\quad c=\begin{vmatrix}9&6&1\\5&9&1\\3&7&1\end{vmatrix}=14;\quad d=-178$$

那么面 PQR 的方程式可以表达为

$$-6x+20y+14z-178=0$$

该平面的法向量是

$$-6\boldsymbol{i}+20\boldsymbol{j}+14\boldsymbol{k}$$

方程式 $d=-(ax_C+by_C+cz_C)$ 可简化成 $ax+by+cz+d=0$ 的形式，其中 a、b、c、d 是常量。它表示一个穿过点 ABC 的平面。在框注 8.2(例 8.6)中的简化方程式所表达的关系也可以表达为

$$a=\begin{vmatrix}1 & y_C & z_C\\1 & y_A & z_A\\1 & y_B & z_B\end{vmatrix};\quad b=\begin{vmatrix}x_C & 1 & z_C\\x_A & 1 & z_A\\x_B & 1 & z_B\end{vmatrix};\quad c=\begin{vmatrix}x_C & y_C & 1\\x_A & y_A & 1\\x_B & y_B & 1\end{vmatrix};$$

$$d=-\left(ax_C+by_C+cz_C\right)$$

令平面的法向量为 $\boldsymbol{n}$，即叉积$\left(P_A-P_C\right)\times\left(P_B-P_C\right)=\boldsymbol{n}$。

如果平面方程式表达为 $ax+by+cz+d=0$，则有

$$\boldsymbol{n}=a\boldsymbol{i}+b\boldsymbol{j}+c\boldsymbol{k}$$

而且$|\boldsymbol{n}|=\sqrt{a^2+b^2+c^2}$。

如果有两个平面分别为 $a_1x+b_1y+c_1z+d_1=0$ 和 $a_2x+b_2y+c_2z+d_2=0$，那么两个平面之间的夹角为

$$\boldsymbol{n}_1\cdot\boldsymbol{n}_2=|\boldsymbol{n}_1|\times|\boldsymbol{n}_2|\times\cos\phi$$

其中，$\boldsymbol{n}_1$ 和 $\boldsymbol{n}_2$ 为对应于每个平面的法向量，即

$$\boldsymbol{n}_1=a_1\boldsymbol{i}+b_1\boldsymbol{j}+c_1\boldsymbol{k};\quad \boldsymbol{n}_2=a_2\boldsymbol{i}+b_2\boldsymbol{j}+c_2\boldsymbol{k}$$

那么两个平面之间的夹角 ϕ 为

$$\phi=\cos^{-1}\left(\frac{\boldsymbol{n}_1\boldsymbol{n}_2}{|\boldsymbol{n}_1||\boldsymbol{n}_2|}\right)$$

8.4 入 射 角

假设向量 $\boldsymbol{v}$ 代表一条线(如一束光线)照射到 PQR 定义的平面(图 8.7)，该平面(面 PQR)的法向量 $\boldsymbol{n}$ 与向量 $\boldsymbol{v}$ 之间的夹角由点积 $\boldsymbol{n}\cdot\boldsymbol{v}=|\boldsymbol{n}|\times|\boldsymbol{v}|\cos\phi$ 可以得出。此处 ϕ 是指该光线同平面的垂线的夹角。因此，与平面的法线所成的夹角 $\phi=\cos^{-1}\left(\dfrac{\boldsymbol{n}.\boldsymbol{v}}{|\boldsymbol{n}||\boldsymbol{v}|}\right)$。

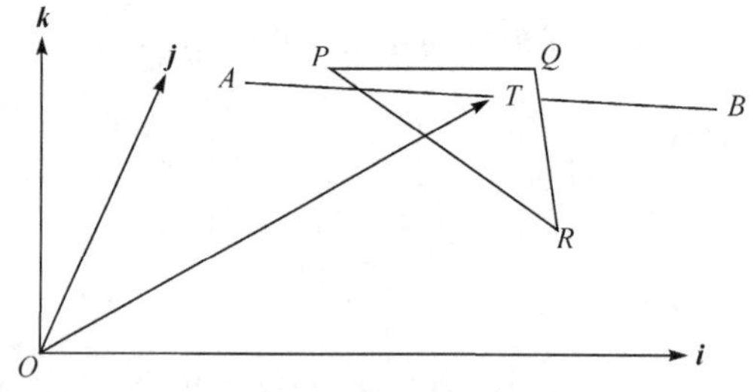

图 8.7　入射角

如图 8.7，有一条从 A 到 B 的直线，A 点坐标为(x_A,y_A,z_A)，B 点坐标为(x_B,y_B,z_B)，线 AB 同该平面的交点 T 在$\triangle PQR$ 内。设 T 点坐标为(x_T,y_T,z_T)，向量 $\boldsymbol{OT}=\boldsymbol{t}=x_T\boldsymbol{i}+y_T\boldsymbol{j}+z_T\boldsymbol{k}$。向量 $\boldsymbol{OA}=\boldsymbol{a}=x_A\boldsymbol{i}+y_A\boldsymbol{j}+z_A\boldsymbol{k}$，且向量 $\boldsymbol{AB}=\boldsymbol{v}=(x_B-x_A)\boldsymbol{i}+(y_B-y_A)\boldsymbol{j}+(z_B-z_A)\boldsymbol{k}$。

T 必须满足两个条件，即必须在线 AB 和以方程式 $ax+by+cz+d=0$ 表示的面 PQR 上。该平面的法线为 $\boldsymbol{n}=a\boldsymbol{i}+b\boldsymbol{j}+c\boldsymbol{k}$。因为 $\boldsymbol{i}\cdot\boldsymbol{i}=\boldsymbol{k}\cdot\boldsymbol{k}=\boldsymbol{j}\cdot\boldsymbol{j}=1$ 且 $\boldsymbol{i}\cdot\boldsymbol{j}=\boldsymbol{j}\cdot\boldsymbol{k}=\boldsymbol{k}\cdot\boldsymbol{i}=0$，所以，有

$$\boldsymbol{n}\cdot\boldsymbol{t}=(a\boldsymbol{i}+b\boldsymbol{j}+c\boldsymbol{k})\cdot(x_T\boldsymbol{i}+y_T\boldsymbol{j}+z_T\boldsymbol{k})=ax_T+by_T+cz_T$$

因为 T 在平面上，$ax_T+by_T+cz_T+d=0$，所以有

$$\boldsymbol{n}\cdot\boldsymbol{t}+d=0$$

也可以将 T 表示为向量 $\boldsymbol{OA}+\boldsymbol{AT}$，$\boldsymbol{AT}$ 是以 $\boldsymbol{t}=\boldsymbol{a}+\lambda\boldsymbol{v}$ 表达的向量 $\boldsymbol{AB}$ 的比例向量，λ是未知的比例系数。

因此，$\boldsymbol{n}\cdot(\boldsymbol{a}+\lambda\boldsymbol{v})+d=0$ 或者 $\boldsymbol{n}\cdot\boldsymbol{a}+\lambda\boldsymbol{n}\cdot\boldsymbol{v}+d=0$ 或者 $\lambda=\dfrac{-(\boldsymbol{n}\cdot\boldsymbol{a}+d)}{\boldsymbol{n}\cdot\boldsymbol{v}}$

这就意味着可以通过 A 和 B 的坐标确定 T 的位置，也能从向量 $\boldsymbol{OT}$ 和平面法线的余弦求得 $\boldsymbol{n}\cdot\boldsymbol{t}$ 的值，从而得到入射角度(例 8.7)。

例 8.7　线面相交

在例 8.6 中已经求得面 PQR 的方程：

$$-6x+20y+14z-178=0$$

在图 8.7 中，设 A 点坐标为(1,1,2)，B 点坐标为(5,7,10)。那么直线 AB 的向量为

$$\boldsymbol{v}=4\boldsymbol{i}+6\boldsymbol{j}+8\boldsymbol{k}$$

如果 $\boldsymbol{n}$ 是平面的法向量，那么，有

$$\boldsymbol{n}=-6\boldsymbol{i}+20\boldsymbol{j}+14\boldsymbol{k}$$

则点积 $\boldsymbol{n}\cdot\boldsymbol{v}=-24\boldsymbol{i}^2+120\boldsymbol{j}^2+112\boldsymbol{k}^2=-24+120+112=208$；

$$|\boldsymbol{n}|=\sqrt{632}\approx 25.14\text{；}\ |\boldsymbol{v}|=\sqrt{116}\approx 10.77$$

那么线 AB 同平面法线所成的夹角 ϕ 为

$$\phi=\cos^{-1}\left(\frac{\boldsymbol{n}\cdot\boldsymbol{v}}{|\boldsymbol{n}||\boldsymbol{v}|}\right)\approx\cos^{-1}\left(\frac{208}{25.14\times 10.77}\right)\approx 39.8^\circ$$

设线 AB 与面 PQR 交于 T 点。因为 T 在线 AB 上，所以向量 $\boldsymbol{OT}=\boldsymbol{OA}+\lambda\boldsymbol{AB}$ (λ 为标量)。如果 $\boldsymbol{OT}=\boldsymbol{t}$，$\boldsymbol{OA}=\boldsymbol{a}$，那么，有 $\boldsymbol{t}=\boldsymbol{a}+\lambda\boldsymbol{v}$。同样地，因为 T 在面上，所以，有 $\boldsymbol{n}\cdot\boldsymbol{t}+d=0$。

于是有

$$\boldsymbol{n}\cdot\boldsymbol{a}+\lambda\boldsymbol{n}\cdot\boldsymbol{v}+d=0\ \text{或}\ \lambda=\frac{-(\boldsymbol{n}\cdot\boldsymbol{a}+d)}{\boldsymbol{n}\cdot\boldsymbol{v}}$$

由于 $\boldsymbol{a}=1\boldsymbol{i}+1\boldsymbol{j}+2\boldsymbol{k}$，那么 $\boldsymbol{n}\cdot\boldsymbol{a}=-6+20+28=42$，有

$$\lambda=\frac{136}{208}=0.653846$$

$$\boldsymbol{t}=(1\boldsymbol{i}+1\boldsymbol{j}+2\boldsymbol{k})+0.653846\times(4\boldsymbol{i}+6\boldsymbol{j}+8\boldsymbol{k})=3.6\boldsymbol{i}+4.9\boldsymbol{j}+7.2\boldsymbol{k}$$

精确到一个小数位，T 的坐标为(3.6,4.9,7.2)。

注释：如果 $\boldsymbol{n}\cdot\boldsymbol{v}=0$，则无解，因为线 AB 与面 PQR 平行。

8.5　向量和旋转

为了阐述如何使用向量找到可以通过矩阵得到的同解，如图 8.8 所示，假设有一个轴 OM，将点 P 绕其旋转 ϕ 角度得到一个新的点 Q。

P 旋转所绕的中心是点 M，那么 $MP=MQ=r$ 是 P 绕 M 旋转得到的圆的半径。面 MPQ 同旋转轴 OM 所成的角是直角。

设向量 $\boldsymbol{OM}=\boldsymbol{m}$，设其单位向量为 $\hat{\boldsymbol{m}}$，$\hat{\boldsymbol{m}}=a\boldsymbol{i}+b\boldsymbol{j}+c\boldsymbol{k}$。$\boldsymbol{m}$ 顶上的“乘幂号”表示其是单位向量，即 a、b、c 已经被标准化，故 $\sqrt{a^2+b^2+c^2}=1$。

设 P 点坐标为(x_P,y_P,z_P)，关于 OM 轴旋转 ϕ 角后的新位置为(x_Q,y_Q,z_Q)。在面 MPQ 上，从 Q 点向 PM 作垂线 QN，垂足为 N。

根据向量的规则，$\boldsymbol{OQ}=\boldsymbol{OM}+\boldsymbol{MN}+\boldsymbol{NQ}$，即

$$\overrightarrow{OQ}=\overrightarrow{OM}+\overrightarrow{MN}+\overrightarrow{NQ}$$

其中，OM 长度 $=|OP|\cos\alpha(\alpha=\angle MOP)$。

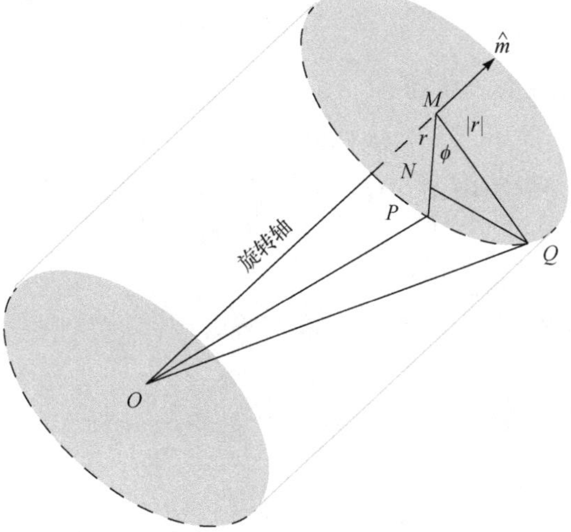

图 8.8　利用向量旋转

如果 $\boldsymbol{OP}$ 是向量 $\boldsymbol{p}$，则 OP 长度 $=|\boldsymbol{p}|$，OM 长度 $=|\boldsymbol{p}|\cos\alpha$，因为角度 α 是建立在点积中的，所以

$$OM\text{ 长度}=\hat{\boldsymbol{m}}\cdot\boldsymbol{p}$$

向量 $\boldsymbol{OM}$ 可以由 $\hat{\boldsymbol{m}}$ 乘以其长度得到，即

$$\overrightarrow{OM}=\boldsymbol{m}=(\hat{\boldsymbol{m}}\cdot\boldsymbol{p})\hat{\boldsymbol{m}}$$

MP 的长度 $=OP\sin\alpha=|\boldsymbol{p}|\sin\alpha$。

如果将向量 $\boldsymbol{MP}$ 记作 $\boldsymbol{r}$，其长度 $|\boldsymbol{r}|=|\boldsymbol{p}|\sin\alpha$。因为 P 围绕 M 旋转到了 Q，MQ 的长度与 $\boldsymbol{r}$ 一致。所以，MN 的长度 $=MQ\cos\phi=|\boldsymbol{r}|\cos\phi$，对向量 $\boldsymbol{MN}$ 则有

$$\overrightarrow{\boldsymbol{MN}}=\cos\phi\boldsymbol{r}$$

对于点 P，向量 $\boldsymbol{p}=\overrightarrow{OP}=\overrightarrow{OM}+\overrightarrow{MP}=\boldsymbol{m}+\boldsymbol{r}$，即

$$\boldsymbol{r}=\boldsymbol{p}-\boldsymbol{m}=\boldsymbol{p}-(\hat{\boldsymbol{m}}\cdot\boldsymbol{p})\hat{\boldsymbol{m}}$$

因此，有

$$\overrightarrow{MN}=\cos\phi\left[\boldsymbol{p}-(\hat{\boldsymbol{m}}\cdot\boldsymbol{p})\hat{\boldsymbol{m}}\right]$$

为了求得向量 $\overrightarrow{NQ}$，需要找到垂直于 MN 的直线，而平面正好与 OM 垂直，这可以由两个

向量和 $\boldsymbol{r}$ 计算得到，给出方向为 $\overrightarrow{NQ}$ 的向量 $\boldsymbol{s}$：

$$\boldsymbol{s}=\hat{\boldsymbol{m}}\times\boldsymbol{r}=\hat{\boldsymbol{m}}\times\left[\boldsymbol{p}-(\hat{\boldsymbol{m}}\cdot\boldsymbol{p})\hat{\boldsymbol{m}}\right]$$

由于 $\hat{\boldsymbol{m}}\cdot\boldsymbol{p}$ 是个标量，而 $\hat{\boldsymbol{m}}\times\hat{\boldsymbol{m}}=0$，有

$$\boldsymbol{s}=\hat{\boldsymbol{m}}\times\boldsymbol{p}$$

从 $\triangle MNQ$ 可以得到长度 $NQ=MQ\sin\phi=|\boldsymbol{r}|\sin\phi$。

因为 $\boldsymbol{s}=\hat{\boldsymbol{m}}\times\boldsymbol{r}$，$\hat{\boldsymbol{m}}$ 是个单位向量，则 $|\boldsymbol{s}|=|\boldsymbol{r}|$。因此，$\overrightarrow{NQ}=\boldsymbol{s}\sin\phi=(\hat{\boldsymbol{m}}\times\boldsymbol{p})\sin\phi$

$$\overrightarrow{OQ}=\overrightarrow{OM}+\overrightarrow{MN}+\overrightarrow{NQ}$$

则

$$\begin{aligned}\overrightarrow{OQ}&=(\hat{\boldsymbol{m}}\cdot\boldsymbol{p})\hat{\boldsymbol{m}}+\left[\boldsymbol{p}-(\hat{\boldsymbol{m}}\cdot\boldsymbol{p})\hat{\boldsymbol{m}}\right]\cos\phi+(\hat{\boldsymbol{m}}\times\boldsymbol{p})\sin\phi\\&=\boldsymbol{p}\cos\phi+(\hat{\boldsymbol{m}}\cdot\boldsymbol{p})\hat{\boldsymbol{m}}(1-\cos\phi)+(\hat{\boldsymbol{m}}\times\boldsymbol{p})\sin\phi\end{aligned}$$

点积为

$$(\hat{\boldsymbol{m}}\cdot\boldsymbol{p})=(a\boldsymbol{i}+b\boldsymbol{j}+c\boldsymbol{k})\cdot(x_p\boldsymbol{i}+y_p\boldsymbol{j}+z_p\boldsymbol{k})=(ax_p+by_p+cz_p)$$

因为 $\boldsymbol{i}\times\boldsymbol{i}=0$，$\boldsymbol{i}\times\boldsymbol{j}=1$，$\boldsymbol{j}\times\boldsymbol{i}=-1$，所以叉积为

$$\begin{aligned}(\hat{\boldsymbol{m}}\times\boldsymbol{p})&=(a\boldsymbol{i}+b\boldsymbol{j}+c\boldsymbol{k})\times(x_p\boldsymbol{i}+y_p\boldsymbol{j}+z_p\boldsymbol{k})\\&=(bz_p-cy_p)\boldsymbol{i}+(cx_p-az_p)\boldsymbol{j}+(ay_p-bx_p)\boldsymbol{k}\end{aligned}$$

因此，有

$$\begin{aligned}\overrightarrow{OQ}=&(x_p\boldsymbol{i}+y_p\boldsymbol{j}+z_p\boldsymbol{k})\cos\phi+(ax_p+by_p+cz_p)(a\boldsymbol{i}+b\boldsymbol{j}+c\boldsymbol{k})(1-\cos\phi)\\&+\left[(bz_p-cy_p)\boldsymbol{i}+(cx_p-az_p)\boldsymbol{j}+(ay_p-bx_p)\boldsymbol{k}\right]\sin\phi\end{aligned}$$

把各项重排后，有

$$\begin{aligned}\overrightarrow{OQ}=&\left\{x_p\left[a^2(1-\cos\phi)+\cos\phi\right]+y_p\left[ab(1-\cos\phi)-c\sin\phi\right]+z_p\left[ac(1-\cos\phi)+b\sin\phi\right]\right\}\boldsymbol{i}\\&+\left\{x_p\left[ab(1-\cos\phi)+c\sin\phi\right]+y_p\left[b^2(1-\cos\phi)+\cos\phi\right]+z_p\left[bc(1-\cos\phi)-a\sin\phi\right]\right\}\boldsymbol{j}\\&+\left\{x_p\left[ab(1-\cos\phi)-b\sin\phi\right]+y_p\left[bc(1-\cos\phi)+a\sin\phi\right]+z_p\left[c^2(1-\cos\phi)+\cos\phi\right]\right\}\boldsymbol{k}\end{aligned}$$

将其表示为矩阵形式(例 8.8)为

$$\begin{bmatrix}X_Q\\Y_Q\\Z_Q\end{bmatrix}=\begin{bmatrix}a^2(1-\cos\phi)+\cos\phi & ab(1-\cos\phi)-c\sin\phi & ac(1-\cos\phi)+b\sin\phi\\ab(1-\cos\phi)+c\sin\phi & b^2(1-\cos\phi)+\cos\phi & bc(1-\cos\phi)-a\sin\phi\\ab(1-\cos\phi)-b\sin\phi & bc(1-\cos\phi)+a\sin\phi & c^2(1-\cos\phi)+\cos\phi\end{bmatrix}\times\begin{bmatrix}X_P\\Y_P\\Z_P\end{bmatrix}$$

例 8.8　旋转圆柱体

假设一个圆柱体以 z 轴为中心轴(在图 8.8 中以 OM 为 z 轴)。

设在圆柱体上的一点 P 坐标为(2,0,z)，那么该圆柱体的直径为 4。将这个圆柱体旋转 45° 可得新的点 Q。

对于 z 轴，单位向量等于 $\boldsymbol{k}$。如果 $\hat{\boldsymbol{m}}=a\boldsymbol{i}+b\boldsymbol{j}+c\boldsymbol{k}$，$a=b=0$，$c=1$，因为 $\phi=45°$，所以 $\cos\phi=\sin\phi=1/\sqrt{2}$。

那么，有

$$\begin{bmatrix} X_Q \\ Y_Q \\ Z_Q \end{bmatrix} = \begin{bmatrix} a^2(1-\cos\phi)+\cos\phi & ab(1-\cos\phi)-c\sin\phi & ac(1-\cos\phi)+b\sin\phi \\ ab(1-\cos\phi)+c\sin\phi & b^2(1-\cos\phi)+\cos\phi & bc(1-\cos\phi)-a\sin\phi \\ ab(1-\cos\phi)-b\sin\phi & bc(1-\cos\phi)+a\sin\phi & c^2(1-\cos\phi)+\cos\phi \end{bmatrix} \times \begin{bmatrix} X_P \\ Y_P \\ Z_P \end{bmatrix}$$

可以简化为

$$\begin{bmatrix} X_Q \\ Y_Q \\ Z_Q \end{bmatrix} = \begin{bmatrix} 1/\sqrt{2} & -1/\sqrt{2} & 0 \\ 1/\sqrt{2} & 1/\sqrt{2} & 0 \\ 0 & 0 & 1 \end{bmatrix} \begin{bmatrix} X_P \\ Y_P \\ Z_P \end{bmatrix}$$

或者为

$$x_Q = \frac{X_P}{\sqrt{2}} - \frac{Y_P}{\sqrt{2}} = \sqrt{2}\ ;\quad y_Q = \frac{X_P}{\sqrt{2}} + \frac{Y_P}{\sqrt{2}} = \sqrt{2}\ ;\quad z_Q = z_P$$

再把 P 旋转 45° 得到 R，有 $x_R = 0$ ； $y_R = 2$ ； $z_R = z_Q = z_P$ ，等等。

小　结

叉积：是与两个生成向量 $\boldsymbol{a}$ 和 $\boldsymbol{b}$ 成直角的新向量，$\boldsymbol{c}$ 与 $\boldsymbol{a}$ 和 $\boldsymbol{b}$ 共用一个共同起点，如“$\boldsymbol{a}\times\boldsymbol{b}$”或 $\boldsymbol{a}\times\boldsymbol{b}=(|\boldsymbol{a}|\times|\boldsymbol{b}|\times\sin\phi)\boldsymbol{c}$，其中$\phi$是生成向量 $\boldsymbol{a}$ 和 $\boldsymbol{b}$ 之间的夹角。按惯例，$\boldsymbol{c}$ 的方向由右手法则决定(见第 7 章)，向量 $\boldsymbol{a}$ 和 $\boldsymbol{b}$ 确定了一个平面，向量 $\boldsymbol{c}$ 与该平面垂直。

因为 $\sin 0° = 0$ 且 $\sin 90° = 1$ ，所以对于三个正交轴的单位向量 $\boldsymbol{i}$、$\boldsymbol{j}$、$\boldsymbol{k}$，有

$$\boldsymbol{i}\times\boldsymbol{i} = \boldsymbol{j}\times\boldsymbol{j} = \boldsymbol{k}\times\boldsymbol{k} = 0\ ;\quad \boldsymbol{i}\times\boldsymbol{j} = \boldsymbol{j}\times\boldsymbol{k} = \boldsymbol{k}\times\boldsymbol{i} = 1\ ;$$

$$\boldsymbol{j}\times\boldsymbol{i} = \boldsymbol{k}\times\boldsymbol{j} = \boldsymbol{i}\times\boldsymbol{k} = -1$$

方向余弦：向量同坐标轴所成的夹角的余弦值，用于描述向量。

点积：如果 ϕ 是向量 $\boldsymbol{a}$ 和 $\boldsymbol{b}$ 之间的夹角，那么点积是由 $\boldsymbol{a}\cdot\boldsymbol{b} = |\boldsymbol{a}|\times|\boldsymbol{b}|\times\cos\phi$ 得到的标量。

因为 $\cos 0° = 1$ ， $\cos 90° = 0$ ，那么对于正交轴的三个单位向量

$$\boldsymbol{i}\cdot\boldsymbol{i} = \boldsymbol{j}\cdot\boldsymbol{j} = \boldsymbol{k}\cdot\boldsymbol{k} = 1$$

$$\boldsymbol{i}\cdot\boldsymbol{j} = \boldsymbol{j}\cdot\boldsymbol{k} = \boldsymbol{k}\cdot\boldsymbol{i} = 0$$

模：位置向量的长度。向量 $\boldsymbol{v}$ 的模记作$|\boldsymbol{v}|$，跟行列式不一样。如果 $\boldsymbol{OP} = a\boldsymbol{i} + b\boldsymbol{j} + c\boldsymbol{k}$ ($\boldsymbol{i},\boldsymbol{j}.\boldsymbol{k}$ 为坐标系的单位向量)，那么 $\boldsymbol{OP}$ 的模 $|\boldsymbol{OP}| = \sqrt{a^2+b^2+c^2}$ 。

位置向量：在坐标系中用于表示点的坐标位置的向量。

标量：有大小但是没方向的量，如压力值、世界人口数量。

标量三重积：将点积和叉积以 $\boldsymbol{a}\cdot\boldsymbol{b}\times\boldsymbol{c}$ 的形式连接得到的标量，它表示由向量 $\boldsymbol{a}$、$\boldsymbol{b}$、$\boldsymbol{c}$ 所组成的平行六面体的体积。如果标量三重积为 0，那么表示该平行六面体体积为 0，那么这三个向量肯定在同一平面上。

单位向量：长度为 1 的向量。

向量：既有大小又有方向的量，如速度或者太阳光线。该术语也可以表示有大小和方向的直线。

第 9 章　曲线和曲面

9.1　参 数 形 式

截至目前，已经知道在平面上的点可以作为一系列的值(x, y)表达成一条直线，如

$$ax+by+c=0$$

也可以表达为如下形式：

$$y=mx+n$$

其中，m 为直线的斜率或梯度；n 为常数。如果 $m=-a/b$ ，$n=-c/b$ ，那么这两个公式表达相同的直线。

从第 6 章和图 9.1 可以看出如果直线 AB 的斜率是 θ (由水平轴逆时针测量)，那么，有

$$y=x\tan\theta+c$$

其中，x=0 时，y=c。也可以表达为 $\mathrm{d}y/\mathrm{d}x=\tan\theta=m$ ，m 对于一条直线是恒定的，因为

$$\int\tan\theta\mathrm{d}x=x\tan\theta+c$$

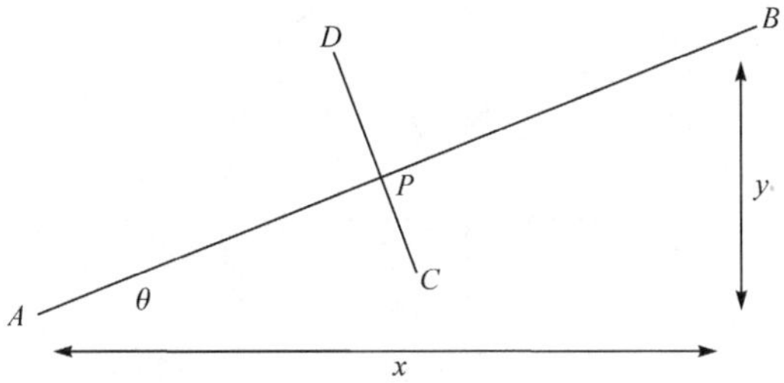

图 9.1　正交直线

常数的微分是 0；因此对于直线来说，$\mathrm{d}^2y/\mathrm{d}x^2=0$ 。

需要注意的是，如果我们使用垂直方向的顺时针方位而不是水平方向的逆时针方位，则线 AB 的方位等于 $90°-\theta$ 。

$$y=x\cot(\text{方位}AB)+c$$

如果线 CD 正交于线 AB，那么它的斜率是 $90°+\theta$ 。因此，对于线 CD：

$$y=m'x+c'$$

$$m'=-\cot(\theta)=-\tan(\text{方位}AB)$$

当直线 AB 和 CD 成直角时，它们的斜率关系是

$$mm'=\tan\theta\times(-\cot\theta)=-1$$

如果两条斜率的乘积等于–1，则说明它们是正交的。因此，图 9.1 中直线 AB 和 CD 是正交的。第 7 章中，也用到了这个术语，把 $\boldsymbol{AA}^{-1}=\boldsymbol{I}$ 的矩阵称为正交矩阵。

在公式 $y=mx+n$ 中，y 是因变量，x 是自变量。也可以用参数形式表达直线，如

$$x=p+t\cos\theta\,;\;y=q+t\sin\theta$$

其中，(p,q)为直线上点的坐标；θ 为固定的倾斜角；t 为变量，代表沿线离点的距离。只有一个自变量 t 和两个因变量 x 和 y。

在曲线的情况下，知道曲线上任意一点的斜率是 $\mathrm{d}y/\mathrm{d}x$，它的法线斜率是 $-\mathrm{d}x/\mathrm{d}y$。图 9.2 中，代表任意一点斜率的直线称为切线。对于圆上的点，切线也是半径在这一点的法线。在椭圆的情况下，法线不过椭圆的中心，除非切线平行于其中一条轴线。一个以(x_c,y_c)为圆心的圆的方程可以表达为 $(x-x_c)^2+(y-y_c)^2=r^2$；参数形式是 $x=r\cos t+x_c$, $y=r\sin t+y_c$；变量 t(水平测量夹角)的范围是 $0\leqslant t\leqslant 2\pi$。

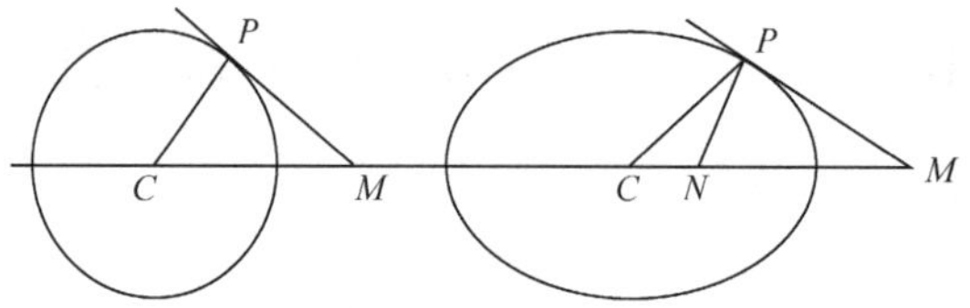

图 9.2　圆的切线和椭圆的切线

图 9.3 中，椭圆的中心是 O，长半轴是 a，短半轴是 b。根据第 4 章的介绍，以 a 为半径，以 O 为圆心的圆称为辅助圆。辅助圆在垂直方向或 y 方向上压扁或按比例缩小得到椭圆。因此，如果 N 是参考元上的一个点，那么它的坐标为

$$x_n=a\cos t+x_c, y_n=a\sin t+y_c$$

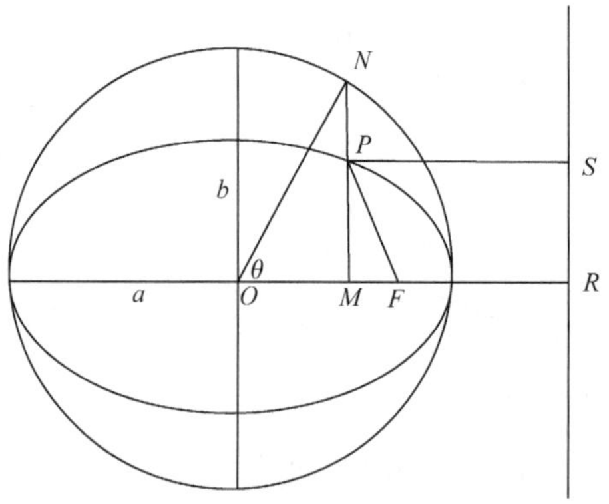

图 9.3　椭圆和辅助圆

MN 的长度是 $a\sin t$。压缩辅助圆，OM 不变，MN 按 $MP/MN=b/a$ 的比例缩放到 MP：

$$MP=(b/a)\times a\sin t=b\sin t$$

因此，中心为 $O(x_c,y_c)$的椭圆上点 P 的坐标为

$$x_p=a\cos t+x_c$$

$$y_p=b\sin t+y_c$$

因为 $\sin^2 t+\cos^2 t=1$，可以推出 $(x_p-x_c)^{2/a^2}+(y_p-y_c)^{2/b^2}=1$。

下面进一步研究椭圆到准线 RS 的距离 OR。OR 在第 4 章设为 a/e，$0<e<1$。对于任意以 O 为中心，以 F 为焦点的圆锥曲线，$OF=a\times e, OR=a/e, FP=e\times PS$。

为了方便，假设椭圆的中心为原点。图 9.3 中，$PS=MR$，$MR+OM=a/e$，所以 $PS=a/e-x$。因此，有

$$FP = e \times PS = a - ex$$

$$FM = OF - OM = ae - x$$

当 $MP = y$ 时，运用勾股定理，$FP^2 = FM^2 + MP^2$，即

$$(a - ex)^2 = (ae - x)^2 + y^2$$

或者为

$$a^2 - 2aex + e^2x^2 = a^2e^2 - 2aex + x^2 + y^2$$

也可以写为

$$(1 - e^2)x^2 + y^2 = a^2(1 - e^2) = b^2$$

当 $e = \sqrt{1 - b^2 / a^2}$ 时，再次确定了一个椭圆 $x^2 / a^2 + y^2 / b^2 = 1$。

圆的公式用参数形式表达为

$$x = r\cos t\ ;\ y = r\sin t$$

椭圆的参数形式为

$$x = a\cos t\ ;\quad y = b\sin t$$

参数形式中只有一个变量 t。从变量 t 中可以推断出 x 和 y(例 9.1)。

例 9.1　圆和椭圆的参数形式

在图 9.3 中，圆的半径 a 等于 10 等于椭圆的长半轴，椭圆的短半轴等于 8。圆心和椭圆的中心都是 (0,0)。

在第一象限，圆的坐标为 (x, y)，椭圆的坐标为 (x, y')。其中，$x = a\cos t$；$y = a\sin t$；$y' = b\sin t$。

t	0°	10°	20°	30°	40°	50°	60°	70°	80°	90°
cos$t$	1	0.98	0.94	0.87	0.77	0.64	0.5	0.34	0.17	0
sin$t$	0	0.17	0.34	0.5	0.64	0.77	0.87	0.94	0.98	1

赋值 a=10, b=8。

x	10	9.8	9.4	8.7	7.7	6.4	5.0	3.4	1.7	0
y	0	1.7	3.4	5.0	6.4	7.7	8.7	9.4	9.8	10
y'	0	1.4	2.7	4.0	5.1	6.2	7.0	7.5	7.8	8

所有的中间值和其他三个象限的值可以以类似的方式计算。

抛物线 $y^2 = 4ax$ 用参数的形式表达为 $x = at^2$，$y = 2at$；双曲线可以表达为 $\frac{x^2}{a^2} - \frac{y^2}{b^2} = 1$。其参数形式利用事实等式：

$$(1 + \tan^2\theta) = (1 + \sin^2\theta / \cos^2\theta) = (\cos^2\theta + \sin^2\theta) / \cos^2\theta = \sec^2\theta$$

于是，有

$$\sec^2\theta - \tan^2\theta = 1$$

因此，双曲线可以表达为

$$x = a\sec\theta\ ;\ y = b\tan\theta$$

或者用变量 t，表示为

$$x = a\text{sec}t\ ;\ y = b\tan t$$

参数形式(框注 9.1)可被用于确定曲线上任意点的斜率。例如，圆心为(x_c,y_c)，半径为 r 的圆，其参数形式是

$$x = x_c + r\cos t\ ;\ y = y_c + r\sin t$$

对 t 进行微分，有

$$\mathrm{d}x / \mathrm{d}t = -r\sin t\ ,\ \mathrm{d}y / \mathrm{d}t = \cos t$$

$$(\mathrm{d}y / \mathrm{d}t) / (\mathrm{d}x / \mathrm{d}t) = -(\cos t / \sin t) = -\cot t$$

或者，有

$$\mathrm{d}y / \mathrm{d}x = -\cot t$$

这是曲线的变化率，换言之，该变化率衡量了曲线上用 t 定义的点的斜率。

框注 9.1　直线和圆锥曲线(二次曲线)的参数方程

p、q、θ 是常量，即固定量；t 是自变量。

直线参数方程为

$$x = p + t\cos\theta\ ;\ y = q + t\sin\theta$$

圆参数方程为

$$x = p + r\cos t\ ;\ y = q + r\sin t$$

椭圆参数方程为

$$x = p + a\cos t ; y = q + b\sin t$$

抛物线参数方程为

$$x = p + at^2\ ;\ y = q + 2at$$

双曲线参数方程为

$$x = p + a\text{sec}t\ ;\ y = q + b\tan t$$

9.2　椭　　圆

图 9.4 展示了半径为 a 的辅助圆和短半轴长度为 b 的椭圆。椭圆上的点 P 的坐标($a\cos\theta$, $b\sin\theta$)以中心为参照。PT 是椭圆在 P 点的切线，T 在椭圆的长轴上。PQ 是过 P 点的法线，Q 在短半轴上。线 QP 与短半轴成夹角 ϕ，ϕ 称为 P 点大地纬度或球状纬度。其本质是 P 点的垂直方向。实际上，地球表面的铅锤不可能准确地指向这个方向，附近山体受万有引力的影响导致了大地测量上所熟知的垂直误差。给定一个均匀密度的椭球，PQ 将是 P 点处的垂直线。除了沿赤道和在极点(D'和 E')，线 PQ 不会通过中心 O。

根据圆的参数形式，可以计算曲线在圆上任意点的斜率，如图 9.4 中过 N 点的切线 NT(稍后将说明为什么 N 处的切线和 P 处的切线都与 T 处的长轴相交)，即可计算切点 N 处的切线 NT 的斜率。同样的对于椭圆，切线是 PT。

$$dy/dx=(dy/d\theta)/(d\theta/dx)=(b\cos\theta)/(-a\sin\theta)=-(b/a)\cot\theta$$

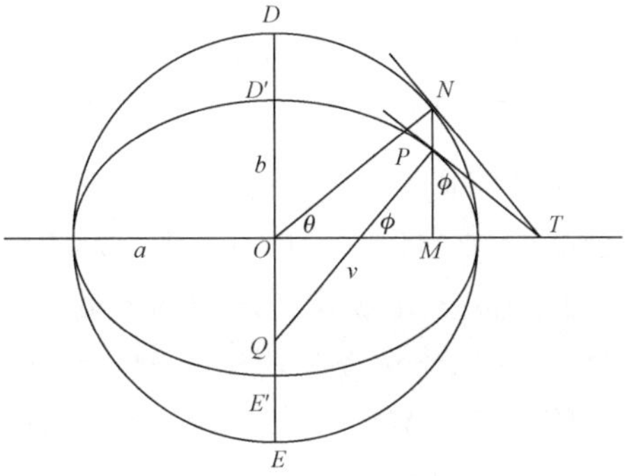

图 9.4　椭圆的法线

圆和椭圆在测量学和 GIS 中历来都扮演着重要的角色。绕地球南北轴旋转，能够依据比例尺计算出近似代表地球形状的体积。

$\angle POT$ 是地心纬度，虽然在卫星定位定轨(第 14 章)和天文学中应用，但通常并不用于大地测量计算。θ 有时也称为归心纬度。长度 PQ 通常用希腊字母 v 表示。围绕短轴旋转得到的椭球上，对于给定的平行纬度上的所有点，v 的长都是相同的，但是不同的纬度有不同的值。P 点的 x 坐标之前等于 $a\cos\theta$，但是也等于 $v\cos\phi$，是 QP 在 x 轴上的投影。故(例 9.2)有

$$a\cos\theta=v\cos\phi$$

例 9.2　地球半径

地球的赤道半径 a 等于 6378.1370km，极半径 b 等于 6356.7523km。

地球视为椭球，$e^2=1-(b/a)^2=0.00669438$ 或者 $e=0.081818$。

东偏北 $\phi=50°$，$\tan\theta=b/a\tan\phi=1.1877578657775$。故 θ=49.9052218256°或者表示为 θ=49°54′18.8″。

因此，辅助圆纬度与大地测量纬度之间存在 5′41.2″的差。1″的弧度长约等于地球表面的 30m，这代表地表有近似 10.55km 的差。

给定 $a\cos\theta=v\cos\phi$，在东偏北 50°，v=6390.7021km。

之前在图 9.4 中提到，N 点和 P 点的切线在长轴相交于 T 点。TN 是辅助圆的切线，通过压缩辅助圆得到椭圆，即使角度变化了，相切也不会影响。实际上，可以通过辅助圆和椭圆的参数形式表示相切。

N 点在辅助圆上，有

$$x=a\cos t;\ y=a\sin t;\ dy/dx=(dy/dt)/(dx/dt)=-\cot t$$

如果假设椭圆在 N 点的切线交 x 轴于 T 点，线 NT 的方程式是

$$(y-a\sin t)=-\cot t(x-a\cos t)$$

交于 x 轴时，$y=0,x=a\cos t+a\sin^2 t/\cos t=a\sec t$。因此，图 9.4 中，$OT=a\sec t$ 或 $a\sec\theta$。

椭圆上的 P 点，有

$$x=a\cos t;y=b\sin t;dy/dx=(dy/dt)/(dx/dt)=-(b/a)\cot t$$

如果假设椭圆在 P 点的切线交 x 轴于 T' 点，线 PT' 的方程式是 $(y-a\sin t)=-\cot t(x-a\cos t)$。

交于 x 轴时 $y=0$，且有

$$x=a\cos t+\frac{b\left(\dfrac{a}{b}\right)\sin^2 t}{\cos t}=a\sec t$$

因而 $OT'=a\sec t$，证明 T 和 T' 是同一个点。

因此，在图 9.4 中，如果 $\angle MNT=\theta$，且 $\angle MPT=\phi$，那么 $NM=a\sin\theta$，OM 就等于 $P=a\cos\theta$ 的 x 值，PM 就等于 $P=b\sin\theta$ 的 y 值。

在三角形 MNT 中，$MT=NM\tan\theta=a\sin\theta\tan\theta$，在三角形 MPT 中，$MT=PM\tan\phi=b\sin\theta\tan\phi$。故 $a\tan\theta=b\tan\phi$，也可以表达为 $\tan\theta=(b\sin\phi)/(a\cos\phi)$。

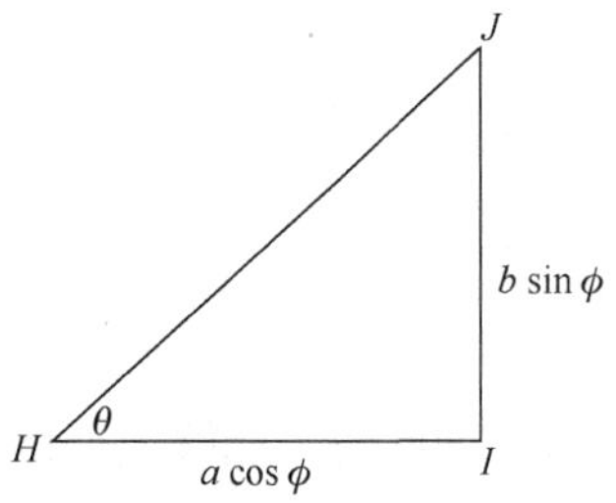

图 9.5　θ 和 ϕ

因为角度就是比值，在图 9.5 的直角三角形 HIJ 中可以表达这种关系，$IJ=b\sin\phi$，$HI=a\cos\phi$，$\angle JHI=\theta$。通过如框注 9.2 所示的适当变形，可以得到

$$x=\nu\cos\phi;\ \ y=\nu\left(1-e^2\right)\sin\phi;\ \ \nu=a/\sqrt{1-e^2\sin^2\phi}$$

框注 9.2　半径 ν

图 9.5 中，$HI=a\cos\phi, IJ=b\sin\phi$，$\angle JHI=\theta$

因此，$IJ/HI=\tan\theta=(b/a)\tan\phi$。运用勾股定理，$HJ^2=a^2\cos^2\phi+b^2\sin^2\phi$。

因为，$\cos^2\phi+\sin^2\phi=1$，所以公式可以写为

$$HJ^2=a^2-a^2\sin^2\phi+b^2\sin^2\phi=a^2\left[1-\frac{\left(a^2-b^2\right)}{a^2}\sin^2\phi\right]=a^2\left(1-e^2\sin^2\phi\right)$$

其中，$e^2=(1-b^2/a^2)$，所以有

$$HJ=a\sqrt{1-e^2\sin^2\phi}$$

三角形 HIJ 中，有

$$\cos\theta=HI/HJ=a\cos\phi/\left[a\sqrt{1-e^2\sin^2\phi}\right]$$

或者，有

$$a\cos\theta=a\cos\phi/\sqrt{1-e^2\sin^2\phi}$$

之前证明过

$$a\cos\theta=\nu\cos\phi$$

所以，有

$$a\cos\theta=\nu\cos\phi=a\cos\phi/\sqrt{1-e^2\sin^2\phi}$$

$$\nu=a/\sqrt{1-e^2\sin^2\phi}$$

或者，有

$$a = a\nu / \sqrt{1 - e^2 \sin^2 \phi}$$

但是，$x^2/a^2 + y^2/b^2 = 1$，$x = \nu\cos\phi$，因此，$y^2 = b^2 - (b^2/a^2)x^2 = a^2(1-e^2) - (1-e^2)x^2 = (1-e^2)(a^2 - x^2)$。

因为 $a^2 = \nu^2(1 - e^2\sin^2\phi)$，$x^2 = \nu^2\cos^2\phi = \nu^2(1 - \sin^2\phi)$，有

$$(a^2 - x^2) = \nu^2(1 - e^2)\sin^2\phi$$

结果为 $y^2 = \nu^2(1-e^2)^2\sin^2\phi$。

因此，$x = \nu\cos\phi$; $y = \nu\left(1 - e^2\right)\sin\phi$; $\nu = a / \sqrt{1 - e^2\sin^2\phi}$。

这些等式关系在大地测量计算中广泛应用。参量 ν 和 ϕ 在测量学领域和地球大小和形状的科学研究中尤为重要，例如，使用 GPS 进行位置计算。

9.3　曲 率 半 径

结束讨论椭圆之前，还有一个量要提及。这个量在 P 点沿着椭圆的曲率半径方向，通常称为“ρ”，源于希腊字母“rho”。

曲率是和弧长相关的切向方向的变化率。P 点的曲率半径就是 P 点所在圆的曲线的曲率半径，或者说这个半径的圆刚好和曲线相切。在切点，圆的切线也是曲线的切线。这适用于所有的曲线，不仅仅是椭圆。

图 9.6 中曲线 QPQ'和以 C 为圆心的圆相切于曲线上的 P 点。在切点，半径 $CP(=\rho)$ 是切线 PT 的法线。PT 的斜率用 θ 表示。考虑到两个邻近点 P 和 P'，它们的坐标使用 δx 和 δy 表示，沿着曲线的长度使用 δs 表示。如果 P 点的斜率是 θ，P'的斜率是 $\theta + \delta\theta$，那么 $\angle PCP' = \delta\theta$ (图 9.6 中加以夸大表示)。

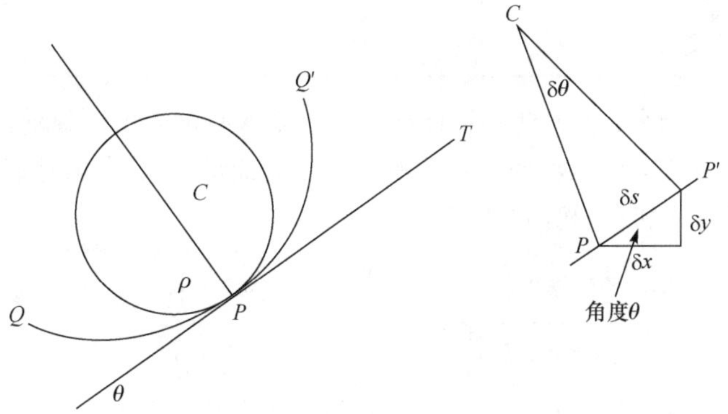

图 9.6　曲率半径

通过测量三角形 PCP'中 θ 的弧度，可得 $\delta s = CP\delta\theta = \rho\delta\theta$ 或 $(\delta\theta/\delta s) = 1/\rho$。线 PP'的斜率是 θ，所以，$\delta y/\delta x = \tan\theta$ 或 $\mathrm{d}y/\mathrm{d}x = \tan\theta$。

斜率的二阶导数或变化率就是曲率，表示为

$$\mathrm{d}^2 y/\mathrm{d}x^2 = \mathrm{d}(\mathrm{d}y/\mathrm{d}x)/\mathrm{d}x = \mathrm{d}(\tan\theta)/\mathrm{d}x = \left[\mathrm{d}\theta/\mathrm{d}x\right] \times \left[\mathrm{d}(\tan\theta)/\mathrm{d}\theta\right] = (\mathrm{d}\theta/\mathrm{d}x)\sec^2\theta$$

因为 $\tan\theta$ 的微分等于 $\sec^2\theta$。且由图 9.6 可得

$$\delta\theta/\delta x=(\delta\theta/\delta s)\times(\delta s/\delta x)\text{ 和 }\delta s/\delta x=\sec\theta$$

所以

$$\mathrm{d}^2y/\mathrm{d}x^2=(1/\rho)\sec^3\theta$$

因为

$$\sec^2\theta=1+\tan^2\theta,\quad \tan\theta=\mathrm{d}y/\mathrm{d}x$$

所以

$$\mathrm{d}^2y/\mathrm{d}x^2=(1/\rho)\left[1+(\mathrm{d}y/\mathrm{d}x)^2\right]^{3/2}$$

重新整理，给出任意曲线的曲率半径为

$$\rho=\left\{[1+(\mathrm{d}y/\mathrm{d}x)^2]^{3/2}\right\}/(\mathrm{d}^2y/\mathrm{d}x^2)$$

应用于椭圆，则可以表示为

$$\rho=\nu(1-e^2)(1-e^2\sin^2\phi)^{-1}=a(1-e^2)(1-e^2\sin^2\phi)^{-3/2}$$

框注 9.3　曲率半径

对于任意曲线曲率半径，有

$$\rho=\left\{[1+(\mathrm{d}y/\mathrm{d}x)^2]^{3/2}\right\}/(\mathrm{d}^2y/\mathrm{d}x^2)$$

对椭圆，有

$$\rho=\nu(1-e^2)(1-e^2\sin^2\phi)^{-1}=a(1-e^2)(1-e^2\sin^2\phi)^{-3/2}$$

$$x=\nu\cos\phi$$

$$y=\nu(1-e^2)\sin\phi$$

$$\nu=a/\sqrt{1-e^2\sin^2\phi}$$

其中，ϕ为大地纬度。

“ρ”值(框注 9.3)广泛用于大地测量计算中，但是这些都超出了目前本书的范围。现在，更多地考虑曲率。每个二阶(二次)曲线都只有且只用弯曲形式。例如，圆和椭圆，它们总是围绕自身弯曲直到闭合；双曲线和抛物线延伸到无穷处。

从图 9.6 可以看出：$\delta s^2=\delta x^2+\delta y^2$，或者 $\delta s/\delta x=\sqrt{1+(\delta y/\delta x)^2}$，据此得到 $\mathrm{d}s/\mathrm{d}x=\sqrt{1+(\mathrm{d}y/\mathrm{d}x)^2}$；或者 $s=\int\sqrt{1+(\mathrm{d}y/\mathrm{d}x)^2}\,\mathrm{d}x$。

这提供了一个计算曲线的方法。在椭圆特定的情况下，积分法并不简单。但对于一些函数，积分提供了非常简洁的方法来确定长度。

9.4　拟 合 曲 线

最简单的曲线前后弯曲得到三次曲线。一般情况下的三次曲线为

$$y=a+bx+cx^2+dx^3$$

那么，有

$$dy/dx = b + 2cx + 3dx^2$$

$dy/dx = 0$时有两个解。它们是曲线的最大值和最小值。同样地，有

$$d^2y/dx^2 = 2c + 6dx$$

$d^2y/dx^2 = 0$ 只有一个解，即 $x = -c/(3d)$ 。这个就是曲线的拐点(第 6 章图 6.3)。

在三次曲线方程中 y 有四个未知常量(a、b、c、d)，需要四个方程组来计算。换句话说，三次曲线可以通过四个点，就像二次曲线如圆能通过任意的三个点(尽管无穷大半径的圆通过三个点在一条直线上)。需要五个点来确定四次方程(四阶)，六个点确定五次方程(五阶)，四次方程也是一样。

给定三次曲线 $y = f(x)$ 和四个已知点(x_1,y_1)、(x_2,y_2)、(x_3,y_3)、(x_4,y_4)，那么方程

$$y = y_1\frac{(x-x_2)(x-x_3)(x-x_4)}{(x_1-x_2)(x_1-x_3)(x_1-x_4)} + y_2\frac{(x-x_1)(x-x_3)(x-x_4)}{(x_2-x_1)(x_2-x_3)(x_2-x_4)}$$
$$+ y_3\frac{(x-x_1)(x-x_2)(x-x_4)}{(x_3-x_1)(x_3-x_2)(x_3-x_4)} + y_4\frac{(x-x_1)(x-x_2)(x-x_3)}{(x_4-x_1)(x_4-x_2)(x_4-x_3)}$$

是以 x 为变量通过全部四个点。分母上没有一个元素可以为 0，因为考虑等式中给定的 x 值，只存在唯一的 y 值。次数可以扩展为四次、五次和其他次数的曲线。用一般公式表示为

$$y = \sum_{i=1}^{n} y_i \prod_{i \neq j} \frac{(x - x_j)}{(x_i - x_j)}$$

其中，$\sum_{i=1}^{n} y_i$ 为从 i=1 到 i=n 的所有 y_i 的和；$\prod_{i \neq j}$ 为遵守约束条件 $i \neq j$ 的表达式的乘积。

但是如果寻求一条适于拟合五个点的三次曲线，能否找到对所有五个点的最佳近似的拟合方法？确保曲线精确地经过五个点？对此，仅用一条三次曲线似乎是不太可能的。解决的方法是一步一步地分段进行拟合，或者称为分段拟合。这意味着需要拟合几条三次曲线，首先，设置分段点 $A,B,C,D,E,\cdots,N$，其次，分别拟合曲线 AB、CD、DE，以此类推，直到达到最后一个点 N。这种拟合曲线称为样条曲线，点 A、B、C 等称为节点或结。

在考虑分段多项式之前，先回到两点直线的参数形式，t 为自变量。

$$x = a + bt;\ y = c + dt$$

二次方程为

$$x = a + bt + ct^2;\ y = d + et + ft^2$$

三次方程为

$$x = a + bt + ct^2 + dt^3;\ y = e + ft + gt^2 + ht^3$$

之所以用这种形式表达(x,y)，是因为计算机绘图仪能够在 0～1 精确计算增量 t。例如，按 0.1 增量计，0～1 可以分解为 10 步增量。计算机首先从 t=0 开始计算(x,y)，其次是 t=0.1，再次是 t=0.2，等等，直到 t=0.9，最后是 t=1.0。这样将会得到 11 个(x,y)值，从起始点(x_s, y_s)时 t = 0 到终点(x_e, y_e)时 t=1。计算机绘图仪可以绘出一系列直线来连续衔接这些点，从而拟合出一条首尾相连的三次曲线。当然可以将增量 t 设计得更精细(例如，每步增量设为 0.01 或 0.05)，这样可以得到更平滑的曲线，但是步长增量越精细，需要耗费的处理时间越长。

如果有两个点 $A(x_1,y_1)$和 $B(x_2,y_2)$，那么线 AB 上的任意一点可以表达为

$$x = x_1 + (x_2 - x_1)t,\ y = y_1 + (y_2 - y_1)t$$

当 t=0 时，在 A 点；当 t=1 时，在 B 点。

图 9.7 中，有三个点 $A(x_A,y_A)$、$B(x_B,y_B)$、$C(x_C,y_C)$，绘制一条二次曲线准确的通过三个点，将其分成两个连续的部分，则对每个部分 AB 和 BC 都有一个二次方程。

$$x = a + bt + ct^2,\ \mathrm{d}x/\mathrm{d}t = b + 2ct,\ \mathrm{d}^2x/\mathrm{d}t^2 = 2c,$$

$$y = e + ft + gt^2,\ \mathrm{d}y/\mathrm{d}t = f + 2gt,\ \mathrm{d}^2y/\mathrm{d}t^2 = 2g$$

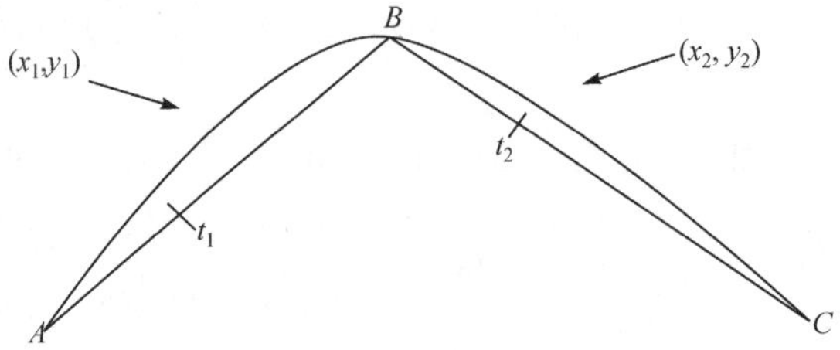

图 9.7　二阶(二次)曲线拟合

从 A 到 B 和从 B 到 C 两段曲线方程，第一段曲线上的任意一点(x_1，y_1)和第二段曲线上的任意一点(x_2,y_2)，其方程表达式为

$$x_1 = a_1 + b_1t_1 + c_1t_1^2,\ \mathrm{d}x/\mathrm{d}t = b_1 + 2c_1t_1,\ \mathrm{d}^2x/\mathrm{d}t^2 = 2c_1,$$

$$y_1 = e_1 + f_1t_1 + g_1t_1^2,\ \mathrm{d}y/\mathrm{d}t = f_1 + 2g_1t_1,\ \mathrm{d}^2y/\mathrm{d}t^2 = 2g_1$$

对第二段曲线，有

$$x_1 = a_2 + b_2t_2 + c_2t_2^2,\ \mathrm{d}x/\mathrm{d}t = b_2 + 2c_2t_2\ \ \mathrm{d}^2x/\mathrm{d}t^2 = 2c_2,$$

$$y_2 = e_2 + f_2t_2 + g_2t_2^2,\ \mathrm{d}y/\mathrm{d}t = f_2 + 2g_2t_2,\ \mathrm{d}^2y/\mathrm{d}t^2 = 2g_2$$

对于第一段曲线从 A 到 B，在 A 点，$t_1 = 0,\ x_1 = a_1,\ y_1 = e_1$，因此，$a_1 = x_A,\ e_1 = y_A$；在 B 点，$t_1 = 1,\ x_1 = x_B = a_1 + b_1 + c_1$，或 $b_1 + c_1 = x_B - x_A$。

同样地，有

$$f_1 + g_1 = y_B - y_A$$

对于第二段曲线从 B 到 C，在 B 点，$t_2 = 0,\ x_2 = a_2;\ y_2 = e_2$，$a_2 = x_B,\ e_2 = y_B$。

在 C 点，$t_2 = 1,\ x_2 = x_C = a_2 + b_2 + c_2$ 或 $b_2 + c_2 = x_C - x_B$。

同样地，有

$$f_2 + g_2 = y_C - y_B$$

因为曲线在 B 点连续，一阶导数和的二阶导数必然相同。第一个导数得到 $b_1 + 2c_1 = b_2$，$f_1 + 2g_1 = f_2$。第二个导数得到 $c_1 = c_2,\ g_1 = g_2$。

整理后，有

$$a_1 = x_A,\ a_2 = x_B;\ b_1 = (4x_B - 3x_A - x_C)/2;\ b_2 = (x_C - x_A)/2;$$

$$c_1 = c_2 = (x_A - 2x_B + x_C)/2$$

类似地，有

$$e_1 = y_A, e_2 = y_B;\ f_1 = (4y_B - 3y_A - y_C)/2;\ f_2 = (y_C - y_A)/2;$$

$$g_1 = g_2 = (y_A - 2y_B + y_C)/2$$

例 9.3　拟合分段二次方程

以分段的二次方程作为例子，如图 9.8 中所示，$A(3,5)$、$B(23,25)$、$C(40,15)$，用 9.4 节中推导的方程：

$$a_1 = x_A = 3\,;\, a_2 = x_B = 23\,;\, b_1 = (4x_B - 3x_A - x_C)/2 = 21.5$$

$$b_2 = (x_C - x_A)/2 = 18.5$$

$$c_1 = c_2 = (x_A - 2x_B + x_C)/2 = -1.5$$

$$e_1 = y_A = 5\,;\, e_2 = y_B = 25$$

$$f_1 = (4y_B - 3y_A - y_C)/2 = 35\,;\, f_2 = (y_C - y_A)/2 = 5$$

$$g_1 = g_2 = (y_A - 2y_B + y_C)/2 = -15$$

基于表达式 $x_1 = a_1 + b_1t_1 + c_1t_1^2$ 编成数值表，x_1、y_1 用于线段 AB 拟合曲线，x_2、y_2 用于线段 BC 拟合曲线。

t	0	0.1	0.2	0.3	0.4	0.5	0.6	0.7	0.8	0.9	1
x_1	3	5.1	7.2	9.3	11.4	13.4	15.5	17.3	19.2	21.1	23
y_1	5	8.4	11.4	14.2	16.6	18.8	20.6	22.2	23.4	24.4	25
x_2	23	24.8	26.6	28.4	30.2	31.9	33.6	35.2	36.8	38.4	40
y_2	25	25.3	25.4	25.2	24.6	23.8	22.6	21.2	19.4	17.4	15

表中的这些(x, y)值绘制成拟合曲线，如图 9.8 所示。

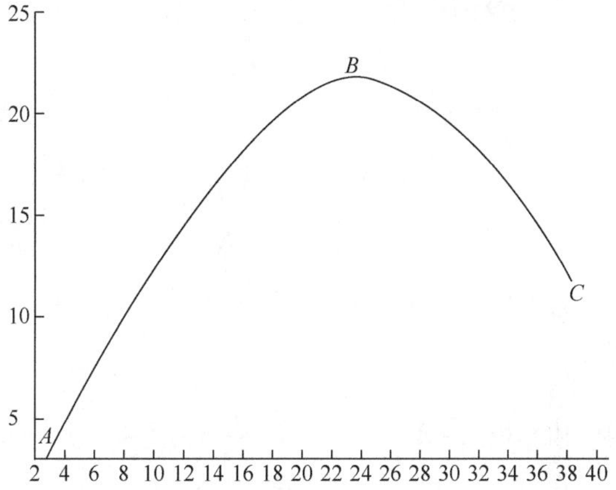

图 9.8　三点拟合二次方程

应用该数值表，可以解算 0～1 增量为 t 的方程 $x_1 = a_1 + b_1t_1 + c_1t_2$ 和 $y = e_1 + f_1t + g_1t_2$ 对应的拟合曲线值，用这些值可以绘制出曲线的第一段。同理，例 9.3 中所示第二段也可以同样绘制。一条二次曲线只有一种弯曲方式，不可能向左再向右，不可能顺时针再逆时针，反之亦然，但三次曲线则不同。

因为三次曲线有最大值和最小值，拐点介于两者之间，可以过任意数量的点分段拟合一条三次曲线。

图 9.9 中有一系列点 $A, B, C, D, \cdots, M, N$，上面的部分展示了一系列通过折线连接的点，定义为

$$A(x_0,y_0),B(x_1,y_1),C(x_2,y_2),D(x_3,y_3),\cdots,M(x_{n-1},y_{n-1}),N(x_n,y_n)$$

相应地，一系列的线 A—B, B—C 等形成折线段。

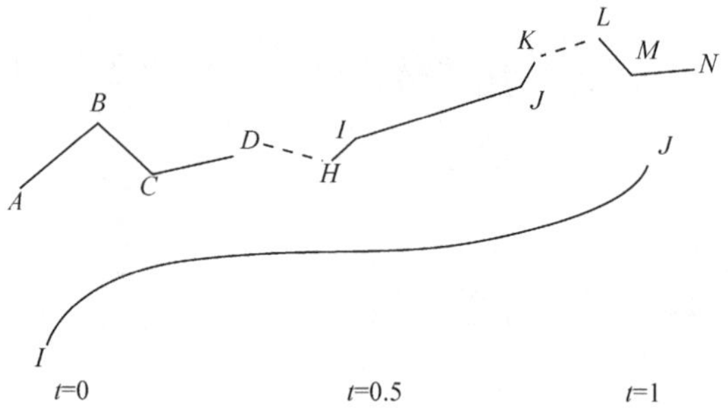

图 9.9　分段三次曲线

注意折线段中两个连续的点 $I(x_i,y_i)$ 和 $J(x_{i+1},y_{i+1})$，对于 I 和 J 之间的三次曲线(图 9.9 中下面的曲线)，令

$$x=a_i+b_it+c_it^2+d_it^3$$

$$y=e_i+f_it+g_it^2+h_it^3$$

这里，$0\leqslant t\leqslant 1$。

对于 I 和 J 之间的线段，设有 8 个未知点 (a_i、b_i、c_i、d_i、e_i、f_i、g_i、h_i)。

当 t=0 时，点落在 I 点上，故有

$$x_i=a_i,\ y_i=e_i$$

当 t=1 时，点落在 J 点上，故有

$$x_j=a_j+b_j+c_j+d_j,\ y_j=e_j+f_j+g_j+h_j$$

或者，有

$$x_j-x_i=b_j+c_j+d_j,\ y_j-y_i=f_j+g_j+h_j$$

并且，有

$$\mathrm{d}x/\mathrm{d}t=b_i+2c_i\mathrm{t}+3d_it^2,\ \mathrm{d}y/\mathrm{d}t=f_i+2g_it+3h_it^2$$

$$\mathrm{d}^2x/\mathrm{d}t^2=2\mathrm{c}_i+6d_it,\ \mathrm{d}^2y/\mathrm{d}t^2=2g_i+6h_it$$

为了在 I 点处得到平滑曲线，在一阶微分和二阶微分处必连续，所以斜率和斜率的变化率(也就是曲率)是连续的。这就意味着在 I 点(t=0)，$\mathrm{d}x/\mathrm{d}t=b_i$，必然和前一段 HI(当 t=1 时)有相同的值。用相同的符号这将是 $b_h+2c_h+3d_h$。故有

$$b_i=b_h+2c_h+3d_h$$

同理，有

$$f_i=f_h+2g_h+3h_h$$

在 IJ 段 I 点上，t=0，$\mathrm{d}^2x/\mathrm{d}t^2=2c_i$，这必然等于当 t=1 时曲线前一段的值 $2c_h+6d_h$。故

可以计算 c_i，同理计算 g_i，因为

$$d_i=(x_j-x_i)-b_j-c_j,\ h_i=(y_j-y_i)-f_j-g_j$$

为 IJ 段提供所有的参数，这些参数已经在 HI 建立。因此，对于曲线的所有段 $BC,CD,\cdots,IJ,\cdots,MN$，可以基于从前一段得到的值，用参数形式拟合三次曲线。问题是怎么开始，因为需要知道初始斜率和曲率来计算 AB 段。这有无穷多的可能性。

在很多的可行方法中，最常见的是在最开始和结束的时候将二阶导数赋予 0。另外一种方法是用上面描述的二次方程的值作为线 AB 的开始。将 B 点的值继续作为初始值拟合三次曲线 BC，以此类推。或者直接用最开始的四个值来拟合曲线，但是仅使用第一段曲线。

然而描述方法存在一个基本的问题。尽管方法适用很多情况，但当斜率的角度从 0 增加到 2π 时，会导致曲线穿越自身，见图 9.10。如果所描述的方法要通过一组内插点表示轮廓线，则这种循环曲线是不可接受的。本书的目的不是讨论曲线拟合算法，而只是解释其背后的基本数学原理。读者可查阅计算机图形学的相关书籍来获取更多的细节。

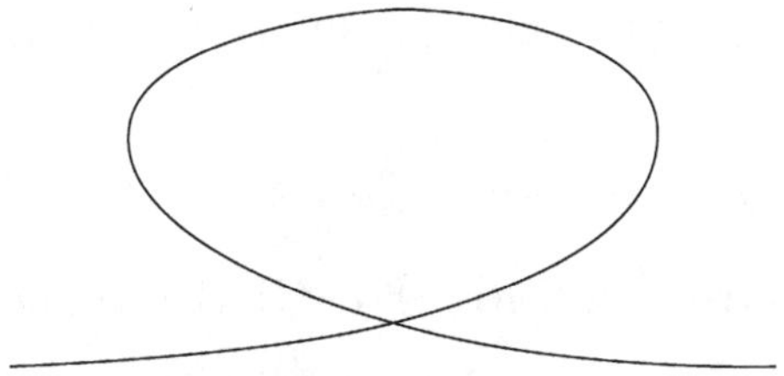

图 9.10　循环曲线

9.5　贝塞尔曲线

另外一种逼近方式，即大家熟知的贝塞尔曲线，经常嵌入在计算机绘图软件包中，它的表达式采用的是伯恩斯坦多项式(以俄国数学家谢尔盖 · 伯恩斯坦命名)，具体公式为

$$x=f_x(t)=\sum_{i=0}^{i=n}\mathrm{C}_n^i t^i(1-t)^{n-i}x_i$$

$$y=f_y(t)=\sum_{i=0}^{i=n}\mathrm{C}_n^i t^i(1-t)^{n-i}y_i$$

函数 $f(t)$的功能是 t 从 0 到 1 经过一系列运算分别求得 x 和 y 的增量，并且，有

$$\mathrm{C}_n^i=n!/\left[i!(n-i)!\right]$$

C_n^i 是一个符号，经常用于从一组 n 个对象中选取 i 个元素的不同组合数，有时写作$\begin{pmatrix}n\\i\end{pmatrix}$。因此，当 n=3 时，给定 0!=1。

$$\mathrm{C}_3^0=3!/(0!3!)=1=\mathrm{C}_3^3$$

$$\mathrm{C}_3^1=3!/(1!2!)=3=\mathrm{C}_3^2$$

因此，有

$$\sum_{i=0}^{i=3} C_3^i t^i (1-t)^{3-i} = (1-t)^3 + 3t(1-t)^2 + 3t^2(1-t) + t^3$$

曲线从 $A(x_0, y_0)$开始，在 $B(x_n, y_n)$结束，有$(n-1)$个控制点 $P_1(x_1, y_1)$, $P_2(x_2, y_2)$ 到 $P_{(n-1)}(x_{n-1}, y_{n-1})$。二次方程$(n=2)$就只有一个控制点。三次曲线$(n=3)$有两个控制点(图 9.11)。$A$ 和 B 可以被认为 P_0 和 P_n。

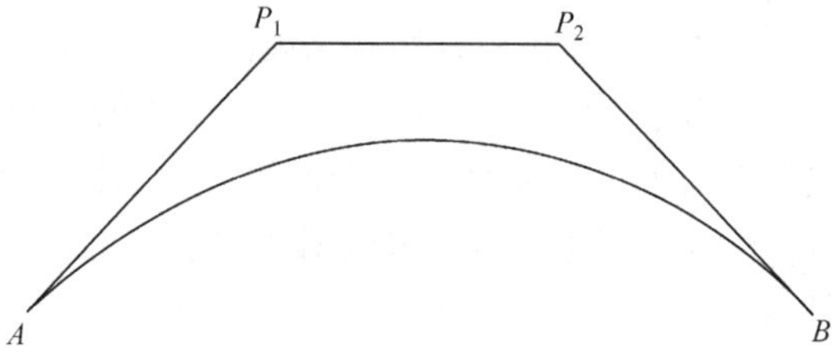

图 9.11　两个控制点的贝塞尔曲线

曲线从与 P_0P_1 相切开始(AP_1)结束于与 $P_{n-1}P_n$ 相切(P_2B)(图 9.11)。对三阶贝塞尔曲线上任意点 t，有

$$x_t = (1-t)^3 x_0 + 3t(1-t)^2 x_1 + 3t^2(1-t)x_2 + t^3 x_3$$

$$y_t = (1-t)^3 y_0 + 3t(1-t)^2 y_1 + 3t^2(1-t)y_2 + t^3 y_3$$

例 9.4　贝塞尔曲线

图 9.12 展示的是两种不同的曲线，都是从 A 到 B，有两个中间点 P_1、P_2。上面的曲线 $A(20, 20)$, $B(40, 25)$, $P_1(25, 25)$, $P_2(35, 35)$。下面的曲线，除了 P_2 的 y 值变为 $P'_2(35, 28)$，其他坐标值不变，有

$$x_t = (1-t)^3x_0 + 3t(1-t)^2x_1 + 3t^2(1-t)x_2 + t^3x_3$$

$$y_t = (1-t)^3y_0 + 3t(1-t)^2y_1 + 3t^2(1-t)y_2 + t^3y_3$$

t	$(1-t)$	$(1-t)^2$	$3t(1-t)^2$	$3t^2(1-t)$	t^3	x_t	y_t	y'_t
0	1	1	0	0	0	20	20	20
0.1	0.9	0.729	0.243	0.027	0.001	21.64	21.625	21.409
0.2	0.8	0.512	0.384	0.096	0.008	23.52	23.4	22.632
0.3	0.7	0.343	0.441	0.189	0.027	25.58	25.175	23.663
0.4	0.6	0.216	0.432	0.288	0.064	27.76	26.8	24.496
0.5	0.5	0.125	0.375	0.375	0.125	30	28.175	25.125
0.6	0.4	0.064	0.288	0.432	0.216	32.24	29	25.544
0.7	0.3	0.027	0.189	0.441	0.343	34.42	29.275	25.747
0.8	0.2	0.008	0.096	0.384	0.512	36.48	28.8	25.728
0.9	0.1	0.001	0.027	0.243	0.729	38.36	27.425	25.481
1	0	0	0	0	1	40	25	25

在 P'的情况下，曲线更接近于直线 AB。在两种情况下，曲线开始于 AP_1 相切，结束于 P_2B(或 P'_2B)相切(图 9.12)。

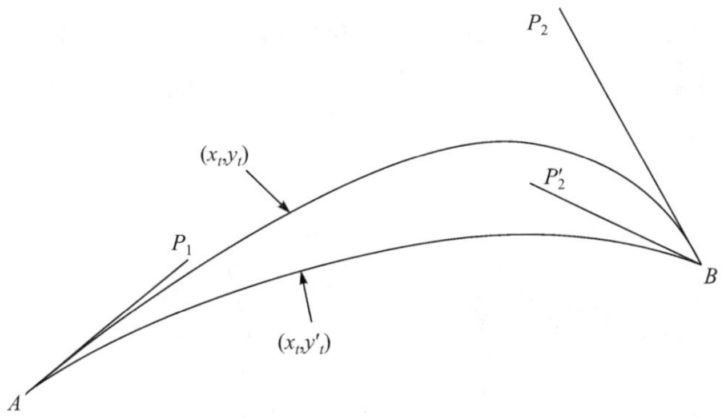

图 9.12　两种贝塞尔曲线

根据 0～1 小幅度增量 t，绘出点(x_t, y_t)，则得到例 9.4 所示的曲线。

因此，控制点 P_1、P_2 等的选择，对曲线的形状起关键作用。通过选择大量的控制点，设计师可以调整曲线来满足任何需求的设计。总之，用矩阵表示，如果有

$$\boldsymbol{P}_i=\begin{bmatrix}x_i\\y_i\end{bmatrix},\quad \boldsymbol{P}(t)=\begin{bmatrix}p_x(t)\\p_y(t)\end{bmatrix}$$

其中，$p_x(t)$为 $\boldsymbol{P}$ 关于 t 的 x 值。

那么

$$\boldsymbol{P}(t)=\sum_{r=0}^{r=n}\mathrm{C}_n^r t^r(1-t)^{n-r}P_r$$

曲线拟合的想法可以扩展到三维。因此，用这种形式拟合曲线：

$$x=a_i+b_it+c_it^2+d_it^3$$

和

$$y=e_i+f_it+g_it^2+h_it^3$$

可以扩展曲线：

$$z=l_i+m_it+n_it^2+o_it^3$$

同理贝塞尔函数可以扩展为

$$\boldsymbol{P}(t)=\begin{bmatrix}p_x(t)\\p_y(t)\\p_z(t)\end{bmatrix}$$

曲线和曲面也许可以准确地通过一系列的固定点或构造最佳均值拟合。后者需要统计学的方法，将在第 12 和 13 章讨论。

9.6　B-样条曲线

在 9.4 节中，讨论了一组曲线通过一系列点形成的拟合曲线。在 9.5 节中，讨论了贝塞尔曲线问题。通过分段绘出平滑的曲线，也即曲线是逐段绘制的。将这两种想法结合在一起，就是接下来要讨论的称为 B-样条曲线的函数。B-样条曲线的优势是可以描述常规图形，如圆、椭圆、抛物线、双曲线。无论是坐标轴旋转、平移还是缩放，其形状是不变的。

有 $n+1$ 个控制点 $P_0,P_1,P_2,\cdots,P_i,\cdots,P_n$，其坐标为 (X_0,Y_0)，(X_1,Y_1)，$\cdots,(X_n,Y_n)$（图 9.13）。这些点称为节点。曲线由 $n-2$ 段 $S_0,S_1,S_2,\cdots,S_i,\cdots,S_{(n-3)}$ 条曲线段组成，S_i 受 $P_i,P_{(i+1)},P_{(i+2)}$ 和 $P_{(i+3)}$ 四个点影响。因此，当 $i=n-3$ 时，终点即为 P_n。

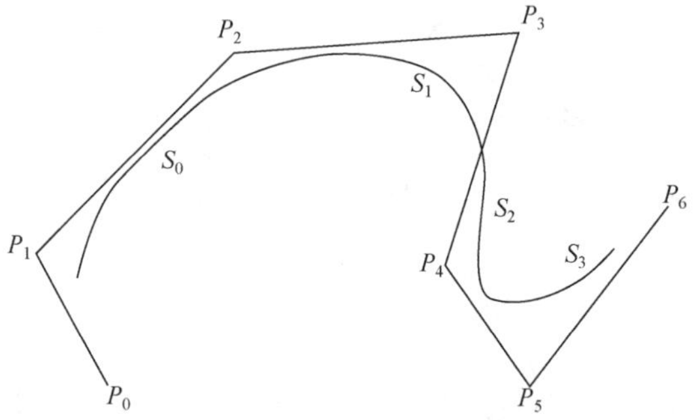

图 9.13　B-样条曲线和节点

每一段曲线可定义为

$$S_i(t)=\sum_{k=0}^{k=3}P_{i=k}Q_k(t)$$

其中，t 是以一个合适的幅度从 0 到 1 的增量(如 t=0, 0.01, 0.02, ⋯, 1)，函数 Q 是

$$Q_0(t)=(1-t)^3/6$$

$$Q_1(t)=(3t^3-6t^2+4)/6$$

$$Q_2(t)=(-3t^3+3t^2+3t+1)/6$$

$$Q_3(t)=t^3/6$$

S_i 段表达为

$$x_i(t)=\left[(1-t)^3/6\right]X_i+\left[(3t^3-6t^2+4)/6\right]X_{(i+1)}+\left[(-3t^3+3t^2+3t+1)/6\right]X_{(i+2)}+\left[t^3/6\right]X_{(i+3)}$$

$$y_i(t)=[(1-t)^3/6]Y_i+[(3t^3-6t^2+4)/6]y_{(i+1)}+[(-3t^3+3t^2+3t+1)/6]Y_{(i+2)}+[t^3/6]Y_{(i+3)}$$

S_i 段起始坐标为

$$x=(1/6)X_i+(4/6)X_{(i+1)}+(1/6)X_{(i+2)}$$

$$y=(1/6)Y_i+(4/6)Y_{(i+1)}+(1/6)Y_{(i+2)}$$

S_i 段结束坐标为

$$x=(1/6)X_{(i+1)}+(4/6)X_{(i+2)}+(1/6)X_{(i+3)}$$

$$y=(1/6)Y_{(i+1)}+(4/6)Y_{(i+2)}+(1/6)Y_{(i+3)}$$

终点的坐标同时又是下一段曲线的起点坐标，所以曲线是连续的。而且为

$$\mathrm{d}x/\mathrm{d}t=\left[-3(1-t)^2/6\right]X_i+\left[(9t^2-12t)/6\right]X_{(i+1)}+\left[(-9t^2+6t+3)/6\right]X_{(i+2)}+\left[3t^2/6\right]X_{(i+3)}$$

当 t=0 时，有

$$\mathrm{d}x/\mathrm{d}t=-(1/2)X_i+(1/2)X_{(i+2)}$$

同理，有

$$dy/dt = -(1/2)Y_i + (1/2)Y_{(i+2)}$$

因此，在 t=0 时，有

$$dy/dx = \left[Y_i - Y_{(i+2)}\right] / \left[X_i - X_{(i+2)}\right]$$

当 t=1 时，有

$$dx/dt = -(1/2)X_{(i+1)} + (1/2)X_{(i+3)}$$

$$dy/dt = -(1/2)Y_{(i+1)} + (1/2)Y_{(i+3)}$$

因此，在 t=1 时，有

$$dy/dx = \left[\theta Y_{(i+1)} - Y_{(i+3)}\right] / \left[X_{(i+1)} - X_{(i+3)}\right]$$

前一段结束曲线的斜率等于后一段开始曲线的斜率。同理，有

$$d^2x/dt^2 = (1-t)X_i + (3t-2)X_{(i+1)} + (-3t+1)X_{(i+2)} + tX_{(i+3)}$$

在 t=0 时，有

$$d^2x/dt^2 = X_i - 2X_{(i+1)} + X_{(i+2)}$$

在 t=1 时，有

$$d^2x/dt^2 = X_{(i+1)} - 2X_{(i+2)} + X_{(i+3)}$$

同理，y 也是如此。故前一段结束曲线的斜率变化率等于后一段开始曲线的斜率变化率。一阶导数和二阶导数连续，所以整条曲线平滑。

B-样条曲线隐含的思想可以扩展到曲面，甚至到更高维，并且可以生成比三次曲线更复杂的曲线。这些内容已超过本书的讨论范围，感兴趣的读者可以查阅计算机图形学的相关书籍来获取更多的信息。

小　　结

贝塞尔曲线：贝塞尔曲线源自二项式家族，表达形式是

$$x = f_x(t) = \sum_{i=0}^{i=n} C_n^i t^i (1-t)^{n-i} x_i$$

$$y = f_y(t) = \sum_{i=0}^{i=n} C_n^i t^i (1-t)^{n-i} y_i$$

组合：从 n 个对象中选取 r 个对象的不同方法数，记作 C_n^r 。

曲率：曲线切线的变化率。

地心纬度：从地球抽象的中心测量的纬度。

大地纬度：也称为球状纬度。纬度由椭球任意一点的法线的方向确定。

节点：一幅图两个或多个分支的连接处。

正交直线：线相互垂直。

参数形式：一组方程使得变量如坐标与一组参数进行关联，例如，①线： $x = p + lt, y =$

$q+mt$；②圆：$x=p+r\cos t$, $y=q+r\sin t$；③椭圆：$x=p+a\cos t$, $y=q+b\sin t$；④双曲线：$x=p+a\sec t$, $y=q+b\tan t$ 。

分段：用低次多项式方程一段一段地拟合曲线。

曲率半径：圆的半径和曲线上一点的曲率的半径相同，用 ρ (rho)表示。

$$\rho=\left\{\left[1+\left(\mathrm{d}y/\mathrm{d}x\right)^2\right]^{3/2}\right\}/\left(\mathrm{d}^2y/\mathrm{d}x^2\right)$$

归心纬度：由椭圆辅助圆的法线决定的纬度。

样条曲线：用低次多项式表达复杂曲线的简便方法。

串：一系列的元素按照特定的顺序连接，如同一条线上的点。

第 10 章　二维三维转换

10.1　齐 次 坐 标

本章将讨论如何通过可视化方法将三维对象用二维表示的问题。通常，需要将地形景观显示在计算机屏幕或纸张上，那么如何才能以最佳方式将空间中点的三维坐标变换到一个平面上呢？第 11 章将集中讨论这个问题。本章探讨三维欧几里得空间，以及它如何转化为二维空间的一般性问题。

首先，需要将三维坐标(x,y,z)扩展为齐次坐标(x,y,z,w)，其中，w 是比例系数，不是第四维。通常，在欧几里得空间中的实际三维坐标表示为$(x/w,y/w,z/w)$。在二维空间下，传统的齐次坐标(x,y,w)通常表示为$(x/w,y/w)$。引入这个比例系数，是为了方便描述那些位于无穷远处的点。

图 10.1 说明了直线 AB 和点 C 的关系。穿过 C 点的线与直线 AB 通常会在某处相交(如直线 CD、CE 或 CF)，特殊情况是，当穿过 C 点的线与直线 AB 平行时，则指向距离无限远的已知方向，这里特指直线 AB 所指向的方向。

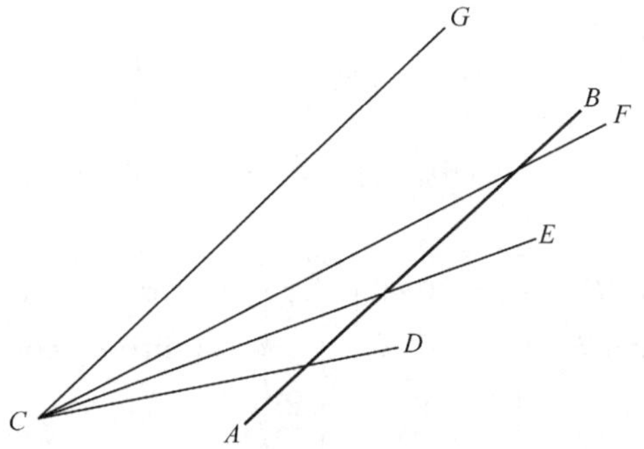

图 10.1　无穷远处的点

如果通常条件下 AB 表示为线性表达式 $y=mx+c$，若用齐次坐标，可以将无穷点表示为$(x, mx,0)$或$(1,m,0)$，且保留图 10.1 中所反映的 y 基本上为 x 的 m 倍的关系，据此可以绘制出透视效果，表达延伸到无穷远处的平行线与水平线的汇交，相交点即为湮灭点(图 10.2)。

第 9 章框注 9.1 中，给出了参数形式的各种方程，例如，直线可描述为

$$x = p + t\cos\theta\,;\, y = q + t\sin\theta$$

其中，(p,q)为倾斜角(斜率)为 θ 的线上的点；t 为沿该线到(p,q)点之间的距离。

如果 $l=\cos\theta$ 且 $n=\sin\theta$，则 $x=p+lt$，$y=q+nt$。如果令 $w=1/t$，则在齐次坐标中，线上的任何点可以表示为

$$(pw+l, qw+n, w)$$

当数字 t 趋近无穷大，w 趋近于 0，线上的点会趋向$(l,n,0)$。

注意：如果 k 是任意常数，则点$\left[k(pw+l), k(qw+n), kw\right]$与$(pw+l, qw+n, w)$表示相同的欧几里得值，因此$(kl,kn,0)$是与$(l,n,0)$相同的点，这是倾斜角 θ 方向的无穷远点，即$\tan^{-1}(n/l)$。

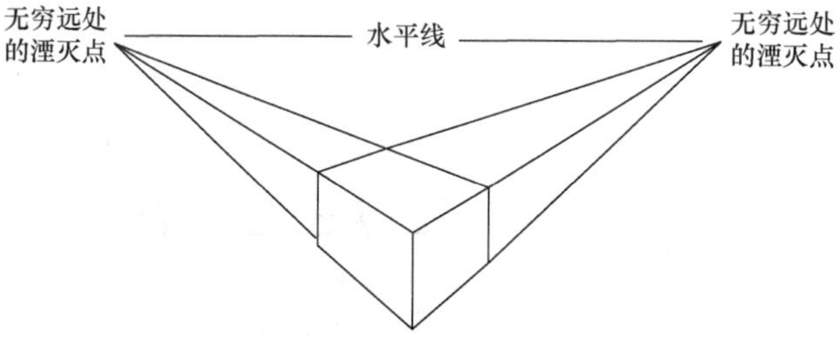

图 10.2　矩形块中的湮灭点

例 10.1　齐次坐标

考虑直线(*a*) $y=2x+3$ 和(*b*) $y=2x+5$ ，点(1,5)位于线(*a*)上，因为 $5=2\times1+3$ ，但并不满足直线(*b*)，因为 $5\neq2\times1+5$ 。

两条直线(*a*)和(*b*)是平行的，因此在欧几里得空间，就普通坐标而言它们不相交。

如果表示直线上的任何点为齐次坐标 (x, y, w) ，那么可以表达出第一个方程为 $(y/w)=2(x/w)+3$ 或者方程(*a*)为 $y=2x+3w$ 。

同样地，直线(*b*)形式为 $y=2x+5w$ 。

在齐次坐标中，点(1,2,0)同时满足直线(*a*)和直线(*b*)，因此它是两条平行线相交的点，该点被称为 $y=2x+c$ 线上的无穷远点。

在非齐次条件下，(1,2)代表了并不位于直线 $y=2x+3$ 上的点(1,2,1)。

10.2　旋 转 对 象

第 7 章讨论了轴的旋转。为了说明旋转问题，对三维齐次坐标为 (x,y,z,w) 的点，应用一个 4×4 矩阵进行旋转计算。

$$\begin{pmatrix} \cos\theta & -\sin\theta & 0 & 0 \\ \sin\theta & \cos\theta & 0 & 0 \\ 0 & 0 & 1 & 0 \\ 0 & 0 & 0 & 1 \end{pmatrix} \times \begin{pmatrix} x \\ y \\ z \\ w \end{pmatrix} = \begin{pmatrix} x\cos\theta - y\sin\theta \\ x\sin\theta + y\cos\theta \\ z \\ w \end{pmatrix}$$

通过旋转矩阵，产生了一组新的齐次坐标 $\left[(x\cos\theta - y\sin\theta),(x\sin\theta + y\cos\theta),z,w\right]$ 。

正如第 7 章所看到的，该旋转计算得到的齐次坐标表示围绕 z 轴旋转的坐标，可以记为矩阵 $\boldsymbol{R}_z$ 。同样地，关于 y 轴，可以得到

$$\boldsymbol{R}_y = \begin{pmatrix} \cos\phi & 0 & -\sin\phi & 0 \\ 0 & 1 & 0 & 0 \\ \sin\phi & 0 & \cos\phi & 0 \\ 0 & 0 & 0 & 1 \end{pmatrix}$$

绕 x 轴旋转，则可以得到

$$\boldsymbol{R}_x = \begin{pmatrix} 1 & 0 & 0 & 0 \\ 0 & \cos\omega & -\sin\omega & 0 \\ 0 & \sin\omega & \cos\omega & 0 \\ 0 & 0 & 0 & 1 \end{pmatrix}$$

第 7 章中，这两个矩阵称为 $\boldsymbol{R}_y$ 和 $\boldsymbol{R}_x$ 。现在讨论如何能够将它们组合成一个 3×3 的矩阵

的问题。为此，这里引入一个 4×4 矩阵 $\boldsymbol{R}$，有

$$\boldsymbol{R}=\begin{pmatrix} a & b & c & 0 \\ d & e & f & 0 \\ g & h & i & 0 \\ 0 & 0 & 0 & 1 \end{pmatrix}$$

$\boldsymbol{R}$ 中 a、b、c 等的值取决于旋转发生的顺序，但是只要初始旋转代表正交变换，直角就会保持为直角，直线保持为直线。如果 $\boldsymbol{R}$ 不是一个正交矩阵，那么旋转轴呈现为斜线。

首先，看变换：

$$\begin{pmatrix} 1 & 0 & 0 & t \\ 0 & 1 & 0 & u \\ 0 & 0 & 1 & v \\ 0 & 0 & 0 & 1 \end{pmatrix}\times\begin{pmatrix} x \\ y \\ z \\ w \end{pmatrix}=\begin{pmatrix} x+tw \\ y+uw \\ z+vw \\ w \end{pmatrix}$$

该变换产生新的坐标 $x'=x/w+t$， $y'=y/w+u$， $z'=z/w+v$，这是一个简单地从其原始点到新原点 $(-t,-u,-v)$ 的原点转换。

其次，看变换：

$$\begin{pmatrix} 1 & 0 & 0 & 0 \\ 0 & 1 & 0 & 0 \\ 0 & 0 & 1 & 0 \\ 0 & 0 & 0 & s \end{pmatrix}\times\begin{pmatrix} x \\ y \\ z \\ w \end{pmatrix}=\begin{pmatrix} x \\ y \\ z \\ sw \end{pmatrix}$$

该变换产生一组形式更常见的新坐标为

$$x'=x/sw;\quad y'=y/sw;\quad z'=z/sw$$

这意味着所有维度依据参量 $1/s$ 按比例发生改变。

最后，看变换：

$$\begin{pmatrix} 1 & 0 & 0 & 0 \\ 0 & 1 & 0 & 0 \\ 0 & 0 & 1 & 0 \\ p & q & r & s \end{pmatrix}\times\begin{pmatrix} x \\ y \\ z \\ w \end{pmatrix}$$

得到矩阵：

$$\begin{pmatrix} x \\ y \\ z \\ px+qy+rz+sw \end{pmatrix}$$

表达式 $px+qy+rz+sw$ 是平面方程，所有值将被简化到相对原始轴为斜线的平面中，斜率取决于 p、q 和 r 值的大小。总之，如果应用矩阵 $\boldsymbol{M}$ 到坐标系 $(x,y,z,w)^{\mathrm{T}}$，有

$$\boldsymbol{M}=\begin{pmatrix} a & b & c & t \\ d & e & f & u \\ g & h & i & v \\ p & q & r & s \end{pmatrix}$$

那么将改变原点，旋转坐标轴，改变总体比例，并投影整个场景到一个平面上。因此，通过适当选择矩阵中的 16 个元素，可以将任意坐标串从三维投影到二维。

例 10.2～例 10.5 展示了一个实体图的平移和旋转，在这种情况下，如图 10.3 所示的谷仓型建筑，首先如例 10.2 所示，移动原点到 A 点。

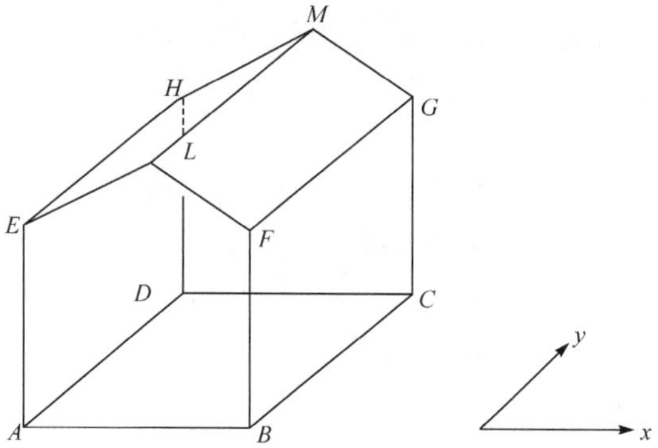

图 10.3　谷仓型建筑

例 10.2　轴变换

考虑带脊屋顶的谷仓型建筑(图 10.3)，其中底板的坐标为

$$A(10,20,100),\ B(20,20,100),\ C(20,40,100),\ D(10,40,100)$$

令檐线为

$$E(10,20,108),\ F(20,20,108),\ G(20,40,108),\ H(10,40,108)$$

其中屋脊为

$$L(15,20,112),\ M(15,40,112)$$

直线 AB 的方向是 x，AD 的方向是 y，AE 的方向是 z。

将所有这 10 个点表示为齐次坐标的矩阵 $\boldsymbol{N}$；其中列表示角点的四个坐标。

$$\boldsymbol{N}=\begin{array}{c} \begin{matrix} A & B & C & D & E & F & G & H & L & M \end{matrix} \\ \begin{pmatrix} 10 & 20 & 20 & 10 & 10 & 20 & 20 & 10 & 15 & 15 \\ 20 & 20 & 40 & 40 & 20 & 20 & 40 & 40 & 20 & 40 \\ 100 & 100 & 100 & 100 & 108 & 108 & 108 & 108 & 112 & 112 \\ 1 & 1 & 1 & 1 & 1 & 1 & 1 & 1 & 1 & 1 \end{pmatrix} \end{array}$$

现在通过应用矩阵 $\boldsymbol{T}$ 将原点变为点 $A(10,20,100,1)$，其中，有

$$\boldsymbol{T}=\begin{pmatrix} 1 & 0 & 0 & -10 \\ 0 & 1 & 0 & -20 \\ 0 & 0 & 1 & -100 \\ 0 & 0 & 0 & 1 \end{pmatrix}$$

$$\boldsymbol{T}\times\boldsymbol{N}=\begin{pmatrix} 1 & 0 & 0 & -10 \\ 0 & 1 & 0 & -20 \\ 0 & 0 & 1 & -100 \\ 0 & 0 & 0 & 1 \end{pmatrix}$$

$$\times\begin{pmatrix} 10 & 20 & 20 & 10 & 10 & 20 & 20 & 10 & 15 & 15 \\ 20 & 20 & 40 & 40 & 20 & 20 & 40 & 40 & 20 & 40 \\ 100 & 100 & 100 & 100 & 108 & 108 & 108 & 108 & 112 & 112 \\ 1 & 1 & 1 & 1 & 1 & 1 & 1 & 1 & 1 & 1 \end{pmatrix}$$

称为

$$\boldsymbol{N}' = \begin{pmatrix} 0 & 10 & 10 & 0 & 0 & 10 & 10 & 0 & 5 & 5 \\ 0 & 0 & 20 & 20 & 0 & 0 & 20 & 20 & 0 & 20 \\ 0 & 0 & 0 & 0 & 8 & 8 & 8 & 8 & 12 & 12 \\ 1 & 1 & 1 & 1 & 1 & 1 & 1 & 1 & 1 & 1 \end{pmatrix}$$

$\boldsymbol{N}'$ 就是通过移动原点位置的简单轴变换。

例 10.3　对象旋转

使用例 10.2 中的数据，围绕新原点下的 z 轴旋转建筑物，旋转 30°($\cos 30° \approx 0.866$ ， $\sin 30° = 0.5$)。

$$\boldsymbol{R} \times \boldsymbol{N}' = \begin{pmatrix} 0.866 & -0.5 & 0 & 0 \\ 0.5 & 0.866 & 0 & 0 \\ 0 & 0 & 1 & 0 \\ 0 & 0 & 0 & 1 \end{pmatrix} \times \boldsymbol{N}' = \boldsymbol{N}'_z$$

舍入误差后，10 个点的矩阵为

$$\begin{matrix} & A & B & C & D & E & F & G & H & L & M \\ \boldsymbol{N}'_z = & 0 & 8.66 & -13.34 & -10 & 0 & 8.66 & -1.34 & -10 & 4.33 & -5.67 \\ & 0 & 5 & 22.32 & 17.32 & 0 & 5 & 22.32 & 17.32 & 2.5 & 19.82 \\ & 0 & 0 & 0 & 0 & 8 & 8 & 8 & 8 & 12 & 12 \\ & 1 & 1 & 1 & 1 & 1 & 1 & 1 & 8 & 1 & 1 \end{matrix}$$

因此，A 变为(0,0,0,1)，B 变为(8.66,5,0,1)，以此类推。将图形围绕 x 轴旋转 10°，得到向后倾斜图像(右手系顺时针旋转；$\cos 10° = 0.985$ 和 $\sin 10° = 0.174$)。变换矩阵为

$$\boldsymbol{R}_x \times \boldsymbol{N}'_z = \begin{pmatrix} 1 & 0 & 0 & 0 \\ 0 & 0.985 & 0.174 & 0 \\ 0 & -0.174 & 0.985 & 0 \\ 0 & 0 & 0 & 1 \end{pmatrix} \times \boldsymbol{N}'_z = \boldsymbol{N}'_{xz}$$

这里，有

$$\boldsymbol{N}'_{xz} = \begin{pmatrix} 0 & 8.66 & -1.34 & -10 & 0 & 8.66 & & & & \\ 0 & 4.92 & 21.99 & 17.06 & 1.39 & 6.31 & -1.34 & -10 & 4.33 & -5.67 \\ 0 & -0.87 & -3.88 & -3.01 & 7.88 & 7.01 & 23.38 & 18.45 & 4.55 & 21.61 \\ 1 & 1 & 1 & 1 & 1 & 1 & 4.00 & 4.87 & 11.38 & 8.37 \\ & & & & & & 1 & 1 & 1 & 1 \end{pmatrix}$$

例 10.4　组合旋转

在例 10.3 中，通过应用矩阵 $\boldsymbol{R}$ 可以组合所有三种运算。

$$\boldsymbol{R}=\begin{pmatrix}1&0&0&0\\0&0.985&0.174&0\\0&-0.174&0.985&0\\0&0&0&1\end{pmatrix}\times\begin{pmatrix}0.866&-0.5&0&0\\0.5&0.866&0&0\\0&0&1&0\\0&0&0&1\end{pmatrix}\times\begin{pmatrix}1&0&0&-10\\0&1&0&-20\\0&0&1&-100\\0&0&0&1\end{pmatrix}$$

$$=\begin{pmatrix}0.866&-0.5&0&1.34\\0.492&0.853&0.174&-39.38\\-0.087&-0.151&0.985&-94.62\\0&0&0&1\end{pmatrix}$$

舍入误差，可以得到的结果是

$$\boldsymbol{R}\times\boldsymbol{N}=\begin{pmatrix}0.866&-0.5&0&1.34\\0.492&0.853&0.174&-39.38\\-0.087&-0.151&0.985&-94.62\\0&0&0&1\end{pmatrix}$$

$$\times\begin{pmatrix}10&20&20&10&10&20&20&10&15&15\\10&20&40&40&20&20&40&40&20&40\\100&100&100&100&108&108&108&108&112&112\\1&1&1&1&1&1&1&1&1&1\end{pmatrix}$$

$$=\begin{pmatrix}0&8.66&-1.34&-10&0&8.66&-1.34&-10&4.33&-5.67\\0&4.92&21.99&17.06&1.39&6.31&23.38&18.45&4.55&21.61\\0&-0.87&-3.88&-3.01&7.88&7.01&4.0&4.87&11.38&8.37\\1&1&1&1&1&1&1&1&1&1\end{pmatrix}=\boldsymbol{N}'_{xz}$$

$\boldsymbol{N}'_{xz}$ 与例 10.3 中取值相同。

例 10.5　旋转顺序

在进行旋转时，顺序是重要的。在例 10.3 中，若在绕 z 旋转之前先绕 x 轴进行了旋转，将得到不同的答案 $\boldsymbol{R}'$ 。

$$\boldsymbol{R}'=\begin{pmatrix}0.866&-0.5&0&0\\0.5&0.866&0&0\\0&0&1&0\\0&0&0&1\end{pmatrix}\times\begin{pmatrix}1&0&0&0\\0&0.985&0.174&0\\0&-0.174&0.985&0\\0&0&0&1\end{pmatrix}\times\begin{pmatrix}1&0&0&-10\\0&1&0&-20\\0&0&1&-100\\0&0&0&1\end{pmatrix}$$

$$=\begin{pmatrix}0.886&-0.5&0&0\\0.5&0.853&0.151&-37.13\\0&-0.174&0.985&-95.02\\0&0&0&1\end{pmatrix}$$

这与例 10.4 中的原始 $\boldsymbol{R}$ 值就不同了。

接下来围绕 z 轴旋转对象，然后围绕 x 轴旋转，如例 10.3 展示的那样。

在例 10.2 和 10.3 中，一次性执行一系列操作，这些操作可以被整合成例 10.4 所示的操作。

注意，操作的顺序是至关重要的。例 10.3 中所示的 $\boldsymbol{R}_x\times\boldsymbol{R}_z\times\boldsymbol{N}'$ 和 $\boldsymbol{R}_z\times\boldsymbol{R}_x\times\boldsymbol{N}'$ 是不一样的。这在例 10.5 中得以证明，其中关于 x 轴的首先旋转，其次是围绕 z 轴旋转。同样地，如果原点后移，而不是在旋转之前，就会有不同的解决方案。

例 10.3 中所述矩阵 $\boldsymbol{N}'_{xz}$ 代表坐标轴旋转后的 10 个空间中的点坐标。在比例和形状上都没有改变。在三维空间中边的长度和以前一样并且直角仍为直角。这是一个相似变换，它是一个简单的旋转和平移，其中正交线保持正交。相似变换还可以包含统一的尺度变化。这也是仿射，它保证了共线和平行，直线仍为直线。

如图 10.4 所示，将 y 的值视为 0 且图像被展示在 y=0 平面上；如例 10.3 和例 10.4 中的 $\boldsymbol{N}'_{xz}$，其非齐次坐标为 (x,z)，即

$A(0,0)$，$B(8.7,-0.9)$，$C(-1.3,-3.9)$，$D(-10,-3)$，$E(0,7.9)$，$F(8.7,7)$，$G(-1.3,4)$，$H(-10,4.9)$，$L(4.3,11.4)$，$M(-5.7,8.4)$

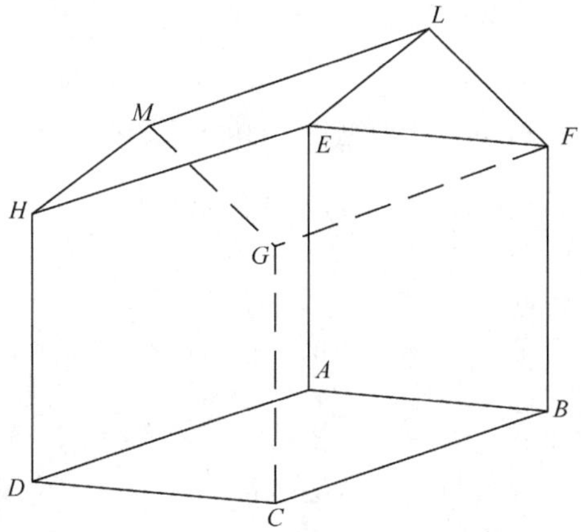

图 10.4　两次旋转的谷仓型建筑

在图 10.4 中，三维坐标显示了 DH、AE 和 FB 长度和 DA、HE 和 ML 相等。EF 与 AB 平行，并相交于 x 轴上一点，即无穷远处。这一点可以给出坐标(1,0,0,0)。如果用不对称矩阵 $\boldsymbol{S}_x$ 相乘：

$$\boldsymbol{S}_x=\begin{pmatrix}1 & 0 & 0 & 0\\ 0 & 1 & 0 & 0\\ 0 & 0 & 1 & 0\\ 0.252 & 0 & 0 & 1\end{pmatrix}$$

则有

$$\boldsymbol{S}_x\times\begin{pmatrix}1\\0\\0\\0\end{pmatrix}=\begin{pmatrix}1\\0\\0\\0.025\end{pmatrix}$$

沿 x 轴方向无穷远处的点变为点(1,0,0,0.025)，或在标准坐标下(40,0,0)，因为 1 /(0.025)=40。同样地，y 轴方向的直线可以延伸到 y 方向上的无穷远处的点，即点(0,1,0,0)。因此，有

$$\boldsymbol{S}_{xy}=\begin{pmatrix}1 & 0 & 0 & 0\\ 0 & 1 & 0 & 0\\ 0 & 0 & 1 & 0\\ 0.025 & 0.025 & 0 & 1\end{pmatrix}$$

将 x 和 y 方向上无穷远处的两个点代入可在一张纸上绘制的范围。将得到例 10.6 中所示

的透视图(图 10.5)。图 10.5 显示谷仓型建筑的仿射和透视投影。例 10.6 所述的结果为谷仓的坐标提供了一个透视图，同样，如图 10.4 所示将 y 值视为零。

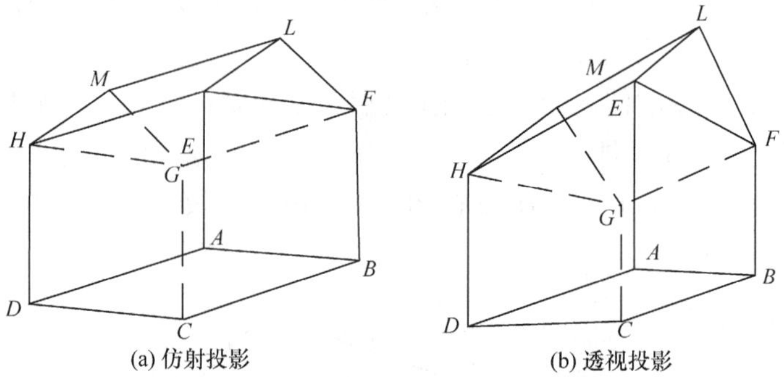

图 10.5　谷仓型建筑的仿射和透视投影

例 10.6　添加透视

继续应用例 10.3 和例 10.4 中的数据。

$$\begin{pmatrix} 1 & 0 & 0 & 0 \\ 0 & 1 & 0 & 0 \\ 0 & 0 & 1 & 0 \\ 0.025 & 0.025 & 0 & 1 \end{pmatrix} \times \boldsymbol{N}'_{xz}$$

$$= \begin{pmatrix} 1 & 0 & 0 & 0 \\ 0 & 1 & 0 & 0 \\ 0 & 0 & 1 & 0 \\ 0.025 & 0.025 & 0 & 1 \end{pmatrix}$$

$$\times \begin{pmatrix} 0 & 8.66 & -1.34 & -10 & 0 & 8.66 & -1.34 & -10 & 4.33 & -5.67 \\ 0 & 4.92 & 21.99 & 17.06 & 1.39 & 6.31 & 23.38 & 18.45 & 4.55 & 21.61 \\ 0 & -0.87 & -3.88 & -3.01 & 7.88 & 7.01 & 4.00 & 4.87 & 11.38 & 8.37 \\ 1 & 1 & 1 & 1 & 1 & 1 & 1 & 1 & 1 & 1 \end{pmatrix}$$

$$= \begin{pmatrix} 0 & 8.66 & -1.34 & -10 & 0 & 8.66 & -1.34 & -10 & 4.33 & -5.67 \\ 0 & 4.92 & 21.99 & 17.06 & 1.39 & 6.31 & 23.38 & 18.45 & 4.55 & 21.61 \\ 0 & -0.87 & -3.88 & -3.01 & 7.88 & 7.01 & 4.00 & 4.87 & 11.38 & 8.37 \\ 1 & 1.34 & 1.52 & 1.17 & 1.03 & 1.37 & 1.55 & 1.21 & 1.22 & 1.40 \end{pmatrix}$$

$$= \begin{pmatrix} 0 & 6.64 & -0.88 & -8.55 & 0 & 6.32 & -0.86 & -8.26 & 3.55 & -4.05 \\ 0 & 3.67 & 14.47 & 14.58 & 1.35 & 4.61 & 15.08 & 15.25 & 3.73 & 15.43 \\ 0 & -0.65 & -2.55 & -2.57 & 7.65 & 5.12 & 2.58 & 4.02 & 9.33 & 5.98 \\ 1 & 1 & 1 & 1 & 1 & 1 & 1 & 1 & 1 & 1 \end{pmatrix}$$

在应用透视变换前，非齐次坐标为 $A(0,0,0)$，$B(8.7,4.9,-0.9)$，$C(-1.3,22,-3.9)$，$D(-10,17,-3)$，$E(0,1.4,7.9)$，$F(8.7,6.3,7)$，$G(-1.3,23.4,4)$，$H(-10,18.4,4.9)$，$L(4.3,4.5,11.4)$，$M(-5.7,21.6,8.4)$。

应用透视变换之后，坐标变为 $A(0,0,0)$，$B(6.7,3.7,-0.6)$，$C(-0.9,14.5,-2.5)$，$D(-8.5,14.6,-2.6)$，$E(0,1.3,7.6)$，$F(6.3,4.6,5.1)$，$G(-0.9,15.1,2.6)$，$H(-8.3,15.2,4.0)$，$L(3.5,3.7,9.3)$，$M(-4.0,15.4,6.0)$。

注意在原点变换条件下无穷远处的两点(1,0,0,0)和(0,1,0,0)变为

$$\begin{pmatrix} 0.866 & -0.5 & 0 & 1.34 \\ 0.492 & 0.853 & 0.174 & -39.38 \\ -0.087 & -0.151 & 0.985 & -94.62 \\ 0 & 0 & 0 & 1 \end{pmatrix} \times \begin{pmatrix} 1 & 0 \\ 0 & 1 \\ 0 & 0 \\ 0 & 0 \end{pmatrix} = \begin{pmatrix} 0.866 & -0.5 \\ 0.492 & 0.853 \\ -0.087 & -0.151 \\ 0 & 0 \end{pmatrix}$$

且仍在无穷远处。然而，通过应用矩阵 $\boldsymbol{S}_{xy}$ 得到

$$\begin{pmatrix} 1 & 0 & 0 & 0 \\ 0 & 1 & 0 & 0 \\ 0 & 0 & 1 & 0 \\ 0.025 & 0.025 & 0 & 1 \end{pmatrix} \times \begin{pmatrix} 0.866 & -0.5 \\ 0.492 & 0.853 \\ -0.087 & -0.151 \\ 0 & 0 \end{pmatrix} = \begin{pmatrix} 0.866 & -0.5 \\ 0.492 & 0.853 \\ -0.087 & -0.151 \\ 0.034 & 0.009 \end{pmatrix} = \begin{pmatrix} 25.47 & -55.6 \\ 14.47 & 94.78 \\ -2.54 & -16.78 \\ 1 & 1 \end{pmatrix}$$

因此，如图 10.6 所示，线 AB、EF、HG 和 DC 会交于点 $P(25.5,14.5,-2.6)$，AD、EH、FG、BC 和 LM 会交于$(-55.6,94.8,-16.8)$(未示出)。

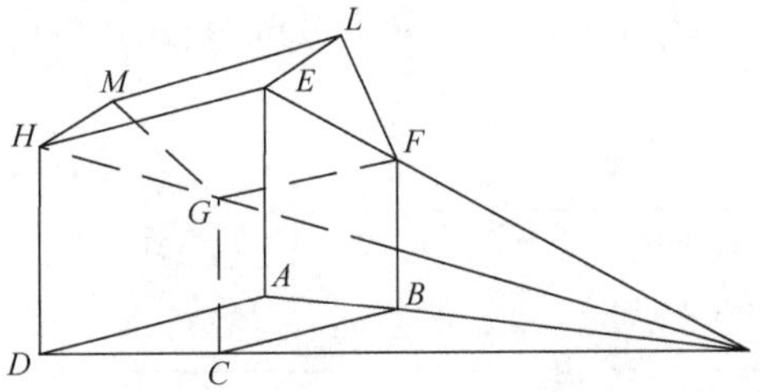

图 10.6　转换为透视图

这种变换可以用来模拟三维景观，其中包含改变观察位置引起的效果，例如，低空飞越展示。每个点或每条线可被转化并随后以新的坐标显示，直线仍保持垂直，平行线可以相交。

10.3　隐藏线和面

还原到欧几里得空间和非齐次坐标，在第 3 章中，对已知一条线上的两个点，$A(x_A,y_A)$和$B(x_B,y_B)$，可以建立线性方程：

$$y - y_A = \frac{(y_B - y_A)}{(x_B - x_A)} \times (x - x_A)$$

给定点 $P(x_P,y_P)$，计算 y：

$$y = y_A + \frac{(y_B - y_A)}{(x_B - x_A)} \times (x_P - x_A)$$

如果 $y_P>y$，则 P 点在线上方；如果 $y_P<y$，则 P 点在线下方；如果 $y_P=y$，则 P 点在线上。将这个思想扩展到通过 ABC 三点的平面(8.3 节)，展示形式为

$$\begin{aligned} &(x-x_C)\left[y_A(z_B-z_C)+y_B(z_C-z_A)+y_C(z_A-z_B)\right] \\ &+(y-y_C)\left[z_A(x_B-x_C)+z_B(x_C-x_A)+z_C(x_A-x_B)\right] \\ &+(z-z_C)\left[x_A(y_B-y_C)+x_B(y_C-y_A)+x_C(y_A-y_B)\right]=0 \end{aligned}$$

给 x、y、z 赋值，该值既可以为正也可以为负，除非点落在平面上。在平面相同边的两个点将享有相同的正负号(例如，两个同为正值或同为负值)。

可以用这个事实确定将一个实体投影到平面上时，哪些线是“隐藏”的。每个平面可以用三个点定义，如图 10.6 中的例子，对于平面由四个点 *A*、*D*、*H* 和 *E* 确定，只需要知道其中三个点的坐标(例 10.7)。如果获得建筑物内部的一个坐标值，假设上面的例子点 *Q* 在(0,5,0)，与人们的视角相比较，是沿着 *y* 轴某处 *V*(0,–1000,0)，*Q* 和 *V* 将在平面的另一边，但是是在包含 *G* 点平面的同一边，所以是看不见的。每个面都需要检验，这种事务计算非常适合计算机数据处理。

例 10.7 利用平面求隐藏面

图 10.6 中共有 7 个面。从外到内，按逆时针方向依次是 *ABFLE*、*BCGF*、*CDHMG*、*DAEH*、*BADC*、*HELM* 和 *FGML*。

在例 10.6 中，透视坐标是 *A*(0,0,0)，*B*(6.46,3.67,–0.65)，*C*(–0.88,14.47,–2.55)，*D*(–8.55,14.58,–2.57)，*E*(0,1.35,7.65)，*F*(6.32,4.61,5.12)，*G*(–0.86,15.08,2.58)，*H*(–8.26,15.25,4.02)，*L*(3.55,3.73, 9.33) 和 *M*(–4.05,15.43,5.98)。

面 *ABF* 由方程 $ax+by+cz+d=0$ 给出。用公式推导 *a*、*b*、*c*、*d*，那么对 *ABF*，有 $21.79x-36.88y+6.31z=0$，或者除以 $\sqrt{21.79^2+36.88^2+6.31^2}$ 将 $\sqrt{a^2+b^2+c^2}$ 减少到 1。

同样地，有

平面	方程
ABF	$0.5x-0.85y+0.15z=0$
BCG	$0.830x+0.553y-0.069z-7.4=0$
CDH	$0.01x+0.996y-0.09z-14.7=0$
DAE	$-0.866x-0492y+0.087z=0$
BAD	$-0.174y-0.985z=0$
HEL	$-0.421x-0.013y+0.907z-6.9=0$
FGM	$0.631x+0.562y+0.534z-9.3=0$

建筑物内的点，如(0,5,0)，建筑外的点，如(0,–1000,0)。将这些值代入公式中，可以得到

平面	内点	外点
ABF	–4.2	+850
BCG	–4.6	–560
CDH	–9.7	–1010
DAE	–0.2	+492
BAD	–0.1	+174
HEL	–7.0	+6
FGM	–6.6	–572

在此，当从一定的距离观察时，那些有相反号的平面是可见的，而那些有相同号的平面(*BCG*,*CDH* 和 *FGM*)是隐藏的。

但是，需要注意的是，使用远离对象的点是很重要的。选择一个靠近对象但仍然在建筑物外的点，如例 10.7 中的点(0,–100,0)，对于平面 *HELM* 为负，这表明该面为隐藏面。如果近距离观察建筑物，屋顶部分不被看到，这个隐藏面就是正确的。

例 10.7 中，一种可供选择的方法是使用向量，这在例 10.8 中得以阐释。

例 10.8　利用向量求隐藏面

使用例 10.7 中相同的数据，面 *ABF* 的方程为 $0.5x-0.85y+0.15z=0$ 。

平面的法线的单位向量是 $0.5\boldsymbol{i}-0.85\boldsymbol{j}+0.15\boldsymbol{k}$ 。

如果视点是(0,–50,0)，有单位向量(0,–1,0)，或 $0\times\boldsymbol{i}-1\times\boldsymbol{j}+0\times\boldsymbol{k}$ ，那么入射角的余弦 $(\cos\phi)$ 由面 *ABFLE* 点积给出。

因此，有

$$\cos\phi=0\times0.5+1\times0.85+0\times0.15=+0.85$$

对于 *BCGF*，$\cos\phi=-0.553$ ；对于 *CDHMG*，$\cos\phi=-0.996$ ；对于 *DAEH*，$\cos\phi=+0.492$ ；对于 *BADC*，$\cos\phi=+0.174$ ；对于 *HELM*，$\cos\phi=+0.013$ ；对于 *FGML*，$\cos\phi=-0.562$ 。

角大于 90°的余弦是负的。垂向面 *BCGF*,*CDHMG* 和 *FGML* 的所有点远离观察者，因而这些面是隐藏的。

计算机图形学中有多种其他算法来隐藏不需要的平面。例如，通过给每个像素一个深度值，并且只绘出最小深度的那些像素。读者可以查阅相关计算机图形学的书籍来获取更多信息。

10.4　摄 影 测 量

现在的大多数地形图都是通过垂直航空摄影制作的，这一系列技术称为立体摄影测量。图 10.7 中，相机在称为基站的点拍摄地面的照片，然后飞向下一个基站，拍第二张照片。基站之间的地面被两张照片覆盖。拍每张照片的飞行距离称为摄影基线，大约是每张产生的航空照片宽的 40%(图 10.8)。地面光线穿过照相机镜头，然后寄存下负像照片。如果镜头的焦距是 f，飞行高度是 H，海拔高度是 h(所以地面以上的高度是 $H–h$)，那么摄影的比例约等于 $\dfrac{f}{H-h}$ 。因为，h 是随着地形的变化而变化的，这就意味着从一个摄影点到另一个摄影点，比例也是变化的。

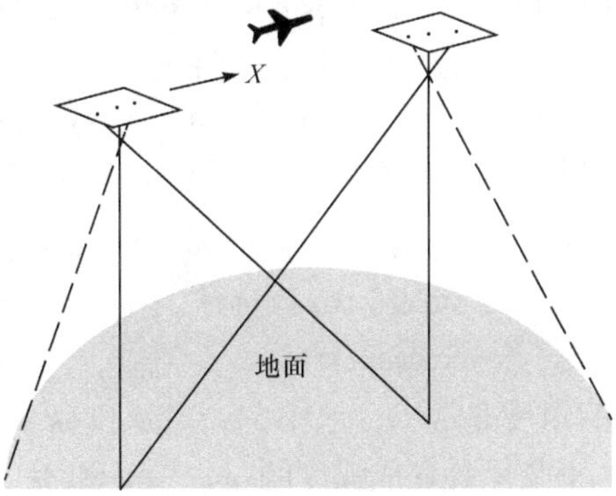

图 10.7　航空摄影立体像对

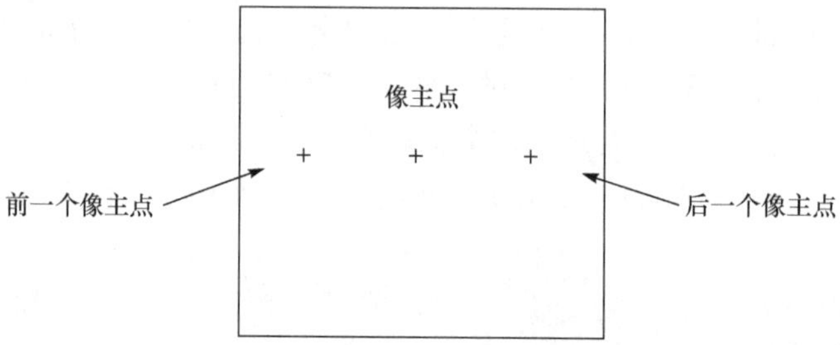

图 10.8　像主点在航拍照片的中心

每张照片的中心称为像主点，映射发生在连续像主点的重叠区域。这可以用于构建虚拟三维地形模型，并且通过合适的摄影和适合的技术，在模型内进行精确测量，地面精度可以达到 1cm 左右。照片上每个可视点的坐标既可以通过模拟方法也可以通过数字方法测量并转换到地图上。

相机的轴被称为 z 轴(图 10.9)；负像点向下，正像点向上。对于一系列航拍照片，飞行方向称为 x 轴，和飞行方向成直角的水平线称为 y 轴。

摄影测量过程分析是通过将光线投射回来让相应的光线相交，实际上是把图 10.7 中照相机变成投影仪。通过两台空中摄影站，三维模型可以被构建，模型的比例取决于两台投影仪的距离，距离反过来代表摄影基线的长度。

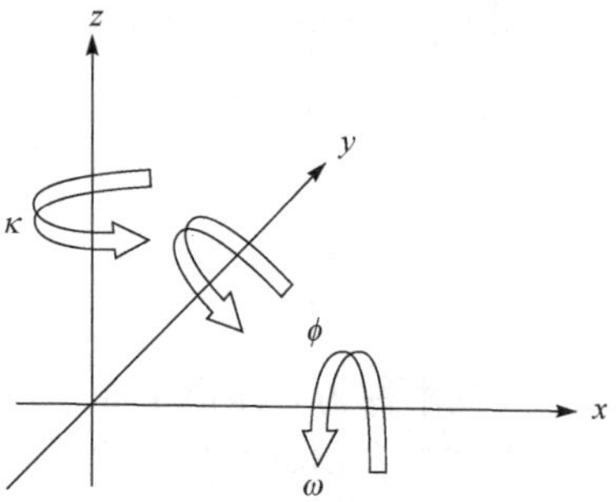

图 10.9　摄影测量旋转

为了保证立体模型是地面的精确表述，需要执行三步操作。第一步称为内部定向，是为了保证投影仪的特征和照相机相匹配，可使用物理方法或合适的数学变换来保证投影仪射出的一束光线和进入相机镜头的光线一样，并且移除光学变形。这是可以从镜头的设计和构造来实现的。如果航拍照片是数字格式，可以通过使用合适的趋势面(第 13 章)来模拟相机变形。

第二步操作是相对定向。这就意味着两个投影仪被调整到相对倾斜，以保证和照相机的原始位置相匹配。

照相机围绕 x 轴旋转或者飞行器的侧滚被指定为 omega(希腊字母为 ω)。围绕 z 轴旋转，这对飞行器称为偏航，称为 kappa(希腊字母为 κ)。围绕 y 轴旋转称为航空倾角，称为 phi(希腊字母为ϕ)。旋转是右手系的，如果右手拇指指向箭头的方向，则手指会弯曲到如图 7.7 和图 10.9 所示的指向。

如果首先围绕 x 轴(称为主轴)旋转，其次是 y 轴，最后是 z 轴，那么变换形式为

$$\boldsymbol{M}=\begin{pmatrix}\cos\kappa & \sin\kappa & 0\\ -\sin\kappa & \cos\kappa & 0\\ 0 & 0 & 1\end{pmatrix}\times\begin{pmatrix}\cos\phi & 0 & \sin\phi\\ 0 & 1 & 0\\ -\sin\phi & 0 & \cos\phi\end{pmatrix}\times\begin{pmatrix}1 & 0 & 0\\ 0 & \cos\omega & \sin\omega\\ 0 & -\sin\omega & \cos\omega\end{pmatrix}$$

$$=\begin{pmatrix}\cos\kappa\cos\phi & -\cos\kappa\sin\phi\sin\omega+\sin\kappa\cos\omega & \cos\kappa\sin\phi\cos\omega+\sin\kappa\sin\omega\\ -\sin\kappa\cos\phi & \sin\kappa\sin\phi\sin\omega+\cos\kappa\cos\omega & -\sin\kappa\sin\phi\cos\omega+\cos\kappa\sin\omega\\ -\sin\phi & -\cos\phi\sin\omega & \cos\phi\cos\omega\end{pmatrix}$$

特别地，如果通过旋转的角度非常小，记作 $\delta\omega$ 、$\delta\phi$ 和 δk ，6.2 节已经证明过 $\cos(\delta\omega)$ ，$\cos(\delta\phi)$ 和 $\cos(\delta k)$ 都等于 1。正弦函数变成弧度的 $\delta\omega$ 、$\delta\phi$ 和 δk 。

因此小角度旋转时旋转矩阵为

$$\begin{pmatrix} 1 & \delta\kappa & \delta\phi \\ -\delta\kappa & 1 & \delta\omega \\ -\delta\phi & -\delta\omega & 1 \end{pmatrix}$$

因为有两个照相机或投影仪(L 在左边，R 在右边)，有 6 个未知量，即 $\delta\omega_L$、$\delta\phi_L$、$\delta\kappa_L$、a 和 $\delta\omega_R$、$\delta\phi_R$、$\delta\kappa_R$。如果围绕 x 轴用相同的量旋转投影仪，光线仍然会相交。在这个时候 $\delta\omega$ 的值不能完全确定。相对定向可以确定 5 个值，$\delta\phi_L$、$\delta\kappa_L$、$\delta\phi_R$、$\delta\kappa_R$ 和相对值 $\delta\omega$。

这可以通过选取模型中一般区域(a、b、c、d、$pp1$ 和 $pp2$)的确定点来实现，如图 10.10 所示。首先，在平面照片上测量它们的位置。其次，变换(x,y)值，用合适的旋转矩阵来匹配每个投影仪。最后，将模型和地面坐标值达成一致。本书使用 10.2 小节中讨论过的 4×4 的矩阵形式。

第三步是绝对定向。立体模型必须调平再按比例调整，这个过程称为绝对定向，消除了倾斜。选定已知高度且位置合适的三个点来调整模型的水平，如 a 和 b 调整侧滚，b 和 c 调整倾斜(图 10.10)。同样地，两点间的距离(如 a 到 d)必须已知，以便调整比例。这些已知点既可通过地面控制测量也可以通过空中三角测量建立。更多深入介绍可以在摄影测量的权威书籍中查找。这里主要介绍的是摄影测量处理背后的数学运算。

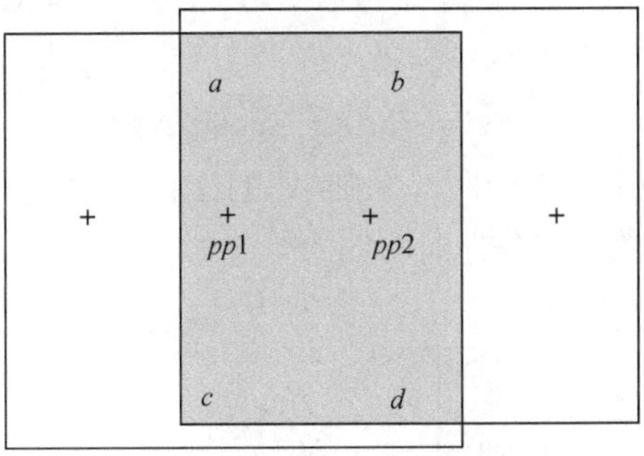

图 10.10　立体像对重叠区域模型

小　　结

仿射变换：保持共线和平行不变的变换，因此在直线上的点仍然在直线上。

隐藏线：观察者在二维平面下看不到的三维物体中的线。

齐次坐标：为了在一组坐标中引入添加元素，提供比例，用来描述无穷远处的点。

正交：保证是直角。

投影中心：航拍照片的光学中心。

旋转矩阵：齐次坐标，4×4 的矩阵形式

$$\begin{pmatrix} a & b & c & t \\ d & e & f & u \\ g & h & f & v \\ p & q & r & s \end{pmatrix}$$

其中，$a,b,\cdots,i$ 是旋转；t、u、v 是变换；p、q、r 是在平面上的投影；s 是比例系数。

相似变换：通过平移和旋转的变换和同一的比例系数保证正交。

立体摄影测量：利用重叠像对测量位置的方法。

湮灭点：平行线在无穷远处相交。可以在空间中变换为有限点。

第 11 章 地 图 投 影

11.1 地 图 投 影

本章学习地球表面上点的位置的表示方法，通常称为地图投影。第 10 章中讨论的内容实质上是直线或平面的处理问题，也即我们将地球作为一个平面来处理。当表达地球的曲面时，需要采用不同的方法。

地球表面上有一点 A，纬度是 ϕ_A，经度是 λ_A (图 11.1)。从赤道(Q)到 A 点的弧长等于 $R\phi_A$，其中，R 是地球的半径，这里假设地球是一个球体；ϕ 为弧度。规定点 C 的纬度是 ϕ_C，经度是 λ_C。点 A 和点 C 之间的经度差为 $\Delta\lambda=\lambda_C-\lambda_A$，纬度差为 $\Delta\phi=\phi_C-\phi_A$。规定 B 在和 C 相同的纬线圈上，在和 A 相同的经线上。在三角形 ABC 上，$AB=R\Delta\phi$。因为纬线圈 ϕ 的半径等于 PB，$PB=PC=R\cos\phi$，那么，有

$$BC=PB\Delta\lambda=R\cos\phi_C\Delta\lambda$$

这些变量构成在矩形网格的平面上绘图的基础(图 11.2)。球体上 AB 变成 $A'B'=\Delta N$，BC 变成 $B'C'=\Delta E$，这是 A'和 C'之间在北和东方向的偏的差。

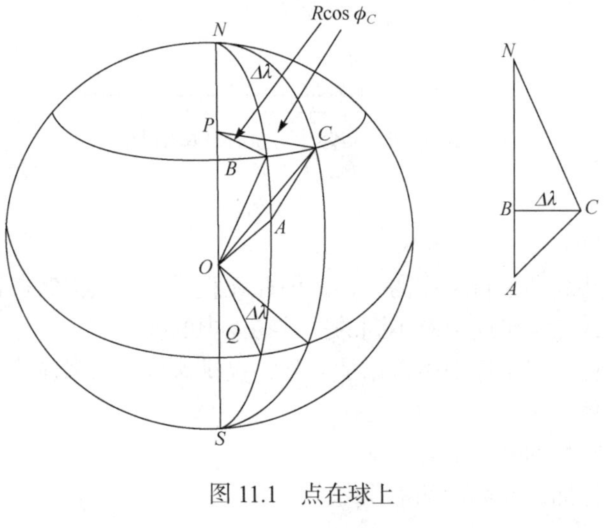

图 11.1 点在球上

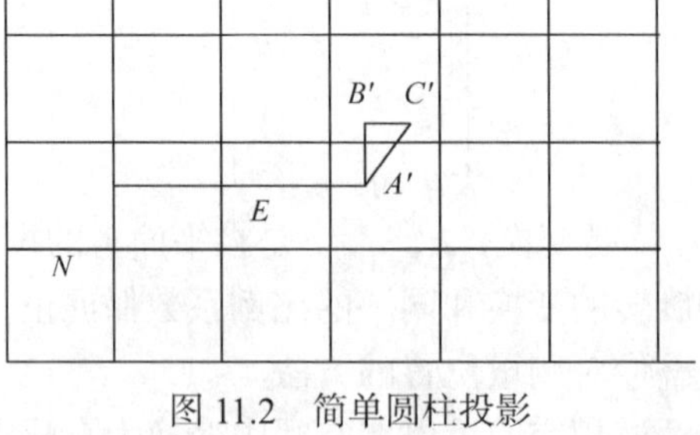

图 11.2 简单圆柱投影

最简单的地图投影是单圆柱投影或平面网格投影，向北距离标记为 $N = R_{\phi}$，东距离标记为 $E=R\lambda$，所以构成一个矩形网格。这实际上意味着，南北距离被视为是正确的，但是东西距离必须从球体上的 $(R\cos\phi)\lambda$ 延展成网格上的 $R\lambda$。为了将球体上的东西距离绘制在矩形网格上，东西距离必须按照 $(1/\cos\phi)$ 或 $\sec\phi$ 的比例增加。

另外一种方法也许可以正确地绘制北距离 $R\phi$、东距离 $(R\cos\phi)\lambda$，以便南北距离和东西距离的比例系数都为 1。试想图 11.1 中的三角形 ABC 会发生什么情况。为了论证，设定 A 的纬度等于 30°，C 的纬度等于 40°，所以 $\Delta\phi$ =10°=0.1745rad，设定 $\Delta\lambda = 15° = 0.2618\,\text{rad}$，有半径为 100 个单位的球体，那么平面上 $A'B' = R\Delta\phi = 17.45$，$B'C' = R\Delta\lambda \times \cos 40 = 20.05$，$\tan(\angle B'A'C') = 20.05/17.45$ 或 $\angle B'A'C' = 49°$，距离 $A'C'=\sqrt{17.45^2 + 20.05^2} = 26.58$。

在球体上，对图 11.1 中三角形 ANC，必须使用球面三角公式。在这种情况下，NC 的弧度为 50°，NA 的弧度为 60°，$\angle ANC = 15°$，弧 AC 对应的弧度为 b，应用球面三角形余弦公式：

$$\cos b = \cos 50° \cos 60° + \sin 50° \sin 60° \cos 15° = 0.9622$$

$$b = 15.8° = 0.2758\,\text{rad}$$

因此，在球体上距离是 27.58，在网格上是 26.58。同样地，正弦公式球体上 $\angle NAC = 53.7°$ 而不是之前推导的 49°。尽管在南北方向和东西方向保持比例不变，但是改变了对角线的比例和 A 点的角，也要让经线向中心弯曲，但是不和纬线呈直角。一些变形是不可避免的，为了展示到平面上，曲面必须拉伸或收缩。

现在研究图 11.1 三角形 ABC，因为非常小，要用到微分学。这种小三角形称为基本三角形，边 AB、BC 在地图上(也就是在平面上)由 δN 和 δE 表示，当在球体上时，则为 $R\delta\phi$ 和 $R\cos\phi\delta\lambda$ (图 11.3)。那么问题是如何让 δN、δE 和 $R\delta\phi$、$R\cos\phi\delta\lambda$ 关联？有很多种可能的答案，每一种都试图维持角度、距离、面积不变或者这三个量之间不同程度的妥协。大体上有三种方法：第一种是基于圆柱包裹着球体，第二种是基于圆锥相切或相割，第三种是基于平面。圆柱和圆锥都可以沿着一条线剪开，展开为一个平面(图 11.4)。

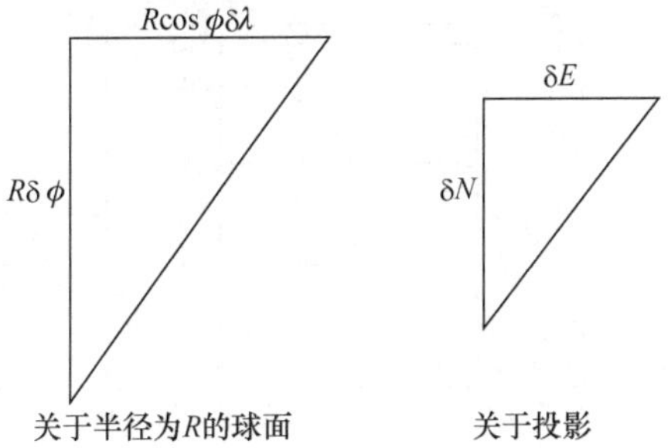

图 11.3　球体和平面上的基本三角形

投影包括三种基本形式：圆柱投影、方位投影、圆锥投影。地球的旋转轴可以是垂直的，也可以是倾斜的。

本章大部分内容中，认为地球是球体。当将地球看成椭球体时，计算要稍加修改。

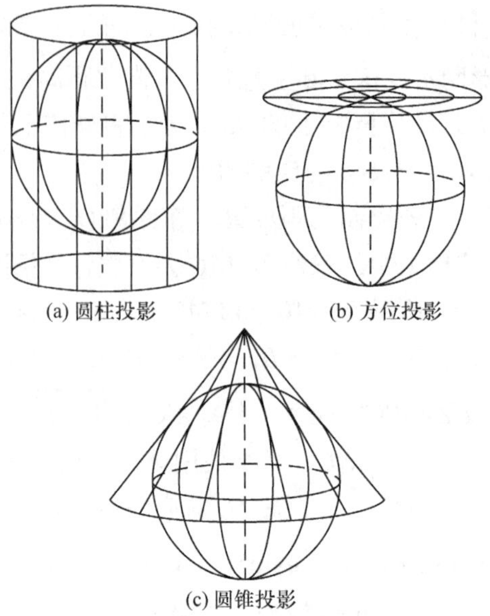

图 11.4　圆柱投影、方位投影、圆锥投影

11.2　圆 柱 投 影

首先，把圆柱体绕赤道包裹，以便于当沿着一垂直线展开成一个平面时，在平面上子午线为平行线。纬度的平行线把圆柱切割成一系列垂直于子午线的平行线。图 11.5 展示了三个例子，图 11.5(a)是等距圆柱，图 11.5(b)是等积圆柱，图 11.5(c)是等角圆柱。

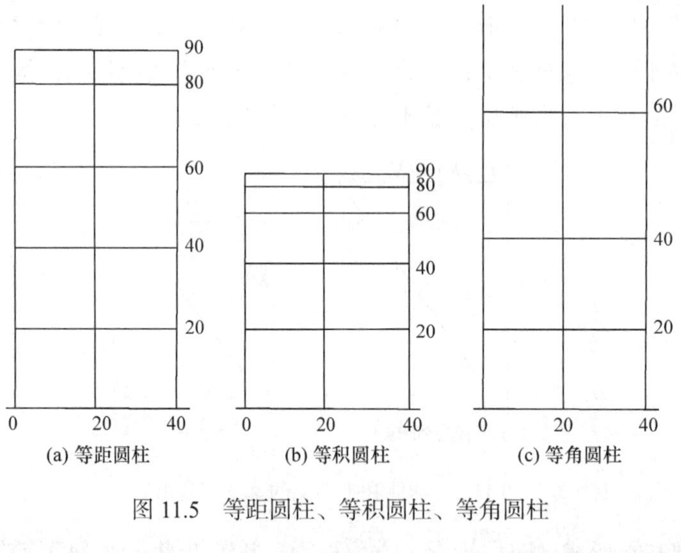

图 11.5　等距圆柱、等积圆柱、等角圆柱

在地球上，经线是趋于收敛的，在极点相交，但总是与纬线正交。在普通的圆柱投影中，纬线仍然平行，经线与之相交呈 90°角，纬线之间的距离经过校正。基本要素三角形(图 11.1，放大为三角形 *ABC*)，拥有两个边 $R\delta\phi$ 和 $R\cos\phi\delta\lambda$，在图 11.3 中再次出现。

对于简单圆柱投影，纬线之间的间距是不变的。因此，$\delta N = R\delta\phi$。故 $\mathrm{d}N / \mathrm{d}\phi = R$，或者，有

$$N = \int R\mathrm{d}_{\phi} = R\phi + C_n$$

其中，C_n 是一些常量。对于经度差，$\delta E = R\delta\lambda$，故 $\mathrm{d}E/\mathrm{d}\lambda = R$，或者，有

$$E = \int R\mathrm{d}\lambda = R\lambda + C_e$$

其中，C_n 和 C_e 是常量，必须以积分法存在；ϕ 和 λ 必须以弧度量算。因为当 ϕ=0 时，N=0，当λ=0 时，E=0，那么，有 $C_n = C_e = 0$。

因此简单圆柱投影为

$$N = R\phi, E = R\lambda$$

为了保持基本三角形面积不变，要保证 $E = R\lambda$，但 E 确实应该是 $R\cos\phi\lambda$，那么要按 $\sec\phi$ 比例增加东西距离。因此，为了保持面积不变，必须减少南北距离 $\cos\phi$ 的数量。换句话说，因为三角形的面积是(1/2)底×高，球体上基本三角形的面积是

$$(1/2)R^2\cos\phi\delta\phi\delta\lambda$$

投影上的面积是 $(1/2)\delta N\delta E$，$\delta E = R\delta\lambda$。故，$\delta N = R\cos\phi\delta\phi$，$N = \int R\cos\phi\mathrm{d}\phi = R\sin\phi$。因此，对于等面积圆柱投影，有

$$E = R\lambda,\ N = R\sin\phi$$

保持面积不变的投影称为等面积或等值或等积投影。

如果想保持三角形的形状不变，东西距离的系数是 $\sec\phi$，那么必须保证南北也有一样的系数，因此，$\delta N = R\sec\phi\delta\phi$。

$\sec\phi$ 的积分在框注 6.4 中证明为 $\ln(\sec\phi + \tan\phi)$。这也可以表示为 $\ln\tan(\pi/4 + \phi/2)$。因此，如果 $\mathrm{d}N = R\sec\phi\mathrm{d}\phi$，忽略常数项，有

$$N = \int R\sec\phi\mathrm{d}\phi = R\ln\tan(\pi/4 + \phi/2)$$

通过保证在任意点的比例不变，这些小面积的形状是不变的。有这种性质的投影称为等角或保角投影。这种投影有一个优势是，在任意点的角度都是不变的，现场用经纬仪测出的角度可以直接用于投影。这在地形测绘上尤其重要。

有一种情况是在北极和南极点，N 变成 $\ln\tan 90°$，这是无限大的。由于此方法是圆柱体包裹着赤道，没有办法用圆柱投影的方式将极点绘到地图上。

等角圆柱投影也称为墨卡托投影。因为任意点的角度是不变的，地图上画出的直线与经线以相同的角度相交，这就是说沿着线的方位总是一样的。不变方位的线称为等角航线或斜航线。这些线对航海家尤其重要，他们在墨卡托投影的海图上画一条直线，顺着这条直线的方位就能到达目的地。这条线不一定是最短路径，但对航行来说是最简单的。墨卡托投影上任意点的系数是 $\sec\phi$，纬度越高，系数越大；赤道处接近于 1。

用圆柱体包裹经线而不是赤道，这是横轴圆柱投影。

图 11.6 中，圆柱包裹着子午线 $NPQS$，是中央子午线。点 E 和 W 分别在东偏 90°和中央子午线以西，事实上，在标准情况下，它们变成两极。对于任意一点 A，$EAPW$ 是个大圆弧，A 点的坐标可以依照 QP(相当于正常圆柱情况下的λ,这里是 ϕ_p)和 PA(相当于非横轴下的纬度)表达。假设其值是α，$\angle POA = \alpha$。$NPQS$ 是中央子午线，给出值 $\lambda M(=\lambda Q)$。

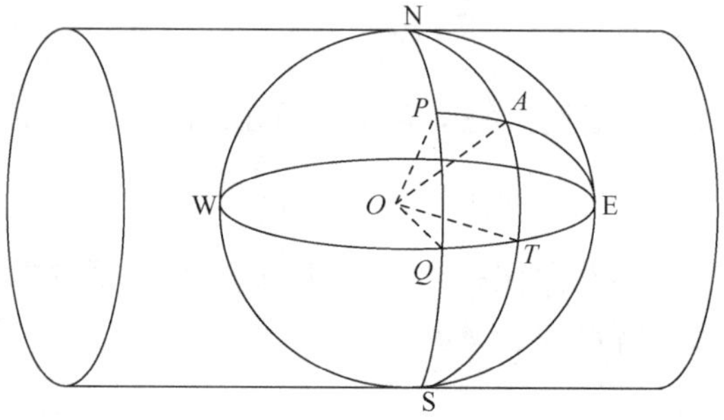

图 11.6 横轴墨卡托投影

令 NA 交赤道于 T 点。QT 是中央子午线和 A 所在经线的经度差。AT=A 的纬度=ϕ_A，$NA = 90° - \phi_A$。$\angle PNA$ 等于点 A 和中央子午线的经度差等于 $\lambda_A - \lambda_M$。称 λ_A 为点 A 的经度，所以 $\angle ANE = 90° - \lambda_A$。

在三角形 ATE 中，$\angle ATE = 90°$，$AT = \phi_A$，$TE = \angle ANE = 90° - \lambda_A$。$AE = 90° - \alpha$。用三角形 ATE 余弦公式，有

$$\cos(AE) = \cos(AT)\cos(TE) + \sin(AT)\sin(TE)\cos(90°)$$

或既然 $\cos 90° = 0$，有

$$\sin\alpha = \cos\phi_A \sin\lambda_A = \cos\phi_A \sin(\lambda_A - \lambda_M) = \cos\phi_A \sin(\lambda_A - \lambda_Q)$$

三角形 ATE 用正弦公式，这里 $\angle ATE = 90°$，有

$$\sin(AET) / \sin(AT) = \sin(ATE) / \sin(AE)$$

或者，因为 $\angle AET = PQ = P$ 点纬度等于 ϕ_P，有

$$\sin\phi_P = \sin\phi_A / \cos\alpha$$

$$\cos\alpha = \sin\phi_A / \sin\phi_P$$

三角形 PNA 用余弦公式，有

$$\cos PA = \cos PN \cos NA + \sin PN \sin NA \cos(\lambda_A - \lambda_Q)$$

$$\cos\alpha = \sin\phi_P \sin\phi_A + \cos\phi_P \cos\phi_A \cos(\lambda_A - \lambda_Q)$$

可得

$$\cos\alpha = \sin\phi_A / \sin\phi_P$$

因此，$\sin\phi_A = \sin\phi_A \sin^2\phi_P + \sin\phi_P \cos\phi_P \cos\phi_A \cos(\lambda_A - \lambda_Q)$；$\sin\phi_P \cos\phi_P \cos\phi_A \cos(\lambda_A - \lambda_Q) = \sin\phi_A (1 - \sin^2\phi_P) = \sin\phi_A(\cos^2\phi_P)$。

重新整理得到，$\tan\phi_P = \tan\phi_A \sec(\lambda_A - \lambda_Q)$，并且 $\sin\alpha = \cos\phi_A \sin(\lambda_A - \lambda_Q)$，这意味着可以计算 QP 的值 $(=\phi_P)$ 和 $PA(=\alpha)$。

对于横轴等距圆柱投影(也称为卡西尼投影)，点的北距线绘成 $N = R\phi_p$，东距线是 $E = R\alpha$。卡西尼投影早期多用在地形图绘制。同理，如果令 $E = R\sin\alpha$，那么得到横轴等积圆柱投影。然而，令 $E = R\ln(\sec\alpha + \tan\alpha) = R\ln\tan(\pi/4 + \alpha/2)$，则得到等角投影，称为横轴墨卡托投影(例 11.1)。

例 11.1 墨卡托投影和横轴墨卡托投影

对墨卡托投影，有

$$E = R\lambda N = R\ln\tan(\pi/4 + \phi/2)$$

用 100°W 和赤道做起始，对于 A 点在 40°N，103°W 和半径为 100 单位的球：

$$\lambda = 3° = 0.05236\ \text{rad};\ \tan(\pi/4 + \phi/2) = 2.1445$$

故 A 点的坐标应该是 $E = 5.236, N = 76.291$；在 A 点的系数应该是 $\sec(40°) = 1.3054$。图 11.6 中，横轴墨卡托投影，$\angle AOT = \phi_A = 40°$；$\angle PNA = (\lambda_A - \lambda_P) = 3°$，$\angle POA = \alpha$。

已经证明，有

$$\sin\alpha = \cos\phi_A \sin\lambda = 0.04009, \quad \alpha = 2.3°$$

并且，有

$$\tan\phi_P = \tan\phi_A \sec(\lambda_A - \lambda_P) = 0.84025, \quad \phi_P \approx 40.04°$$

据框注 11.1，有

$$E = R\ln(\sec\alpha + \tan\alpha),\ N = R\phi_p$$

故 A 点的坐标是

$$E = 4.011, N = 69.881$$

A 点的比例因子是 $\sec\alpha = 1.0008$。

注意：沿着中央子午线时，比例因子为 1。本例证明了在东经或西经 3°时，比例因子为 1.0008。如果对所有测量值都采用 0.9995 的总体比例因子，则比例因子减少到 1.0003。在通用横轴墨卡托投影中，采用 6°分带，这使得比例因子总是接近统一。

通过将这一原理延伸到椭球体而不是球体，将球体映射到中央子午线两侧 3°带上，每 6°经度选择一次，就可以基于通用横轴墨卡托(universal transverse Mercator，UTM)进行全球制图。该投影最初由美国军方在 20 世纪 40 年代开发，已在世界获得广泛应用，尤其是在地形测绘方面。

横轴墨卡托投影是测量学上最常用的投影之一，通用与类球体相关而不是球体，该投影给出了地球形状的最佳数学表达。如第 9 章所看到的，椭圆和椭球的几何结构比圆和球体要复杂。本质上说，也就是有两个曲率半径需要考虑，即 ρ 和 v。它们是如何影响地图变换的，不在本书讨论范围之内。同样地，框注 11.1 中总结了球体变换而不是椭球体变换。

框注 11.1 球的圆柱投影

等距圆柱投影或普通圆柱投影为

$$E = R\lambda, \quad N = R_\phi$$

等积圆柱投影为

$$E = R\lambda, \quad N = R\sin\phi$$

等角圆柱(墨卡托)投影为

$$E = R\lambda, \quad N = R\ln(\sec\phi + \tan\phi)$$

横轴圆柱投影，对点 A 和中央子午线 M，有

$$\tan\phi_P = \tan\phi_A \sec(\lambda_A - \lambda_M)\,, \quad \sin\alpha = \cos\phi_A \sin(\lambda_A - \lambda_M)$$

横轴等距圆柱(卡西尼)投影为

$$E = R\alpha\,, \quad N = R\phi_P$$

横轴等角圆柱(横轴墨卡托)投影为

$$E = R\ln(\sec\alpha + \tan\alpha)\,, \quad N = R\phi_P$$

11.3　方位投影

方位投影是指点投影到的表面是与球体相切的平面。最容易想象的方位投影之一是极地情况(图 11.7)，其中两极成为中心(N)，子午线以直线向外辐射。平行线成为以 N 为中心的圆，圆半径取决于希望保留什么特征。

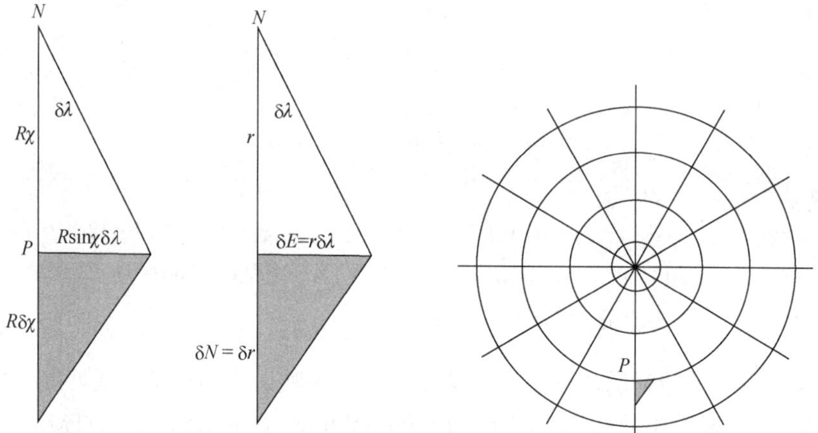

(a) 半径为R的球面余纬$\chi=R/2-\phi$　　(b) 纬度为ϕ，半径为R的基本三角形的投影

图 11.7　方位投影

在球体上，表面上极点到纬线的距离等于 $R(\pi/2-\phi)=R\chi$，其中，ϕ 是 P 点的纬度；χ 是余纬(从极点测量而不是从赤道测量)。距离绘制在平面上的长度为 r，长度值取决于投影的特性。α 代表子午线的角度，λ被绘制为它们在地球表面上的值，即它们是真实按比例绘制的。

考虑球体上和投影面上宽度为 $\delta\lambda$、高度为 $\delta\phi$ 的一个小三角形。对于等角方位投影，圆围绕着极点而画，半径是 $r=R(\pi/2-\phi)=R\chi$。对于等面积投影，如图 11.7 所示，必须使两个基本三角形面积相同，因此

$$(1/2)R^2\sin\chi\delta\chi\delta\lambda = (1/2)r\delta_r \text{ 或 } \int R^2\sin\chi\mathrm{d}\chi = \int r\mathrm{d}r$$

给定

$$C - R^2\cos\chi = (1/2)r^2\,,\ C\text{ 是常量}$$

因为在中心，$r=0$，其中，$\chi=0$ 和 $\cos 0=1$，那么 $C=R^2$。重新整理后，$r^2=2R^2(1-\cos\chi)$，并且等于 $4R^2\sin^2(\chi/2)$，如第 5 章所述，故对于等面积投影，有

$$r = 2R\sin(\chi/2)$$

对于等角方位投影，为了保持图 11.7 形状不变，则有

$$R\sin\chi\delta\lambda / R\delta\chi = r\delta\lambda / \delta r$$

或者，有

$$(1/\sin\chi)\mathrm{d}\chi = (1/r)\mathrm{d}r$$

总体来看，有

$$\ln(\tan\chi/2) + 常量 = \ln r$$

如果常量称为 $\ln C$，那么，有

$$\ln(C\tan\chi/2) = \ln r$$

或者，有

$$r = C\tan(\chi/2)$$

总的来说，C 的值决定整体比例系数，通常设为 $C = 2R$。这个投影通常称为球面投影。

这些关系式也可以应用于任意点 P 上接触球体的平面上的投影，而不仅仅是极点 N。修改 χ 和 λ 公式将有不同的含义。在图 11.8(a)和图 11.8(b)中，$\angle NPA$ 代表经度差，所以必须用 Ω 代替 λ，这时 PA 表示的是余纬度方位，所以，必须用 $\varPsi$ 代替 χ。用球面三角正弦余弦公式可以计算出这些值。

如图 11.8(b)所示，正弦公式为

$$\sin\Omega / \sin(\pi/2-\phi_A) = \sin\lambda / \sin\varPsi$$

$$\sin(\pi/2-\phi) = \cos\phi$$

$$\sin\Omega\sin\varPsi = \sin\lambda\cos\phi_A$$

余弦公式为

$$\cos\varPsi = \cos(\pi/2-\phi_A)\cos(\pi/2-\phi_P) + \sin(\pi/2-\phi_A)\sin(\pi/2-\phi_P)\cos\lambda$$

$$\cos\varPsi = \sin\phi_A\sin\phi_P + \cos\phi_A\cos\phi_P\cos\lambda$$

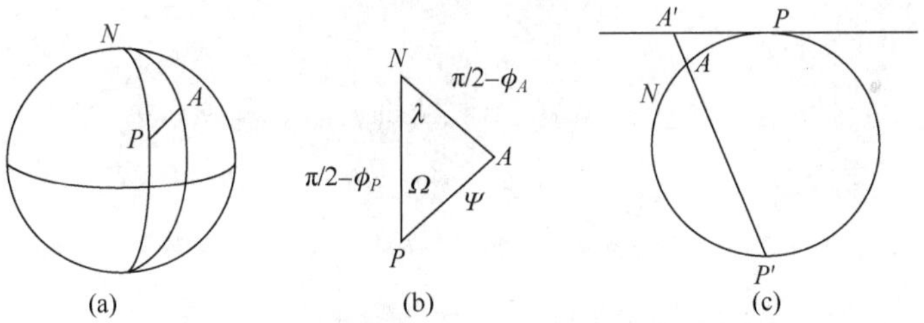

图 11.8　倾斜方位角投影

可以得到 $\varPsi$，由 $\varPsi$ 得到 Ω。球体的所有方位角投影都总结在框注 11.2 中。

框注 11.2　方位投影

如果余纬 $\chi = 90 - \phi$，那么，有

对于等距方位投影，$r = R\chi$

对于等积方位投影，$r = 2R\sin(\chi/2)$

对于等角方位投影(或球面投影)，$r = 2R\tan(\chi/2)$

球面投影等同于从球面上截然相反的点 P 投影到平面上，如图 11.8(c)中 P' 所示。参见例

11.2，尽管例 11.2 中假定投影所在的平面正切球体于 P，但它可以是任意平行于 P 点切平面(如过中心 O)的平面，前提是它不通过与 P 截然相反的点。它的特征是地球表面的圆在投影上也是圆。球面投影的这种性质是有实际应用价值的，例如，寻找地震震中时，可以标绘出记录地震波的时间，为反向寻找地震震中位置提供标识。

例 11.2　倾斜球面投影

基于北偏 40°西偏 100°点 P 的球面投影[图 11.8(a)和图 11.8(b)]，那么对于 45°北和 103°西，球体半径 R=100，有

$$\phi_A = 45° \;;\; \phi_P = 40° \;;\; \lambda = 3°$$

利用 $\cos\varPsi = \sin\phi_A \sin\phi_P + \cos\phi_A \cos\phi_P \cos\lambda = 0.99545$，得到 $\varPsi \approx 5.466°$。

利用 $\sin\varOmega \sin\varPsi = \sin\lambda \cos\phi_A$，得到 $\sin\varOmega = 0.38848$，$\varOmega \approx 22.86°$。

因此，$PA = 2R\tan(\varPsi / 2) = 9.5478$。

相对于原点 P，有

$$E = PA\sin\varOmega = 3.709 \;;\; N = PA\cos\varOmega = 8.798$$

现在考察图 11.8(c)中与球体在直径上相反的点 P。让向量 $\boldsymbol{PA}$ 在点 A 处与 P 处的切平面相交，P 点地心坐标为

$$(R\cos\phi_P, 0, R\sin\phi_P) = (76.60444, 0, 64.27876)$$

A 点地心坐标为

$$(R\cos\phi_A\cos\lambda, R\cos\phi_A\sin\lambda, R\sin\phi_A) = (70.61377, 3.70071, 70.71068)$$

现在围绕 y 轴整体旋转一定角度($90° - \phi_P$)，这样点 P 实际上就变成了北极点，这意味着应用矩阵：

$$\begin{pmatrix} \cos\phi_P & 0 & \sin\phi_P \\ 0 & 1 & 0 \\ -\sin\phi_P & 0 & \cos\phi_P \end{pmatrix}$$

P 点的坐标变成$(R,0,0)$，A 变为

$$x_A = R\cos\phi_A\cos\phi_P\cos\lambda + R\sin\phi_A\sin\phi_P = 99.545$$

$$y_A = R\cos\phi_A\sin\lambda = 3.701$$

$$z_A = -R\cos\phi_A\sin\phi_P\cos\lambda + R\sin\phi_A\cos\phi_P = 8.778$$

中心 O 仍然是(0,0,0)，P'点变成(–100,0,0)。

从 P'点将点 A 投影到切于 P 点的切平面上，所以 A 点的 x 值变成 100，如图 11.8(c)所示。这意味着从 $P'A$ 延长到 $P'A'$或者从 199.545 延伸到 200。

因此，有

$$y_A \text{变为 } E = 3.701 \times 200 / 199.545 = 3.709$$

$$z_A \text{变为 } N = 8.778 \times 200 / 199.545 = 8.798$$

这与之前获得的值一样，表明了球面投影是从 P'观察世界的视图，称为点 P 的对映点。

11.4　圆 锥 投 影

第三组投影是圆锥投影。该投影基于将圆锥包裹着地球且与地球面相切(割)的思想，设想

将一个圆锥套在地球椭球体上，把地球椭球体上的经纬线网投影到圆锥面上，沿着某一条母线(经线)将圆锥面切开而展开成平面(图 11.9)。

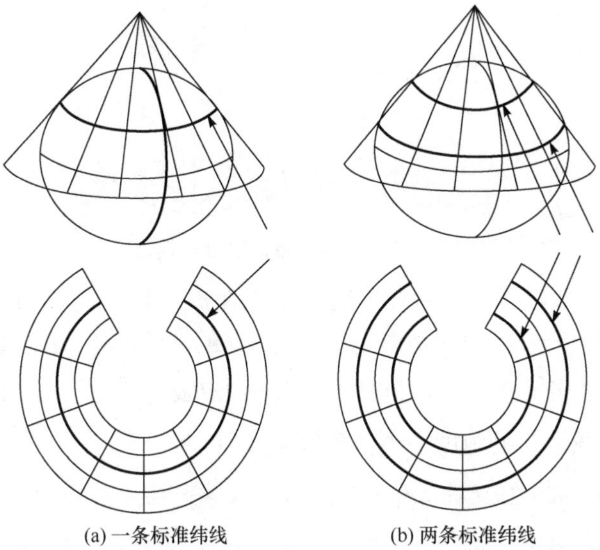

图 11.9　一条或两条标准纬线的圆锥投影

当圆锥打开展为平面(图 11.9)，每条纬线变成同心弧的一部分，而经线从中心向外线状辐射，极点变成了圆，其半径取决于锥体指向的距离范围。

实际上，圆柱投影和方位投影是圆锥投影的特例，圆锥的角度变成 0°就是圆柱投影，变成 180°就是方位投影。如果图 11.10 中 QN 等于 0，圆锥将变成平面，如果 QN 无限大，圆锥变成圆柱。

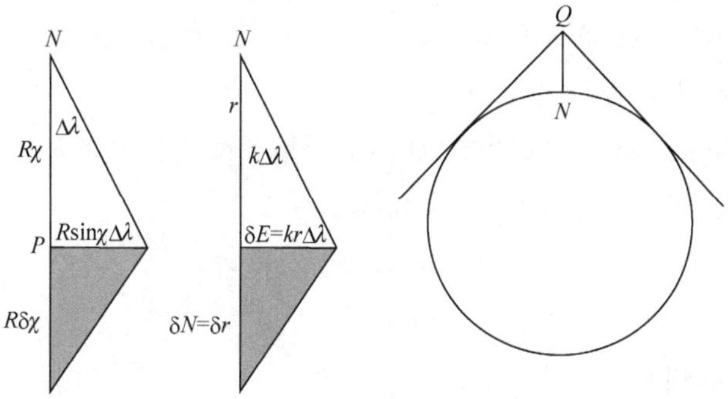

图 11.10　圆锥投影的基本三角形

如果将圆锥投影和方位投影比较，中心半径有两个要素，一个是表示从圆心到圆心的距离加上一个取决于平行线间距的元素的固定量(图 11.11 中的 $Q'N'$)，$Q'N'$的长度取决于圆锥的形状，除此以外取决于有一条还是两条标准纬线。

在任意标准纬线的情况下(图 11.11)，北极变成了半径为 $Q'N'$的圆的圆弧(记作 r_0)，标准纬线是正确的尺度。经线变成从中心向外发散的直线，它们之间的角度和真实值是呈比例的，记作 k，称为圆锥常数。纬线之间的间隔取决于投影特征。

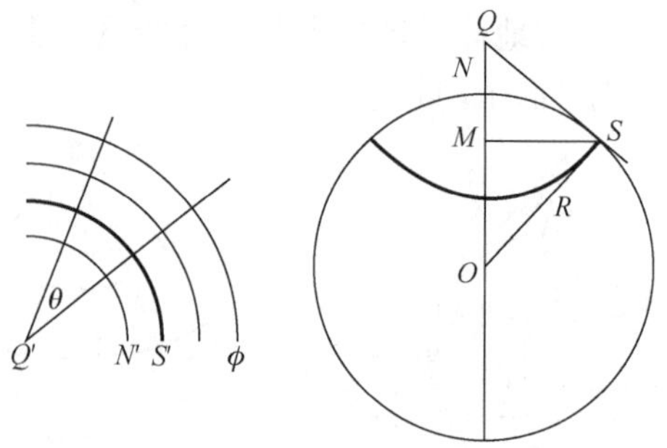

图 11.11　一条标准纬线的圆锥投影

如果球体上任意两条经线的方向夹角是 λ，那么在投影上，这些夹角必须按一定比例减小。对于纬度为 ϕ_S 的纬线，沿着纬线的距离是半径为 SM 的圆的周长，图 11.11 中，等于 $R\cos\phi_S$，这里 R 是球体半径。因此，整个标准纬线的长度是 $2\pi R\cos\phi_S$。在平面上，这是半径为 QS 的弧，等于 $R\cot\phi_S$。经线之间的角度必须依系数 k 减小，有

$$K\times 2\pi\times R\cot\phi_S = 2\pi R\cos\phi_S = \text{标准纬线的长度}$$

因此，$k=\sin\phi_S=\cos\chi_S$，其中，χ 是余纬度，或 $(\pi/2-\phi)$。在投影上经度差 λ 变成 $k\lambda$，所以 $\theta=k\delta\lambda$ (图 11.11)。

对于只有一条标准纬线的圆锥投影，需要保持纬线间距是正确的。对于余纬度是 χ 的任意纬线，圆弧的半径在投影上是 QS 加上沿着经线到标准纬线的距离，即 $QS+R(\phi_S-\phi)$。而 $QS=R\cot\phi_S$，因此，如果到中心的距离 Q' 等于 r，则

$$r=R\cot\phi_S+R(\phi_S-\phi)=R\tan\chi_S+R(\chi-\chi_S)$$

当在极点上时，$\phi=\pi/2$，所以，有

$$Q'N'=R\cot\phi_S+R(\phi_S-\pi/2)=R\tan\chi_S+R(\phi_S-\pi/2)=r_0$$

在任意纬度的半径为 $r=r_0+R(\pi/2-\phi)$。

对于有两条标准纬线 ϕ_1 和 ϕ_2 的情况，球体上每条纬线的长度是 $kr=R\cos\phi=R\sin\chi$，其中，k 是圆锥常数；χ 是余纬度。对于两条标准纬线，有

$$k\left[r_0+R(\chi_1)\right]=R\sin\chi_1$$

$$k\left[r_0+R(\chi_2)\right]=R\sin\chi_2$$

经过适当变形，得到

$$r_0=R(\chi_2\sin\chi_1-\chi_1\sin\chi_2)/(\sin\chi_2-\sin\chi_1)$$

$$r=r_0+R\chi$$

对于等积圆锥投影，两个基本三角形必是等面积的。故有

$$(1/2)R\mathrm{d}\chi R\sin\chi\delta\lambda=(1/2)kr\delta\lambda\delta r$$

$$R^2\sin\chi\mathrm{d}\chi=kr\mathrm{d}r$$

结合起来，有

$$C-2R^2\cos\chi=kr^2$$

这里 C 是积分常量，k 待确定，故有

$$kC-2kR^2\cos\chi=k^2r^2$$

沿着标准纬线，球体上的距离和投影上的距离相等，故沿着标准纬线有

$$kr=R\sin\chi$$

如果有两条标准纬线(1 和 2)，那么，有

$$kC-2kR^2\cos\chi_1=R^2\sin^2\chi_1\text{；}\quad kC-2kR^2\cos\chi_2=R^2\sin^2\chi_2$$

等式做减法和除法，有

$$2k=\left(\sin^2\chi_2-\sin^2\chi_1\right)/\left(\cos\chi_1-\cos\chi_2\right)$$

而且，$\sin^2=1-\cos^2$，所以，有

$$\sin^2\chi_2-\sin^2\chi_1=\cos^2\chi_1-\cos^2\chi_2=\left(\cos\chi_1+\cos\chi_2\right)\left(\cos\chi_1-\cos\chi_2\right)$$

因此，有

$$k=(1/2)\left(\cos\chi_1+\cos\chi_2\right)=(1/2)\left(\sin\phi_1+\sin\phi_2\right)$$

其中，ϕ_1 和 ϕ_2 是纬度，而不是标准纬线的余纬度。将 k 代入 $C-2R^2\cos\chi=kr^2$，那么，有

$$C=R^2\left(1+\sin\phi_1\sin\phi_2\right)/k=R^2\left(1+\cos\phi_1\sin\phi_2\right)/k$$

其中，r^2 可以计算出来，故 r 可获取。

等角圆锥投影的 C 和 r 推导遵循与球面投影和方位等角投影相同的原则。在图 11.10 的基本三角形中，角度必须保持不变，得到

$$R\mathrm{d}\chi/\left(R\sin\chi\delta\lambda\right)=\delta r/\left(kr\delta\lambda\right)$$

或者，有

$$k\csc\chi\mathrm{d}\chi=(1/r)\mathrm{d}r$$

综合得到

$$k\ln\left[\tan(\chi/2)\right]+C=\ln r$$

经过适当的变形，标准纬线 χ_1 和 χ_2 的插入值为

$$k=\left(\ln\sin\chi_1-\ln\sin\chi_2\right)/\left[\ln\tan\left(\chi_1/2\right)-\ln\tan\left(\chi_2/2\right)\right]$$

$$r=R\left(\sin\chi_1/k\right)\times\left[\tan(\chi/2)/\tan\left(\chi_1/2\right)\right]^k$$

结果总结在框注 11.3 中。

框注 11.3 球体的圆锥投影

对于只有一条标准纬线 ϕ_S 的等距圆锥投影，投影圆弧的半径等于 r：

$$r=r_0+R(\pi/2-\phi)$$

这里，有

$$r_0=R\left[\cot\phi_S+\left(\phi_S-\pi/2\right)\right]$$

经线汇集于一点，如果球体上经线的夹角是 λ，投影上夹角是 θ，有

$$\theta=\left(\sin\phi_S\right)\lambda$$

对于等距圆锥投影，两条标准纬线的余纬度是 χ_1 和 χ_2，有

$$r=\frac{R(\chi_2\sin\chi_1-\chi_1\sin\chi_2)}{(\sin\chi_2-\sin\chi_1)}+R\chi$$

对于等积圆锥投影，有

$$k=(1/2)(\cos\chi_1+\cos\chi_2)$$

$$C=R^2(1+\cos\chi_1\sin\chi_2)/k$$

$$r=\sqrt{C/k-2R^2\cos\chi/k}$$

对于等角圆锥投影，有

$$k=(\ln\sin\chi_1-\ln\sin\chi_2)/(\ln\tan(\chi_1/2)-\ln\tan(\chi_2/2))$$

$$r=R\left[(\sin\chi_1)/k\right]\left[\tan(\chi/2)/\tan(\chi_1/2)\right]^k=R\left(\frac{\sin\chi_1}{k}\right)\times\left(\tan\left(\frac{\chi}{2}\right)/\tan\frac{\chi_2}{2}\right)^k$$

当作用在椭球上时，原则是不变的，尽管 R 的值——地球半径将会被 v 代替。从一般到椭圆的推导(第 9 章图 9.4)，纬度是大地纬度，不是地心纬度。

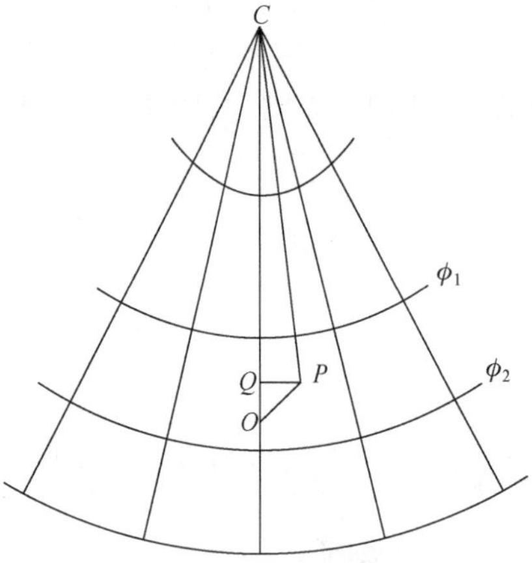

图 11.12　两条标准纬线的圆锥投影

图 11.12 中，O 是投影的坐标原点，位于两条标准纬线 ϕ_1 和 ϕ_2 (或余纬度 χ_1 和 χ_2)之间。地图上，定义 O 点的坐标是 (x_O,y_O)，P 点坐标是 (x_P,y_P)，这里 P 是地图上的任意点。C 是圆锥投影上经线的交点。

在椭球上，定义 O 点纬度 ϕ_O，经度 λ_O，P 点纬度 ϕ_P，经度 λ_P。

在投影上，定义 $CP=r$；$CO=r_O$；$\angle OCP=k(\lambda-\lambda_O)$，其中，$\lambda$ 是相对于原点的 P 点的经度(这里是 OC)。如果 Q 点是 P 到投影上线 OC 的垂足，那么，有

$$x_P=x_O+QP=x_O+r\sin\left[\kappa(\lambda-\lambda_O)\right]$$

$$y_P=y_O+OQ=y_O+r_0-r\cos\left[k(\lambda-\lambda_O)\right]$$

为了画出圆锥投影上的 P 点，需要知道关于 r 和 k 的公式。例如，想要投影保角(如等角投影)，那么如果地球是球体，有

$$k=(\ln\sin\chi_1-\ln\sin\chi_2)/\left[\ln\tan(\chi_1/2)-\ln\tan(\chi_2/2)\right]$$

$$r=R(\sin\chi_1/k)\times\left[\tan(\chi/2)/\tan(\chi_2/2)\right]^k$$

其中，R 为地球半径，一个合适的比例系数是要用到的。

如果研究能够反映地球表面特征的最佳拟合椭球，那么公式需要进行一些修改，真实值将取决于选择的椭球体，而国家对椭球体可以有不同的选择。

需要定义的关键元素是赤道 R 处的半径和比率(a/b)或称之为 e 值的扁率(参见第 4 章第 4.6 节)，在此将椭球体偏率定义为 e 且 $R=a$。

具有两条标准平行线的、保持小区域内方向之间角度正确而距离产生变形的圆锥投影称为兰勃特投影，公式如下所示。

关于 k，代替 $\sin\chi_1$，需要

$$\cos\phi_1 / \sqrt{1-e^2\sin^2\phi_1}$$

参数 n_1 为

$$n_1 = \cos\phi_1 / \sqrt{1-e^2\sin^2\phi_1}$$

代替 $\sin\chi_2$，参数 n_2 为

$$n_2 = \cos\phi_2 / \sqrt{1-e^2\sin^2\phi_2}$$

代替 $\tan(\chi_1/2)$，参数 n_3 为

$$n_3 = \tan(\chi_1/2) / \left[(1-e\sin\phi_1)/(1+e\sin\phi_1)\right]^{e/2}$$

代替 $\tan(\chi_2/2)$，参数 n_4 为

$$n_4 = \tan(\chi_2/2) / \left[(1-e\sin\phi_2)/(1+e\sin\phi_2)\right]^{e/2}$$

则

$$k = (\ln n_1 - \ln n_2)/(\ln n_3 - \ln n_4)$$

关于参数 r 的公式必须以类似的方式修改：

对于 $\sin\chi_1$，参数 n_1 仍为

$$n_1 = \cos\phi_1 / \sqrt{1-e^2\sin^2\phi_1}$$

对于 $\tan(\chi_1/2)$，参数 n_3 仍为

$$n_3 = \tan(\chi_1/2) / \left[(1-e\sin\phi_1)/(1+e\sin\phi_1)\right]^{e/2}$$

对于 $\tan(\chi/2)$，参数 n 的一般表达式为

$$n = \tan(\chi/2) / \left[(1-e\sin\phi)/(1+e\sin\phi)\right]^{e/2}$$

$$r = R \times (n_1/k) \times (n/n_3)^k$$

公式总结在框注 11.4 中，关于例子见例 11.3。

框注 11.4　椭球的兰勃特投影

定义赤道半径为 R，由中心纬线圆锥投影的圆弧半径为 r，经度由比例系数 k 改进。定义标准纬线为 ϕ_1 和 ϕ_2，余纬度为 χ_1 和 χ_2。

定义

$$n_1 = \cos\phi_1 / \sqrt{1-e^2\sin^2\phi_1}$$

$$n_2 = \cos\phi_2 / \sqrt{1-e^2\sin^2\phi_2}$$

$$n_3 = \tan(\chi_1/2) / \left[(1-e\sin\phi_1)/(1+e\sin\phi_1)\right]^{e/2}$$

$$n_4 = \tan(\chi_2/2) / \left[(1-e\sin\phi_2)/(1+e\sin\phi_2)\right]^{e/2}$$

那么，有

$$k = (\ln n_1 - \tan n_2)/(\ln n_3 - \ln n_4)$$

定义

$$n = \tan(\chi/2) / \left[(1-e\sin\phi)/(1+e\sin\phi)\right]^{e/2}$$

那么，有

$$r = R\times\left(n_1 / k\right)\times\left(n / n_3\right)^k$$

例 11.3　两条标准纬线的兰勃特等角圆锥投影

一个椭球 $a = R = 6378206.400\ \mathrm{m}$ 或者 20925832.16 英尺(1 英尺=0.3048m)，$e = 0.08227185$ (称为克拉克 1866 椭球)。定义原点在 45°N，100°W，标准纬线是 40°N 和 50°N。定义 P 点在 47°N，95°W。

利用公式

$$k = \left(\ln n_1 - \ln n_2\right) / \left(\ln n_3 - \ln n_4\right)$$

$$r = R\times\left(n_1 / k\right)\times\left(n / n_3\right)^k$$

计算得到

$$n_1 = 0.64406800504$$

$$n_2 = 0.76711787277$$

$$n_3 = 0.36586487239$$

$$n_4 = 0.46834279637$$

$$n_P = 0.39586764826$$

$$n_O = 0.41620305983$$

从这些值，得到

$$k = 0.708020879$$

$$r_P = 20128131.243\ \text{英尺}$$

$$r_O = 20854828.952\ \text{英尺}$$

$$k(\lambda - \lambda_O) = 0.06178648\ \mathrm{rad}$$

定义图 11.12 中的原点坐标为(2000000,0)，使用英尺为单位。则

$$x_P = 3242855.245$$

$$y_P = 765105.750$$

除了这些基本的投影，在保留不同的角度、较小形状、面积和距离之间折中，还有很多不同的选择。读者可以查阅其他的书籍(延伸阅读)以获取详细信息。

小　　结

对映点：地球表面上与任何给定点直接相反的点。

等积投影：面积相等的投影，球面上的图形投影到平面后面积保持不变。

方位角投影：基于地球表面切平面的地图投影。

卡西尼投影：横轴圆柱等积投影。

中央子午线：被横轴圆柱投影所包围的经线。

保角投影：等角投影的另外一个名字。

圆锥投影：一种用圆锥面作为投影面，用圆锥包裹着地球且与地球表面相切或相割的圆锥体地图投影。

圆锥常量：圆锥投影中的比例系数确定纬线圈的圆的半径。

圆柱投影：基于圆柱包裹地球赤道的地图投影。

基本三角形：由趋于 0 的增量 $\delta\lambda$ 和 $\delta\phi$ 确定的球面小三角形。

等面积三角形投影：也称等效投影或等积投影。一个方向上缩短距离，另一个方向上以直角拉伸距离，以保持面积不变的投影。

等距投影：也称为等量投影，沿着两轴(通常是经线和纬线)保持正确的长度。

等值投影：等积投影的另外一个名字。

斜航线：也称为等角航线。方位不变的航线。

地图投影：将地球曲面上的位置特征投影到平地或平面上的方法。

墨卡托投影：等角圆柱投影。其特征是地图上的直线是方位不变的。

等角投影：也称为保角投影。保持点周围的短距离的比例，使得小区域的形状不变。在不同的点比例也可能不同。

等角航线：也称为斜航线。方位不变的航线。

简单圆柱投影：基于正确的南北和东西距离的投影。当靠近北极或南极的时候，导致了很大的变形。

标准纬线：圆锥切球体的纬线或者圆锥交球体(椭球)的两条纬线。

球面投影：等角方位投影。球面上的圆投影上也是圆。

横轴圆柱投影：基于圆柱包裹着经线的投影。

横轴墨卡托：基于圆柱包裹着经线的等角投影。经常用于地形测量。

UTM：通用横轴墨卡托投影。其基于一系列球体 6°带的中央子午线，扩展到 3°带的两边。

方位投影：基于其中一个极点的方位角投影。经线从中心成直线向外发散，纬线圈环绕中心。

第 12 章　基 础 统 计

12.1　概　　率

截至目前，至少在理论上已经有了确切的答案，即通过点和计算所得到的参数值(如 $\sin\theta$)，能实现曲线和曲面匹配，这对于应用是十分重要的。然而，在许多情况下，计算并不够精确。每次计算都会产生少量误差，这意味着必须寻求一种“最佳”的解决方案。

许多度量方法都是对没有精确答案的现象的度量，如对人们在选举前如何投票的偏好测度。需要一些评估测度的可靠性的方法，以及一些处理不一致性的方法。换言之，需要统计度量方法，其中统计量是随机变量的某种函数，可以用来作总体估计。其中，统计数据是一些随机变量。一个总体是一个完全单个的组件或事件，样本作为其中一部分(图12.1)。应该选用能够模拟整个总体的样本，否则，样本就会有偏差。

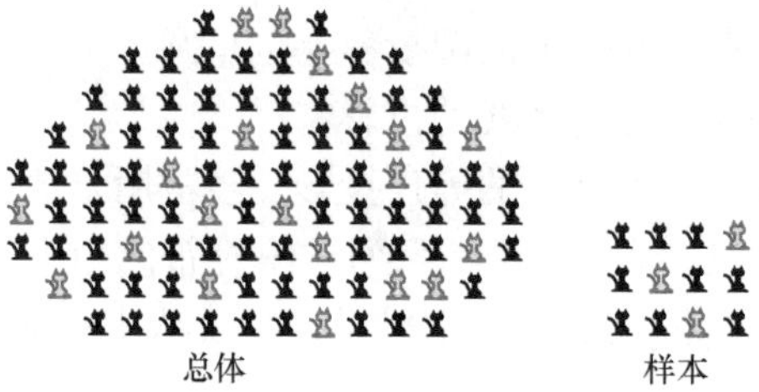

图 12.1　总体和样本

描述性统计是用多套数据以一种清晰、简洁的方法归纳一套已知的数据，而推论统计来源于理论和从随机样本的统计数据得出结论的实验。所有的过程都是启发式的，这意味着它们以经验和实验做指导而不是由有精确定义的公理的严格逻辑论证来指导。

“随机”意味着所考虑的项的测度值，除非根据可能发生的概率，否则是无法事先确定的，特别是根据以前已经出现的情况也不能做出确切决定时，这就是“随机”。因此，一个随机数是这样一个数，它不能从以前被选择的任何数中确定，不遵循任何特别的规律或重复的模式。例如，在一系列随机数中，每一个数字都有和其他数字一样的发生频率。如果不是这样，数据就会有偏差。

用随机变量描述的过程被称为随机，以可能性来描述，这是一种置信度的衡量方法，在任何事物中都有。例如，当掷一枚正常硬币时，有 50%的可能性正面朝上，50%的可能性背面朝上。

当在思考抛硬币时，可以用 $(ph+qt)$ 描述结果的可能性，其中，h 是一个虚拟词表示“正面”；t 是一个虚拟词表示“背面”；p 是事情将会发生；q 是不会发生。$q=1-p$ 是 100%确定的，无论它发生还是不发生。在抛正常硬币的情况下，$p=q=1/2=0.5$。

因此，扔一次硬币后，得到 $(0.5h+0.5t)=(h+t)/2$。如果再抛一次硬币，可以把概率相乘并得到

$$\left(\frac{h+t}{2}\right)\times\left(\frac{h+t}{2}\right)=\frac{h^2+2ht+t^2}{4}$$

说明有 4 种可能的结果(分母)，有 1 种是 2 次正面朝上$\left(h^2\right)$，2 种是 1 次正面 1 次反面或 1 次反面 1 次正面朝上$(2ht)$，1 种是 2 次反面朝上$\left(t^2\right)$，如果把这个过程重复第 3 次，得到

$$\left(\frac{h+t}{2}\right)^3=\frac{h^3+3h^2t+3ht^2+t^3}{8}=\frac{h^3t^0+3h^2t^1+3h^1t^2+h^0t^3}{8}$$

把$\frac{h^3t^0+3h^2t^1+3h^1t^2+h^0t^3}{8}$写作$(h^3t^0+3h^2t^1+3h^1t^2+h^0t^3)/8$，这告诉我们扔三次硬币后有 8 种可能的结果。8 种结果中有 1 种是 3 次正面$\left(h^3\right)$，0 次反面$\left(t^0\right)$，3 种是 2 次正面、1 次反面$\left(3\times h^2t^1\right)$，3 种是 1 次正面、2 次反面$\left(3\times h^1t^2\right)$，1 种是 3 次反面$\left(t^3\right)$，0 次正面$\left(h^0\right)$。

在表达式$(h^3t^0+3h^2t^1+3h^1t^2+h^0t^3)/8$中，$h^mt^n$的总系数是$(1+3+3+1)=8$，和分母相同。这表明所有可能性之和是$8/8$，这是一个精确的数字。在每次试验中，指数之和等于$m+n$，和实验的次数是一样的。此处，扔 3 次之后 m+n=3。

如果扔 4 次，则有

$$\left(\frac{h+t}{2}\right)^2=\left(h^4t^0+4h^3t^1+6h^2t^2+4h^1t^3+h^0t^4\right)/16$$

仍有$(1+4+6+4+1)/16=1$。h 和 t 的指数加起来等于 4。16 种结果中有 1 种是 4 次正面朝上，4 种是 3 次正面朝上，6 种是 2 次正面朝上，4 种是 1 次正面朝上，1 种是 0 次正面朝上。

$\left(\frac{h+t}{2}\right)^n$的展开式称为二项展开式(框注 12.1)，展开结果是$\left[h^nt^0+\mathrm{C}_n^1h^{(n-1)}t^1+\mathrm{C}_n^2h^{(n-2)}t^2+\cdots+\mathrm{C}_n^{n-1}h^1t^{(n-1)}+h^0t^n\right]/2^n$，此处$\mathrm{C}_n^r$是$\frac{n!}{(n-r)!r!}$的简写，$n!=1\times2\times3\times\cdots\times n$，例如，$\mathrm{C}_5^2=$ 5×4×3×2×1 / 3×2×1×2×1 =10。

框注 12.1　二项展开式

$$(p+q)^n=p^n+np^{(n-1)}q+\left[n(n-1)/2\right]p^{(n-2)}q^2+\cdots+\mathrm{C}_n^rp^{(n-r)}q^r+\cdots+npq^{(n-1)}+q^n$$

此处，有

$$\mathrm{C}_n^r=\frac{n!}{(n-r)!r!}$$

h 和 t 的指数的和或者 p 和 q 的指数的和等于 n，分子中系数的和除以分母等于 1。例如，如果 n=100，计算随机扔 100 次硬币，100 次正面朝上的可能性。概率是$1/2^{100}$，这几乎不可能，99 次正面朝上的可能性是$100/2^{100}$，98 次正面朝上的可能性是$4950/2^{100}$，$4950=\frac{100\times99}{1\times2}$。

在概率不是五五开的情况下，可以扩展二项展开式的应用。举一个例子，在所有其他条件都一样的情况下，星期三最有可能下雨的概率是 1/7。可能性是(p_w+q)，$p=1/7$，$q=6/7$，w 只是代表星期三。计算两个星期就有$(p_w+q)\times(p_w+q)$，三个星期就有$(p_w+q)^3$。因此，星期三在一个星期中最有可能下雨，并且计算三个星期，其概率为

$$\left[\frac{(w+6)}{7}\right]^3=\left(\frac{w^3}{343}+\frac{18w^2}{343}+\frac{108w}{343}+\frac{216}{343}\right)$$

这表示在 343 种可能性中只有 1 种可能性是三个星期中，每个星期三都下雨，18/343 的可能是下两次，108/343 的可能性是下一次，216/343 的可能性是一次也没下。

$(p+q)^n$ 展开式的各项系数在框注 12.2 中已经给出。例如，第二行(1 2 1)表示 $1\times p^2+2\times p^1q^1+1\times q^2$，第 5 行(1 5 10 10 5 1) 表示 $(p+q)^5=p^5+5p^4q^1+10p^3q^2+10p^2q^3+5p^1q^4+q^5$。

框注 12.2　二项式系数

n=	$(p+q)^n$ 中的指数 n
1	1 1
2	1 2 1
3	1 3 3 1
4	1 4 6 4 1
5	1 5 10 10 5 1
6	1 6 15 20 15 6 1
7	1 7 21 35 35 21 7 1
8	1 8 28 56 70 56 28 8 1
9	1 9 36 84 126 126 84 36 9 1
10	1 10 45 120 210 252 210 120 45 10 1
11	1 11 55 165 330 462 462 330 165 55 11 1
12	1 12 66 220 495 792 924 792 495 220 66 12 1
13	1 13 78 286 715 1287 1716 1716 1287 715 286 78 13 1
14	1 14 91 364 1001 2002 **3003 3432** 3003 2002 1001 364 91 14 1
15	1 15 105 455 1365 3003 5005 **6435** 6435 5005 3003 1365 455 105 15 1

这里有一个规律，下面一个数是它上面两个数之和。例如，第 15 行的第 8 个数是 6435=3003+3432，这是 14 行的第 7 个和第 8 个数。3003 是它上面两个数之和，即 1287+1716；同理 3432 是 1716+1716 之和；等等。框注 12.2 中的三角数组称为帕斯卡三角，以 17 世纪法国数学家 Blaise Pascal 命名。

为了计算概率，假设 $p=q=1/2$，必须用第 15 行的数字除以 $2^{15}=32768$，所有概率之和为 1。因此，计算之后得到 0.00003，0.00047，0.0032，0.0139，0.0417，0.0916，0.1527，0.1964，还有 8 个数字反向重复，所有数字加起来等于 1。

12.2　集中趋势测量

在图 12.2 中，p 和 q 的 16 个各项系数已经用直方图来表示，用一系列连续的成比例的矩形表示频数，面积表示频率，也用连续的曲线来表示频率。在第 15 行中，0 次或 15 次正面朝上概率都是 1/32768，大约 0.00003。这意味着，如果进行 32768 次实验，将一枚硬币抛 15 次，那么可能会预期平均出现 15 次连续正面朝上的情况，但这种情况可能出现 1 次，也可能出现几次，没有什么是确定的。能期望的是，每组试验进行 32768 次，进行很多组这样的试验，平均每组试验出现 1 次连续 15 次正面朝上的情况。

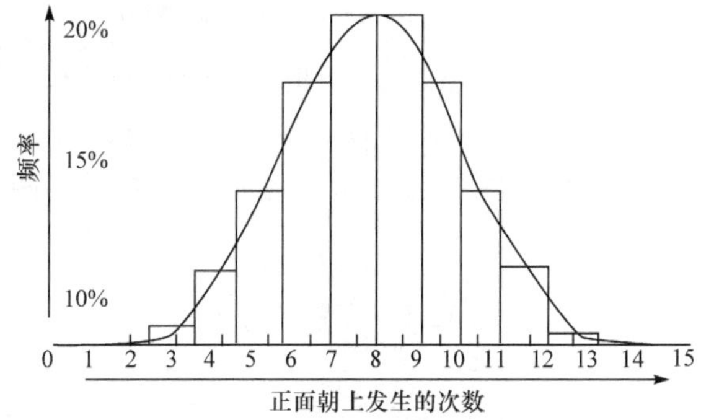

图 12.2　扔 15 次硬币的概率统计

在图 12.2 中，曲线下方的面积几乎都位于 3～12，曲线下方的面积由所有的概率组成，其和必须等于 1 或 100%。用原始的各项系数除以 2^{15}。图 12.2 中矩形的面积占整个面积是成比例的，用图形表示底部的数字发生的概率。这些矩形的面积(曲线下方的面积)之和必须等于 1。

另外，中值或平均值是 7.5。在实验中不会出现 7.5 次正面朝上，因此指定一次实验正面或反面朝上的结果都是 50%。但是，通过投掷 15 次硬币的一系列实验，可能期望在 7.5 种情况下会有 8 次或更多正面朝上，也可能期望在 7.5 种情况下会有 7 次或更少正面朝上。总而言之，一个发生的可能性为 p 的试验进行 n 次，它发生的平均次数是 np，在这里，$n=15$，$p=1/2$，所以 $np=7.5$。

对图 12.2 中曲线的形状做一个大概的描述，不仅需要知道平均值，也要知道怎样展开或分散每个试验的值。有 3 个参数被用来描述中心点——平均值、中位数、常数。平均值是 n 次观测值 x_i 的平均值，计算式为 $\sum x_i/n$，意思是“所有值之和除以 n”，中位数是中间那个数，常数是出现频率最高的数。

例如，有两组数 A(1,5,24)和 B(1,2,2,2,8,12,15,22)，它们的中位数都是 5，但是 B 组中的数据是一个整体，5 是 2 和 8 的平均值。B 组的常数是 2，平均值是 8。对数据集 A，平均值是 10。如果数据的分布是关于中间对称的，那么平均值、中位数、常数应该是一致的。

平均值或均值由 $\sum x_i/n$ 计算而来，在此，假设 x 中的每个值都与其他值相似。在实践中可能并非如此，有的值可能出现异常而其他的值是正常的。因此要引入一个权重因素 w_i 来考虑这种情况，例如，一个观测值的可信度是另一个的两倍。权重是每个观测值重要性的相对值。考虑权重的值是 $\sum w_i x_i/\sum w_i$。

如果 x 是理论上无限大的随机变量总体的一部分，其加权平均值称为期望值(E)。如果一个随机变量 X 取值 x_i 的概率为 p_i，那么 $E(X)=\sum p_i x_i/\sum p_i=\sum p_i x_i$，所有概率之和等于 1，也即 $\sum p_i=1$，因此，$w_i/\sum w_i=p_i$。$E(x)$称为集合 X 的第一矩阵。

截至目前，除非特别声明，本书对所有观测值都赋予相同的权重(见第 13 章例 13.3)。最常用的用来衡量一系列数据的分布和分散程度的参数是方差。方差被定义为每个观测值与平均值的差值的平方的平均总和。如果用 x_i 来表示观测值，用希腊字母μ来表示总体的平均值，则 $(x_i-\mu)$ 是 x_i 的残差。

对于 n 次观测，所有残差平方和的平均值等于 $\sum(x_i-\mu)^2/n$，Σ表示所有值的和，方差通常用σ^2表示，所以 $\sigma^2=\sum(x_i-\mu)^2/n$。

方差σ的平方根称为标准偏差，因此，$\sigma=\sqrt{\sum(x_i-\mu)^2/n}$。

当用标准偏差单位来度量，在 $z_i=(x_i-\mu)/\sigma$ 时，任何观测值与平均值之间的差值大小称为 Z-score。平均值的 Z-score $=0$，方差和标准差的 Z-score $=1$。

在框注 12.3 中总结了给定数据集的统计方法，在例 12.1 中给了两个简单的例子和两个衡量方法，即平均值和标准差。

框注 12.3　方差和标准差

对相等权重的 n 个数 $x_1,x_2,\cdots,x_i,\cdots,x_n$ 的任何集合，均值为 $(x_1+x_2+\cdots+x_i+\cdots x_n)/n=\sum x_i/n=\mu$。

方差为 $\sigma^2=\sum(x_i-\mu)^2/n$。

标准差为 $\sigma=\sqrt{\sum(x_i-\mu)^2/n}$。

对每个值 x_i，Z 值为 $z_i=(x_i-\mu)/\sigma$。

例 12.1　方差示例

考虑两组，每组 10 人，身高以米为单位。A 组身高为：1.66，1.66，1.67，1.69，1.70，1.71，1.71，1.72，1.73，1.75。B 组身高为：1.46，1.52，1.58，1.60，1.68，1.74，1.78，1.84，1.89，1.91。

身高的平均值都是 1.70，残差是 A 组：−0.04，−0.04，−0.03，−0.01，0，0.01，0.01，0.02，0.03，0.05；B 组：−0.24，−0.18，−0.12，−0.10，−0.02，0.04，0.08，0.14，0.19，0.21。

A 组方差为 0.00082，标准差约为 0.03。B 组方差为 0.02226，标准差约为 0.15。

如框注 12.4 所述，平均来讲，当进行 n 次实验，成功的概率为 p 时，应该有 A=np 次成功。换句话说，正如例 12.2，平均值 $\mu=np$，这表明了一个常识，即如果一个事件成功的概率为 p，试验 n 次，可能会有 np 次成功。标准偏差可能不是那么明显，如框注 12.5，在 $q=1-p$ 处，标准偏差为 $\sqrt{npq}$。

框注 12.4　二项展开式的结果

在框注 12.1 中，引入二项展开式的广义形式：

$$(q+p)^n=\left(q^n p^0+\mathrm{C}_n^1 q^{(n-1)} p^1+\cdots+\mathrm{C}_n^r q^{(n-r)} p^r+\cdots+q^0 p^n\right)$$

在此 $(p+q=1)$，p 是事件发生的概率；q 是不发生的概率。$p^0=q^0=1$，$p^1=p$，$q^1=q$。在 $(p+q)^n$ 展开式中，定义 $\mathrm{C}_n^r=n!/[r!(n-r)!]$，$r$ 是 0 到 n 之间的整数。接下来，有

$$C_{n-1}^{r-1}=\frac{(n-1)!}{[(n-1)-(r-1)]!(r-1)!}=\frac{(n-1)!}{[(n-1)-(r-1)]!(r-1)!}\times\frac{n\times r}{n\times r}=\frac{n!}{n}\times\frac{r}{(n-r)!r!}=(r/n)C_n^r$$

因此，$C_{n-1}^{r-1}=(r/n)C_n^r$。

平均来看，全部失败的概率是 $q^n p^0$，成功一次的概率是 $C_n^1 q^{(n-1)}p^1$，成功 r 次的概率是 $C_n^r q^{(n-r)}p^r$。

如果经过 n 次试验后成功的期望值为 A，那么，有

$A=q^n\times0+C_n^1 q^{(n-1)}p\times1+\cdots+C_n^r q^{(n-r)}p^r\times r+\cdots+C_n^n p^n\times n$，$0,1,2,3,\cdots,r,\cdots,n$ 代表可能的结果。可以把它写为

$$A=q^n\times0+C_n^1 q^{(n-1)}p^0\times(np/n)+\cdots+C_n^r q^{(n-r)}p^{(r-1)}\times(npr/n)+\cdots+C_n^n p^{(n-1)}\times(np)$$

因此，有

$$A=C_n^1 q^{(n-1)}p^0\times(np/n)+\cdots+C_n^r q^{(n-r)}p^{(r-1)}\times(npr/n)+\cdots+C_n^n p^{(n-1)}\times(np)$$

由于 $C_n^1=n$，$C_n^n=1$，从而得到

$$A=(np)\times[q^{(n-1)}p^0+\cdots+C_n^n q^{(n-r)}p^{(r-1)}\times(r/n)+\cdots+p^{(n-1)}]$$

而且 $C_n^r=(n/r)C_{n-1}^{r-1}$；因此可得

$$A=np[q^{(n-1)}+C_{n-1}^1 q^{(n-2)}p+\cdots+C_r^{n-1} q^{(n-1-r)}p^r+\cdots+p^{(n-1)}]=np(q+p)^{(n-1)}$$

既然 $(q+p)=1$，则有

$$A=np[q^{(n-1)}+C_{n-1}^1 q^{(n-2)}p+\cdots+C_r^{n-1} q^{(n-1-r)}p^r+\cdots+p^{(n-1)}]=np(q+p)^{(n-1)}=np$$

所以，平均来讲，将有 $A=np$ 次成功结果，或二项式分布的平均值等于 np。

例 12.2　二项分布下的平均结果

框注 12.4 表明，结果概率为 p 的 n 次观测数据集的均值为 np，例如，扔 20 次硬币，概率 p 为 1/2 时，硬币正面朝上的期望值为 20×1/2=10。再如，如果星期三降雨概率 p 为 1/7，就意味着超过 14 个星期以来，星期三最有可能下雨的天数(期望值)为 14×(1/7)=2。

框注 12.5　二项式分布——变量和标准偏差

给定一个 np 均值，则原始二项式方程表示了事件发生 $(np-1),(np-2),(np-3),\cdots,(np-r),\cdots,(np-n)$ 时刻的概率。成员为正或为负，取决于事件少于或多于平均数。变量 σ^2 等于这些变异的平方和，即相对频率与均值的乘积，或者有

$$\sigma^2=q^np^0(np-0)^2+C_n^1 q^{n-1}p^1(np-1)^2+\cdots+C_n^r q^{(n-r)}p^r(np-r)^2+\cdots+p^n(np-n)^2$$

其中，$C_n^r q^{(n-r)}p^r$ 为 $(np-r)$ 的相对频率。

可以扩展到线 $L+M+N$。

$$L=n^2p^2(q^np^0+C_n^1 q^{n-1}p^1+C_n^2 q^{n-2}p^2+\cdots+C_n^r q^{n-r}p^r+\cdots+p^n)$$

$$M=-2np(q^np^0\times0+C_n^1 q^{n-1}p^1\times1+C_n^2 q^{n-2}p^2\times2+\cdots+C_n^r q^{n-r}p^r\times r+\cdots+p^n\times n)$$

$$N=(q^n p^0 \times 0 + C_n^1 q^{n-1} p^1 \times 1^2 + C_n^2 q^{n-2} p^2 \times 2^2 + \cdots + C_n^r q^{n-r} p^r \times r^2 + \cdots + p^n \times n^2)$$

对于第一条线 L，

$$n^2p^2(q^n p^0 + C_n^1 q^{n-1} p^1 + C_n^2 q^{n-2} p^2 + \cdots + C_n^r q^{n-r} p^r + \cdots + p^n) = n^2p^2(q+p)^n$$

因为 $q+p=1$，所以第一条线 $L=n^2p^2$。

通过扩展和重新排列第二条 M 和第三条线 N，可以得到

$$M=-2n^2p^2$$

$$N=np+n(n-1)p^2$$

因此，

$$L+M+N=\sigma^2=n^2p^2-2n^2p^2+np+n(n-1)p^2=np-np^2=np(1-p)=npq$$

这里，$\sigma^2=npq$，表示概率中的变量，标准偏差为 $\sigma=\sqrt{npq}$。

总结一下，即在一组概率下，$\mu=np$，$\sigma=\sqrt{npq}$。

在框注 12.5 中，如果假设数据符合二项分布，无论它代表什么，都可以算出它的平均值、方差和标准差。然而，通常情况下，只是把数加起来求它们的平均值，与均值相差的平方和除以 n 得到方差，开方得到标准差。

标准差越小，观测值与平均值靠得越近，平均值就越能代表估计值。方差和标准差有时候用来表示集中趋势。

二项式函数对有准确概率的事件可以算出其概率，给一些基本的假设，如两次中有一次正面朝上、七天中星期三更有可能下雨的概率。当数据量很大或要求得到精确的结果时，二项式函数很难处理这些问题。当有更多不确定性时，就需要一些稍微不同的方法。

12.3 正态分布

图 12.2 中的曲线由连接包含中间点的各个离散点绘制而成。如果观测值能够取任何值，曲线下的面积仍然为 1，那么需要一个比二项式分布更加复杂的函数。

很多统计分析的基本假设是中心极限定理，如果一个独立同分布的随机变量序列都有一个有限的方差，那么随着观测值的增加，它们倾向于正态分布。

在图 12.2 中，用一系列的矩形来表示事件的概率和比例，如 1、2、3 等。这些矩形的宽度等于 1 个单位，高度服从二项分布。当所有的可能性都考虑到时，矩形的总面积等于 1。

在框注 12.6 中，将范围扩展到 n，理论上这个数是无限的，这样图 12.2 和 12.3 中的曲线就变得光滑。这个曲线称为正态曲线。

框注 12.6　正态分布曲线

考虑图 12.3 中 n 个事件的各种结果所占的比例，每个比例的代表都被 w 分开。令矩形的高为 y_r，那么矩形的面积为 $r=w\times y_r$，这代表事件发生的概率。根据二项式方程，一个事件在点 r 处的频率为 $C_n^r p^r q^{n-r}$。为了确保所有的概率之和为 1，必须放大所有的 y 值。因此，令 $y_r=K\times C_n^r p^r q^{n-r}$，$K$ 是一些合适的比例因子。

如框注 12.4 和 12.5 所示，平均值等于 $n\times pw$，方差 $\sigma^2 = n\times pw\times qw$。令 x_r 等于平均值到矩形的距离，$r=(r-np)w$。当 n 变大时，矩形的宽变窄；当 n 趋于无限时，w 变为 0，得到一条光滑曲线。误差的概率 $x_r+\delta x_r$ 是

$$y_r+\delta y_r=K\times \mathrm{C}_n^{r+1} q^{n-r-1}p^{r+1}$$

因此，$\delta y_r=K\times(\mathrm{C}_n^{r+1} q^{n-r-1}p^{r+1}-\mathrm{C}_n^{r} q^{n-r}p^{r})=K\times(q^{n-r-1}p^{r})(p\times \mathrm{C}_n^{r+1}-q\times \mathrm{C}_n^{r})$

因为有

$$\mathrm{C}_n^{r+1}=\frac{n!}{(n-r-1)!(r+1)!}=\frac{(n-r)}{(r+1)}\mathrm{C}_n^{r}$$

那么有

$$\delta y_r = K\left(\mathrm{C}_n^r\right)\left(q^{n-r}p^r\right)\left(q^{-1}\right)\left\{\left[(n-r)(p-q)\right]/(r+1)\right\}=\left(y_r\right)\left[(np-r)/q(r+1)\right]$$

或者有

$$\delta y_r / y_r = (np-r)/\left[q(r+1)\right]=(np-r)w/\left[q(r+1)w\right]$$

基于带宽 w，既然 $(r-np)w=x_r$，R 表示 $(npw+x_r)$，因此，$(np-r)w=-x_r$，而 $(r+1)w=npw+x_r+w$。

所以有

$$\delta y_r / y_r = -x_r / q(npw+x_r+w)$$

分子、分母同时乘以 w，得到

$$\delta y_r / y_r = -x_r w/\left[npqw+qw(x_r+w)\right]=-x_r w/\left[\sigma^2+q(x_r+w)w\right]$$

由于带宽越来越小，令 w 等于 δx_r，有

$$\delta y_r / y_r = -x_r\delta x_r/\left[\sigma^2+q(x_r+\delta x_r)\delta x_r\right]$$

$$\delta y_r / x_r = -y_r x_r/\left[\sigma^2+q(x_r+\delta x_r)\delta x_r\right]$$

在限制范围内增加 n，减小 $w(=\delta_x)$，那么 $q(x_r+\delta x_r)\delta x_r$ 趋于 0，所以有

$$\mathrm{d}y/\mathrm{d}x=-xy/\sigma^2$$

$$y=\int\left(-xy/\sigma^2\right)\mathrm{d}x$$

或 $\int 1/y\mathrm{d}y=\int\left(-x/\sigma^2\right)\mathrm{d}x$ 或 $\ln y=-x^2/2\sigma^2+c$

其中，c 为积分常数。

如果以平均值 μ 来测量 x，可以将其重新整理为

$$y=k\mathrm{e}^{-\left[(x-\mu)^2/2\sigma^2\right]}$$

其中，k 为常量；μ 为平均值。曲线关于平均值"$x=\mu$"对称。

为了使曲线下方的面积统一，$\int_{-\infty}^{+\infty}\mathrm{e}^{-t^2}\mathrm{d}t$ 应该等于 $\sqrt{\pi}$（本书不对此加以说明），那么，有 $k=1/\left(\sigma\sqrt{2\pi}\right)$。曲线方程称为正态曲线，表达式为

$$y=1/\left[\sigma\sqrt{(2\pi)}\right]\mathrm{e}^{-\left[(x-\mu)^2/2\sigma^2\right]}$$

图 12.3 显示 n 次事件的概率服从正态分布，图 12.4 显示在 1 倍、2 倍、3 倍标准差的比例分布、标准差和平均值。

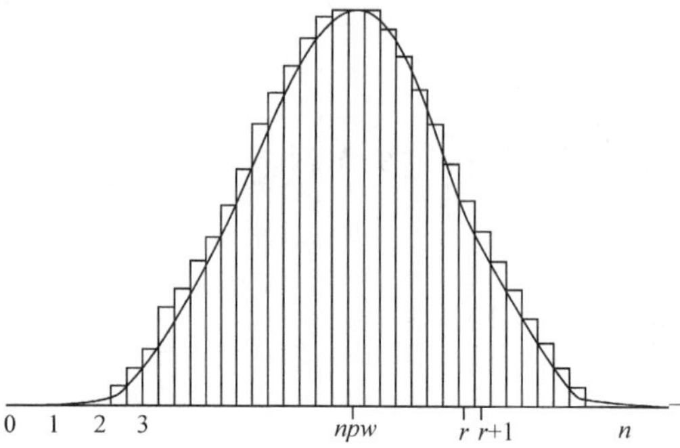

图 12.3　n 件事的概率

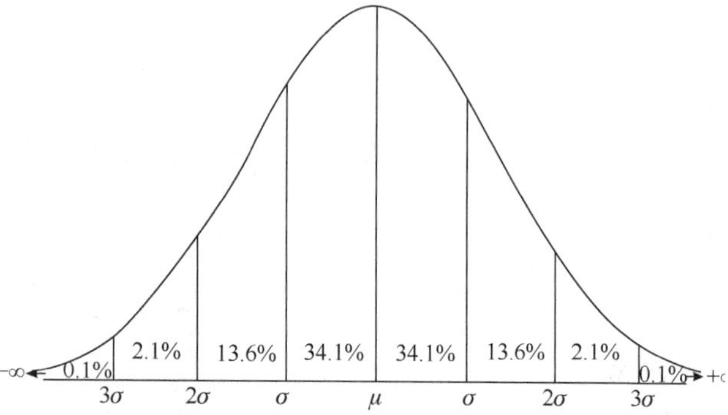

图 12.4　离均值 1 倍、2 倍、3 倍标准差的比例分布

或者应用 z 统计：$y=\dfrac{1}{\sigma\sqrt{2\pi}}\mathrm{e}^{-\left(z^2/2\right)}$。

从框注 12.6 中得到：①图 12.3 和图 12.4 中曲线下的面积之和等于 1；②曲线关于 $x=\mu$ 对称；③ 在平均值两侧，曲线无限延伸，实际中，超过 99%的观测值位于平均值两侧三个标准差的范围内。

如果取平均值等于 0，即 $\mu=0$，那么，有

$$y=k\mathrm{e}^{-\left\{x^2/2\sigma^2\right\}},\ k=1/\left(\sigma\sqrt{2\pi}\right)$$

关于 $x=0$ 对称。曲线下的面积等于 1，方差等于 σ^2。如果假设 x 是观测误差的测度，那么 $x=0$ 和 $x=r$ 之间曲线的面积表示误差的最大概率等于或少于 r，用公式 $\left[1/\left(\sigma\sqrt{2\pi}\right)\right]\int_0^r \mathrm{e}^{-\left(x^2/2\sigma^2\right)}\mathrm{d}x$ 计算。

事实上，运用基本的方法计算出这些参数并不是一件容易的事。应用各种数值方法，计算出结果，在统计表中就可以查到。残差大小与标准偏差之间的比率在表 12.1 中说明，其中 r/σ 的值对应于图 12.3 中曲线下方的面积，图 12.4 则是结果的总结。

表 12.1　正态曲线下的部分面积比

$Z=(x-\mu)/\sigma$	+0.0	0.2	0.4	0.6	0.8
0.0	0%	7.93%	15.54%	22.57%	28.81%
1.0	34.13%	38.49%	41.92%	44.52%	46.41%
2.0	47.72%	48.61%	49.18%	49.53%	49.74%
3.0	49.87%	49.93%	49.97%	49.98%	49.99%

12.4　显著性水平

正态分布表明，几乎所有的观测值都位于平均值两侧三倍标准差的范围内。例如，如果进行一系列的测量，很容易就算出这些测量值的均值和标准差。如果想要得到精确的值，那么每次测量时都必须做出一些小小的改变。任何超出距平均值三倍标准差范围的观测值都应

该检验，最好舍去。

表 12.1 表明，用σ作为单位来衡量观测值与平均值的差距，如果测量误差是随机的，有 99.74%的可能性观测值位于$-3 < r/\sigma < +3$的范围内。因此，对于一个观测值$r/\sigma = 4$，那个这个观测值就超出了可能的取值范围。这表明，在实际情况下，很有可能存在严重错误，观测值不在取值范围内。例 12.3 展示了一系列的数据，其中有一个数据可能在也可能不在范围内。

例 12.3　误差检测

有 10 个角度的观测值，分别是 28°33′加 24.8″、23.9″、25.8″、32.2″、25.0″、24.5″、24.2″、23.7″、24.1″、23.8″。平均值是 28°33′25.2″。残差是 0.4、1.3、−0.6、−7、0、0.2、0.7、1.0、1.5、1.1、1.4。残差平方和是 58.16，所以$\sigma = \sqrt{\sum (x_i - \mu)^2 / n} = 2.4$。

如果以离平均值三倍的标准差为限设定阈值(在此为 3×2.4=7.2)，那么所有的观测值都在此范围内。

如果以两倍的标准差为限，那么观测值 32.2″ 将被舍弃，平均值为 28°33′24.4″，标准差为 0.6″。

在进行任何统计分析之前，需要创建 null 假设。假设本质上是推测或未被证明的理论。假设是指在任何制定的测量之间都没有明显的不同，除非能从反面进行证明。统计测试的目的是证明某事件与期望值的重要差异。统计不能证明某事件为真(true)，但可以说明事件与期望值差异的概率。那么，关键问题就转换为如何定义 null 假设，以及如何判断事件差异。

如果观测值 x 使得$(x-\mu)/\sigma$大于 3，则很可能存在错误，该值应该舍弃，因为出现这种情况的可能性很小。由于正态曲线沿坐标轴延伸到无穷远处，这是一个随机事件的概率非常小。如果假设某个事件非常罕见，以至于它不属于所考虑的总体，并且舍弃了真正应该包括在内的观测值，此时即发生类型Ⅰ错误；然而，如果包含一个应该被舍弃的观测值，则情况正好相反，此时即发生类型Ⅱ错误。

Ⅰ型错误可以通过增加阈值(即显著性水平)来减少发生的可能性，但这样会增加Ⅱ型错误发生的可能性。事实上，通常把显著性水平设置为 95%(大约相当于$r/\sigma \approx 2$)，或者 99%($r/\sigma \approx 3$)。

数据集 A 是一个特定现象的样本数据集，有潜在的无限可能的观测值。数据集 A 的平均值和方差为 x 和S_A^2。实践中，在无穷级数里，任何一组小样本的平均值和方差都有微小的差别。

假设在数据集 A 中有 n 个观测值，分别是 $x_1,x_2,x_3,\cdots,x_n$，平均值为$\overline{x}$。数据集 A 的方差为

$$S_A^2 = (1/n)\sum (x_i - \overline{x})^2 = (1/n)\sum \left(x_i^2 - 2\overline{x}x_i + \overline{x}^2\right) = (1/n)\sum x_i^2 - (2\overline{x}/n)\sum x_i + (n/n)\overline{x}^2$$

既然$(1/n)\sum x_i = \overline{x}$，那么，有$S_A^2 = (1/n)\sum x_i^2 - \overline{x}^2$。

如果总体方差为σ^2，平均值为μ，期望：

$$\sigma^2 = (1/n)\sum (x_i - \mu)^2 = (1/n)\sum x_i^2 - (2\mu/n)\sum x_i + \mu^2 = (1/n)\sum x_i^2 - 2\mu\overline{x} + \mu^2$$

与S_A^2相减，得到$\sigma^2 - S_A^2 = (\overline{x} - \mu)^2$。

所以，样本方差小于总体方差。总体和样本的平均值也不相同。那么问题来了，$\overline{x}$作为总体均值μ的估计值，可信度有多少呢？

若有 N 个数据集 $A,B,C,\cdots$，每个数据集大小为n_A，其平均值$\overline{x}_A,\overline{x}_B,\overline{x}_C,\cdots$构成数值集，这些数值的平均值应该接近总体的均值$\mu$，这 N 个数据集的方差估计为

$$S^2 = \left(S_A^2 + S_B^2 + \cdots\right)/N = \sigma^2/N,$$

所以，$S=\sigma/\sqrt{N}$ 表明样本均值 $\overline{x}$ 来源于采集的众多样本的广泛分布的一部分。这些大量分布的样本有着与总体相同的均值 (μ) 和标准差 $\sigma/\left(\sqrt{N}\right)$。$\sigma$ 为总体标准差；n 为采集的样本总数。换句话说，数量为 n_A 的样本 A 的均值的估计标准差是样本本身标准差的 $\left(1/\sqrt{n_A}\right)$ 倍。

已知 $\sigma^2-S_A^2=(\overline{x}-\mu)^2$，$\sigma^2$ 和 μ 与总体相关，S_A^2 和 $\overline{x}$ 与样本相关。n 个样本上 $(\overline{x}-\mu)^2$ 的平均值是 σ^2/n，所以对于任何整体样本，$\sigma^2-S^2=\sigma^2/n$ 或者 $S^2=(n-1)\sigma^2/n$。因此，如果有一个标准差为 S_A 的样本，对总体标准差的更佳估计是 $S=S_A\sqrt{\dfrac{n}{n-1}}$。

框注 12.7 总结了这些关系。

框注 12.7　平均值、方差、标准差

对于任意 n 个数据 $x_1,x_2,\cdots,x_i,\cdots,x_n$ 构成的样本集，都取自于方差为 σ^2、标准差为 σ、均值为 μ 的巨大总体。

样本平均值为

$$(x_1+x_2+\cdots+x_i+\cdots+x_n)/n=\sum x_i/n=\overline{x}$$

样本方差为

$$S^2=\sum(x_i-\overline{x})^2/n=(1/n)\sum x_i^2-\overline{x}^2=\sigma^2\times(n-1)/n$$

其中，σ^2 是总体的估计值。

样本的标准差为

$$A=S_A=\sqrt{\frac{\sum(x_i-\overline{x})^2}{n}}$$

A 可以更好地估计总体的标准差：

$$S=S_A\sqrt{\frac{n}{(n-1)}}$$

平均值的标准差为

$$\overline{x}=\frac{\sigma}{\sqrt{n}}=\frac{S}{\sqrt{n-1}}$$

令 $\sigma^2=[1/(n-1)]\sum(x_i-\overline{x})^2$ [不是 $\sigma^2=(1/n)\sum(x_i-\overline{x})^2$]，称为总体方差的无偏估计，当 n 很大时，两者差别并不大。该估计是基于自由度为 $n-1$ 的情况，该术语指的是完整描述系统状态所需要的最小数量的参数。在统计中，自由度的数目等于构成特定统计的随机变量的数目。因此，若有 10 个观测值的平均值，平均值固定，选中其中 9 个观测值，那么第 10 个观测值将确定。这个自由度即为 9。

12.5　t-检验

正态曲线是以无限总体中随机抽取的样本为基础推导而来，实际中，正态曲线同样适用，只要样本的数量足够大。如果不是这样，正态分布就必须修改，但是仍然可以以标准差为单位，计算出 $z=(x-\overline{x})/\sigma$。$(x-\overline{x})$ 是观测值和平均值之差，除以 σ 意味着以 σ 为单位来衡量两者的差异。

英国数学家 William Gosset，以“student”为笔名研究了一种方法，服从正态分布，未知观测值的一组样本与总体是否有一样的平均值。这个统计方法被称为 *t*-检验，这个检验称为“Student's test”(框注 12.8)。

框注 12.8　*t*-检验

1. 检验两个数据集平均值差异的显著性。
2. 假设总体是正态分布，样本是随机的。
3. 形式为 $t=\left[(\overline{x}-\mu)\sqrt{n}\right]/S$。以平均值的标准差为单位衡量 $\overline{x}-\mu$，以此衡量平均值的差异。
4. 显著性水平和概率可以从专门的表中查找到。

$t=(\overline{x}-\mu)/(S/\sqrt{n})=\left[(\overline{x}-\mu)\sqrt{n}\right]/S$，其中，$n$ 是样本的数量；$\overline{x}$ 是样本的平均值；S 是标准差($S/\sqrt{n}$ 是均值的标准差)；μ 是总体估计的平均值。t 是衡量两组数据均值之差除以均值标准差的度量，是衡量两个数据集均值之间差异的度量，以它们均值的标准差为单位进行测量。

t-检验可以比较样本的均值和总体估计的均值。另外，它还可以用来检验两个样本的均值是否有显著差异。$\overline{x}$ 为一个样本的均值，而 μ 为另外样本的均值，S 和 n 可以取决于两个样本的集合，也可以取决于其中一个样本，这根据假设来决定。

t 的各个取值可以从统计表中找到。根据各种 n 值给出了概率(p)或显著性水平及 t 值，如例 12.4 所示。表 12.2 给出了一些示例值。

例 12.4　运用 *t*-检验

在例 12.1，A、B 两组各有 10 人，他们的身高已测，平均值均为 1.70，但他们的标准差为(A)0.03 和(B)0.15。那么两个总体与平均值均为 1.70 的总体差异显著吗?

$$\overline{x}=1.70,\ \mu=1.75,\ n=10,\ \sqrt{n}=3.16$$

对 A 组，有

$$t=\frac{(\overline{x}-\mu)\sqrt{n}}{S}=\frac{0.158}{0.03}=5.27$$

对 B 组，有

$$t=\frac{(\overline{x}-\mu)\sqrt{n}}{S}=\frac{0.158}{0.15}=1.05$$

自由度为 9，A 组显著性水平小于 1%。所以这种情况发生的概率为 1%(见表 12.2)。

B 组的结果略超过 30%，结果并不显著。因此，A 组看上去是一个特例，B 组则是正常的。

表 12.2　值为 *t* 的显著性水平(*p*)(自由度为 9)

p	0.9	0.8	0.7	0.6	0.5	0.4	0.3	0.2	0.1	0.05	0.01
t	0.13	0.26	0.40	0.54	0.70	0.88	1.10	1.38	1.83	2.26	3.25

12.6　方 差 分 析

t-检验用来比较样本均值，*F*-检验(框注 12.9)可以用来比较两个样本的方差，$F = S_1^2 / S_2^2$。*F* 是样本 1 和 2 的方差之比。对于来自同一总体的数据量很大的两个数据集，*F* 趋近于 1。通常把方差较大的设为数据集 1，方差较小的设为数据集 2。例 12.1 中，数据集 *A* 的标准差为 0.03，*B* 的标准差为 0.15。从表中可以看到，本例中的两个数据集均值相等，对数据集 *B* 而言，可以很好地处于较小的标准差范围内。反之则不成立。

对于数据量较小的数据集，*F*的意义取决于*A*、*B*自由度的大小，如$n_A - 1$和$n_B - 1$，还取决于观察其中某一个数据集中是否存在方差，例如，*A*大于*B*，或者无论*A* 是大于还是小于*B*，都需要查看它们是否存在差异显著的概率值。

如果差异程度仅与一个方向相关，则称该检验为单尾检验；如果无论一个样本是否大于或小于另一个样本，绝对差异都很重要，则该检验是双尾检验。

框注 12.9　*F*-检验

1. 应用于样本方差。
2. 假设样本 *A*、*B* 服从正态分布。
3. 假设 *A* 的方差 S_A^2，*B* 的方差 S_B^2 是总体方差 σ^2 的独立估计，并且 $S_A^2 > S_B^2$。
4. 形式为 $F = S_1^2 / S_2^2$。
5. 如果 *A*、*B* 的数量分别为 n_A、n_B，那么自由度为 $n_A - 1$、$n_B - 1$。

F 分布是检验的具体应用，称为方差分析。

实际上，重要性在于显著性水平设置为多少及差异只是影响处于可接受范围周围的观测值。粗略地讲，如果 95%的观测值都在容限之内，那么对于单尾检验，超出容限的 5%都出现在图 12.5 左侧钟形概率曲线的一端。对于双尾检验(右边，钟形曲线)，两个黑色区域各占曲线下方面积的 2.5%。

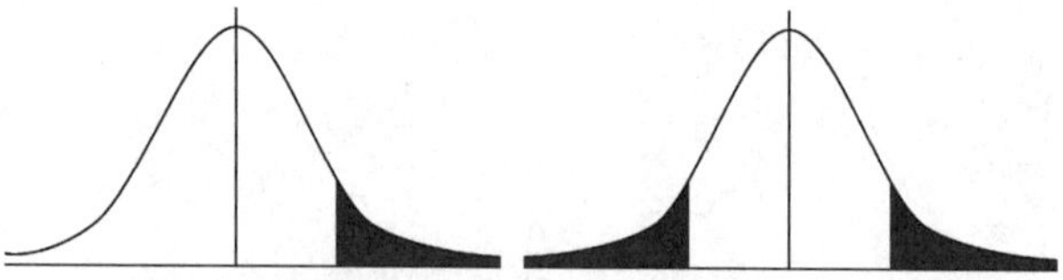

图 12.5　单边和双边检验

比较方差的思想引起了一系列检验的产生，称为方差分析(analysis of variance,ANOVA)。如果得到一系列的观测值(如撒不同类型肥料的作物的收益率)，如果收益率没有显著的差别，那么就认为样本的方差是一样的。然而，如果一种肥料产生了很大的收益率，那么这种样本就有很大的意义。均值的差异可以用 *t*-检验来检验，而方差分析可以帮助分析那些样本均值不明显的因素。可能存在各种变量，方差分析可以帮助分析出重要的那些因素。

例如，对于 r 个不同样本，如果有 c 种不同的实验结果得以记录(表 12.3)，那么就可以用 $n = r \times c$ 表达这些不同实验结果，总体均值 $\bar{x}$ 和标准偏差可以针对不同的实验计算得到。把这些计算结果放在一个 r 行、c 列的表格中排列，并标注矩阵中的每个观测值 x_{ij}。

表 12.3　数据分成行和列

	Col1	Col2		Col j		Col c	$\sum$ = RowSum	Number in Row	Sum of Squares
Row 1	x_{11}	x_{12}	…	x_{1j}	…	x_{1c}	T_{r1}	n_{r1}	SS_{r1}
Row 2	x_{21}	x_{22}	…	x_{2j}	…	x_{2c}	T_{r2}	n_{r2}	SS_{r2}
Row 3	x_{31}	x_{32}	…	x_{3j}	…	x_{3c}	T_{r3}	n_{r3}	SS_{r3}
…	…	…	…	…	…	…	…	…	…
Row i	x_{i1}	x_{i2}	…	x_{ij}	…	x_{ic}	T_{ri}	n_{ri}	SS_{ri}
…	…	…	…	…	…	…	…	…	…
Row r	x_{r1}	x_{r2}	…	x_{rj}	…	x_{rc}	T_{rr}	n_{rr}	SS_{rr}
Column Sum	T_{c1}	T_{c2}	…	T_{cj}	…	T_{cc}	$T = \sum x_{ij}$		
No.in Column	n_{c1}	n_{c2}	…	n_{cj}	…	N_{cc}		n	
Sum of Squares	SS_{c1}	SS_{c2}	…	SS_{cj}	…	SS_{cc}			

来自平均值的残差的平方和为

$$\sum\left(x_{ij} - \bar{x}\right)^2 = \sum\left(x_{ij}^2 - 2\bar{x}x_{ij} + \bar{x}^2\right) = \sum x_{ij}^2 - 2\bar{x}\sum x_{ij} + n\bar{x}^2$$

既然 $\bar{x} = \left(\sum x_{ij}\right)/n$，那么残差的平方和等于 $\sum x_{ij}^2 - \left(\sum x_{ij}\right)^2/n$，有时称为变量，是方差的 n 倍。

样本变量：$\sum x^2 - \left(\sum x^2\right)/n$。

样本方差：$\left(\sum x^2\right)/n - \left[\left(\sum x\right)/n\right]^2$。

总体的方差的无偏估计：$\left(\sum x^2\right)/(n-1) - \sum x^2/\left[n(n-1)\right]$。

用这种方法计算变量和方差的原因是没有必要再单独计算各自的残差。可以用观测值的平方和减去和的平方再除以 n，而不必轮流用平均值计算每个残差的平方。通过变量可以用适当的自由度来计算方差和标准差。

参考表 12.3，可以计算整体的变差及残差的平方和 $\sum\left[x_{ij}^2 - \left(\sum x_{ij}\right)^2/n\right]$，$x_{ij}$ 为第 i 行第 j 列的观测值；n 为观测值的数量。如果所有数据填满矩阵，那么 $n = r \times c$，r 是行数；c 是列数。总体方差的无偏估计是

$$\sum\left(x_{ij}^2\right)/(n-1) - \left(\sum x_{ij}\right)^2/\left[n(n-1)\right]$$

每列之和 $j = T_{cj} = \sum x_{ij}$，i 取 1～n_{cj}；令每行之和 $i = T_{ri} = \sum x_{ij}$，j 取 1～n_{ri}。对于整个数据集，$\sum x_{ij} = T = \sum T_{ri} = \sum T_{cj}$，如果所有的数据都填满 $n_{ri} = c$，$n_{cj} = r$。

每列的平均值等于 T_{cj}/n_{cj}。如果假定每列都有平均值，把所有的列加起来就有总的变差等于 $\sum\left[n_{cj}\times\left(T_{cj}/n_{cj}\right)^2\right]-T^2/n=\sum\left(T_{cj}\right)^2/n_{cj}-T^2/n$，称为列之间的变差。如果假设所有元素都可以被观测到，那么可以将其写为 $\sum\left(T_{cj}\right)^2/r-T^2/n$，如果将其除以自由度数($c$–1)，即得到总体方差的估计。同样，行之间的方差等于 $\sum\left(T_{ri}\right)^2/c-T^2/n$。这些方差称为组间变异性或解释方差。

假设所有的元素都考虑到，仅仅考虑 j 列，其总体方差的无偏估计为 $SS_{cj}/(n-1)-\left(T_{cj}\right)^2/\left[r(r-1)\right]$，称为 V_{cj}。

所有 c 列的无偏估计是每列权重之和，权重取决于每列的自由度，结果称为 V_c。由于每列有 r 项，每一列的自由度为 $r-1$，权重之和为 $c\times r-1$，$V_c=\left[\sum V_{cj}\times(r-1)\right]/(n-c)=\left[\sum SS_{cj}-\sum\left(T_{cj}\right)^2/r\right]/(n-c)$，称为列的总方差，也称无释方差或组内方差。它是自由度为 $n-c$ 的总体方差估计，取决于检验假设条件，也可以用于跨行而不是跨列估计。

为了确定是否存在显著差异，可以应用 F-检验。分析方差的文字表达形式是：F=(样本间估计方差/样本内估计方差)，或者 F=(可释方差)/(不可释方差)。

可以用合适的自由度在统计表中检查 F 的值。

同样的计算可以参照行而不是列，计算结果会不同。它们的意义取决于假设检验，以及是单向方差分析(只有一个结果，如检验列的差异)还是双向方差分析，如果是双向方差分析则需要计算复杂的组合。从在给定情形下行或列与总体是否存在显著差异、是否有任何异常这些方面对数据进行分析。

在每种情况下，均值和标准差都可以被计算出来，如果样本之间没有整体性的显著差异，列的方差和行的方差应该与 n 次实验的方差一样。这可以用 F-检验来验证，见例 12.5。

例 12.5　运用样本方差分析

考察一组观测值，在 A、B、C、D 四组下有 5 个观测值，T 为总和，SS 为平方和。

	A	B	C	D	T_r	SS_r
	15	17	20	18	70	1238
	23	27	29	24	103	2675
	18	13	24	16	71	1325
	11	12	15	14	52	686
	17	16	21	14	68	1182
T_c	84	85	109	86		$\Sigma=364$
SS_c	1488	1587	2483	1548		$\Sigma=7106$

$n=4\times5=20$ 总变差等于 7106–364×364/20=481.2。样本间变差为

$$\sum\left(T_{cj}\right)^2/r-T^2/n=84^2/5+85^2/5+109^2/5+86^2/5-364^2/20=6711.6-6624.8=86.8$$

共 4 列，自由度为 3，因此有

样本间方差=86.3/3=28.87=可释方差

样本内方差=$\left[\sum SS_{cj} - \sum\left(T_{cj}\right)^2 / r\right] / (n-c)$

$=(7106-6711.6)/16=394/16=24.65$=不可释方差

$F=28.87/24.65=1.17$ 列间差异不显著。

12.7　卡 方 检 验

方差分析比较了不同条件下某些事件的频率。一种类似的检验，称为 Chi-Square 或χ^2检验(来自希腊字母“chi”或χ)(见框注 12.10)。这个检验比较事件发生的频率(f_0)和期望或计算的频率(f_e)，这里$\chi^2=\sum\left(f_0-f_e\right)^2/f_e$。

框注 12.10　χ^2检验

1. χ^2检验检查观测值的分布是否与基于预测模型的估计值一致。
2. 数据必须至少在标称范围内或以更高水准测量。必须有至少两个相互排斥的类别，其中的数据可以替换，每个的频率超过 5。
3. 如果有超过两个类别，那么至少 80%的类别必须有至少 5 个期望的结果。
4. 如果这些限制不能满足，那么必须用其他的检验，或合并数据类别来满足标准。
5. 这个检验假设一个观测频率(f_0)和期望频率(f_e)。
6. $\chi^2=\sum\left(f_0-f_e\right)^2/f_e$。
7. χ^2值的显著性水平可以从统计表中找到。

如果地图上有一些预期分布的点(如电站附近的癌症案例)，可以用χ^2检验来比较预期值和观测值，如例 12.6 所示。

例 12.6　χ^2检验

证据表明,某个国家平均每年有 15%的房产被卖掉。在一个有 20000 套房产的小镇,去年只有 1000 套房产被卖掉。它的显著性低于平均水平吗?

期望频率f_e是 20000 套中有 3000 套被卖掉，17000 套不卖。观测量是 1000 套被卖掉，19000 套不卖(需要把没有卖掉的考虑在内，确保总的概率，即前面提到的$p+q=1$或 100%)。

$$\chi^2=(1000-3000)^2/3000+(19000-17000)^2/17000=4/3+4/17=1.57$$

χ^2表给出的发生的概率超过 20%；因此，至少有五分之一的情况可能会发生。该例说明，从χ^2检验角度考察房屋销售，其短缺的概率无关紧要，可以忽略不计。

χ^2检验可以提供一种方法，检查观测到的分布是否符合正态分布的一部分——正态函数的估计频率和已测量的观测频率。χ^2检验是非参数检验的一个例子,它可以应用于顺序和名义数据。截至目前讨论的都是参数检验，它们都有参数，如平均值、标准差等可以用于算术运算。

参数检验基于相当严格的假设，例如，关于总体分布性质的假设，而非参数检验(有时称为无分布)的要求要低得多。例如，非参数检验可以用来比较两个已经排序的列表，看它们是否有相同的特征，如中学或高中水平考试的结果与最后的大学学位奖是否有密切的联系。有关非参数检验的进一步讨论，读者可以查阅专业的统计书籍。

12.8 泊 松 分 布

χ^2 检验也可以用来检验其他类型的分布，如以法国数学家西莫恩·泊松命名的泊松分布。尽管其与正态分布相关，但在处理小样本时尤其有用。

泊松分布的表达式为 $p=\sum\frac{m'}{r!}\mathrm{e}^{-m}$，其中，$p$ 为事件发生的概率；m 为一系列样本的均值；r 为事件的数量；e 为欧拉数。$\frac{m^r}{r!}=\frac{m}{r}\times\frac{m^{(r-1)}}{(r-1)!}$，这表示除了第一项外，其余每一项都是前一项的 $\frac{m}{r}$ 倍，例 12.7 和例 12.8 给出了泊松分布示例。

例 12.7　泊松分布(1)

将 10×10 大小的正方形网格置于面域，事件的数量是可数的(如样方中植物的数量或特定类型的蠕虫)，结果如下：

r		P
每个网格数建立	网格数量统计	泊松预测
0	1	0.5
1	2	2.8
2	6	7.3
3	13	12.7
4	16	16.6
5	19	17.4
6	15	15.2
7	12	11.4
8	10	7.5
9	3	4.3
10	2	2.3
11or more(=11)	1	2.0
	Total	100

发现的结果和泊松估计之间的差异的显著性可以用 χ^2 检验。

例 12.8　泊松分布(2)

利用例 12.7 的数据，说明在正方形网格 0,1,2,3,⋯,11 中的植物数目为

$$1\times2+2\times6+3\times13+\cdots+11\times1=524$$

100 个正方形网格，每个网格的统计平均数为 $m=5.24$ 。概率通过公式 $p=\sum\frac{m'}{r!}e^{-m}$ 计算。

$$\left(1/e^{5.24}\right)=e^{-m}=0.0053$$

根据泊松分布公式，$P_0=\left(1/e^{5.24}\right)=e^{-m}=0.0053$ ，所以在 100 个正方形网格中，0 的期望频率为

$$100\times0.0053=0.53，即 P_0=0.53$$

以此类推，计算得到

$$P_1=(m/1)\times P_0=2.8$$

$$P_2=(m/2)\times P_1=7.3$$

$$P_3=(m/3)\times P_2=12.7$$

$$P_4=(m/4)\times P_3=16.6$$

$$P_5=(m/5)\times P_4=17.4$$

$$P_6=(m/6)\times P_5=15.2$$

…

因此，如果在面域加绘网格，计算每平方米内发生事件的数量，可以用预期的频率来计算概率的分布。χ^2 检验可以检验泊松模型的预测是否与所发现的符合。

小　　结

方差分析：又称为 ANOVA，检验在样本内和样本间观测到的方差，以确定差异是随机的还是显著的。

二项式展开：一种扩展形式，表示为

$$(p+q)^n=p^n+np^{(n-1)}q+\left[n(n-1)/2\right]p^{(n-2)}q^2+\cdots+C_n^r p^{(n-r)}q^r+\cdots+npq^{(n-1)}+q^n$$

其中，平均结果为 np；标准偏差为 $\sqrt{npq}$ 。

中心极限定理：如果每一个独立同分布的随机变量序列都有一个有限的方差，那么随着观测值数量的增加,它们趋向于正态分布。

卡方检验：将观察到的事件发生的频率与期望的频率进行比较 $\chi^2=\sum(f_0-f_e)^2/f_c$ 。

自由度：完整描述系统状态需要的最少参数数量。

描述性统计：用清晰、简洁的方法来总结一系列已知数据的数据，如平均值。

期望值：一系列观测中最有可能出现的值，用 E 表示。

可释方差：在方差分析中，行与列间的整体方差，称为组间变率。

一阶矩：所有随机变量的值(通常是加权平均值)的偏差的期望值。二阶矩是残差平方的期望值。

F-检验：比较两个样本的方差 $F=S_A^2/S_B^2$ 。

启发式：以经验和实验来指导过程，而不是以精确定义的公理为基础的严格的逻辑论证。

柱状图：一种显示频率的图形方法。

推论统计：使用统计数据从随机样本中得出结论。

平均值：将所有项（x_i）加起来除以总数(n)得到的值，经常写作μ，公式为 $\mu=\sum_{i=1}^{i=n} x_i / n$。

集中趋势的测量：观测值围绕平均值分布的测量，如方差和标准差。

中位数：数字列表中位于中间的那个数。

常数：出现最多的数，也就是说，一列数中出现频率最高的数。

非参数检验：可以应用于名义和顺序数的检验，即通过类别(名义)或在一个序列中的位置(序数)来区别数据。

正态曲线：遵循正态分布的曲线，有时被描述为钟形曲线。

正态分布：也被称为高斯分布，关于平均值、中位数、常数对称，公式为 $y=1/\left[\sigma\sqrt{(2\pi)}\right]\mathrm{e}^{-\left[(x-\mu)^2/2\sigma^2\right]}$，用 Z 统计写作 $y=\frac{1}{\sigma\sqrt{2\pi}}\mathrm{e}^{-\left(z^2/2\right)}$。

零假设：在任何特定的测量和样本值之间没有显著的差异的一种假设。

单边检测：数量如果比预期的多(或少)差异就显著，如果少(或多)则不显著，与双边检测不同。

泊松分布：一种预测平均分布的方法，公式为 $p=\sum\frac{m'}{r!}\mathrm{e}^{-m}$。

总体：有时候指全域，是完整的单个组件或事件，样本就是从中而来。

概率：任何事件都有的可信程度，取值范围为 0～1(1 表示绝对)。

随机数：不能被任何已选的数据决定的数。

残差：观测值和平均值之差，残差为 $r=(x_i-\mu)$。

残差变异：行的变化加上列的变化之和与整个数据集的变化的差异。

样本：对总体元素的某一组单独进行观测，用于对总体性质的预测。

显著性水平：指错误拒绝无效假设的临界概率水平的阈值。

标准偏差：方差的平方根，$\sigma=\sqrt{\sum(x_i-\mu)^2/n}$。

统计：随机变量函数，可以用来估计总体。

随机：可以用随机变量描述的过程。

t-检验：也称为 Student's test，检验两个数据集均值差异的显著性。假设总体是正态分布，样本是随机的，那么 $t=(\bar{x}-\mu)\sqrt{n}/S$。

双边检验：一种检验，判断数量明显大于或小于样本期望值的显著性(单边检验只检验单边差异的显著性)。

Ⅰ型错误：拒绝了应该包含的观测值。

Ⅱ型错误：包含了应该拒绝的观测值。

无偏估计：用 $\sigma^2=\left[1/(n-1)\right]\sum(x_i-\bar{x})^2$ 而不是 $\sigma^2=(1/n)\sum(x_i-\bar{x})^2$ 来估计总体方差。

无释方差：在方差分析中，列或行的整体方差，也被称为组件变异。

方差：残差平方和的平均值，写作 $\sigma^2 = \sum(x_i - \mu)^2 / n$。

样本均值间的方差：用于方差分析的术语。它等于样本均值的方差，大约等于 σ^2 / n。

样本间方差：用于方差分析的术语。通过列(或行)之间方差的加权平均来估计总体的方差。

变差：方差的 n 倍。

权重：一个与观测值相乘使之与数据集中的其他观测值兼容的因子。

加权平均值：$\sum w_i x_i / \sum w_i$，w_i 是观察值 i 的权重。

Z-score：以标准差为单位计量残差 $z_i = (x_i - \mu) / \sigma$。

第 13 章　相关和回归

13.1　相　　关

到本章为止，本书所描述的统计检验主要适用于一个变量的情况，因为处理方式不同，从而产生了 t-检验和方差分析方法，假设条件是数据来自相同的总体估计。

在实际中，特别是在测绘学和 GIS 中，至少有两件事在同时进行。例如，对象在 x 方向上的运动和在 y 方向上的独立运动。那么问题就来了，这些对象是否以某种方式相互依赖，或者换句话说，它们是否相关？ 此外，如何在所有冲突数据之间找到最佳折中方案呢？

两个变量 X、Y，$X=(x_1,x_2,\cdots,x_i,\cdots,x_n)$、$Y=(y_1,y_2,\cdots,y_i,\cdots,y_n)$，$x_i$ 和 y_i 可能相关。假设 X、Y 相互独立，有

$$X\text{的均值是}\ \overline{x}=(1/n)\sum x$$

$$Y\text{的均值是}\ \overline{y}=(1/n)\sum y$$

$$X\text{的方差是}\ S_x^2=(1/n)\sum(x_i-\overline{x})^2$$

$$Y\text{的方差是}\ S_y^2=(1/n)\sum(y_i-\overline{y})^2$$

变量 X、Y 之间关系的测度由公式 $(1/n)\left[\sum(x_i-\overline{x})(y_i-\overline{y})\right]$ 来给定，通常称为变量 X 和 Y 的协方差，记作 $\mathrm{Cov}(X,Y)$。对于较小数据集，这种关系通常用 $1/(n-1)\left[\sum(x_i-\overline{x})(y_i-\overline{y})\right]$ 来表示，因为这样能够给出更好的总体估计。在此，将假设大样本数据集并分析其应用，有

$$\mathrm{Cov}(X,Y)=(1/n)\sum_{i=1}^{i=n}(x_i-\overline{x})(y_i-\overline{y})$$

对于所有 i=1,2,$\cdots$,n，有

$$\begin{aligned}\sum(x_i-\overline{x})(y_i-\overline{y})&=\sum(x_iy_i-x_i\overline{y}-y_i\overline{x}+\overline{x}\,\overline{y})\\&=\sum(x_iy_i)-(x_1+x_2+\ldots+x_i)\overline{y}-(y_1+y_2+\ldots+y_i)\overline{x}+n\overline{x}\,\overline{y}\\&=\sum(x_iy_i)-n\overline{x}\,\overline{y}-n\overline{x}\,\overline{y}+n\overline{x}\,\overline{y}=\sum(x_iy_i)-n\overline{x}\,\overline{y}\end{aligned}$$

因此，有

$$\mathrm{Cov}(X,Y)=(1/n)\sum(x_iy_i)-\overline{x}\,\overline{y}=\frac{n\sum(x_iy_i)-n\overline{x}\cdot n\overline{y}}{n^2}=\frac{n\sum(x_iy_i)-\sum x_i\sum y_i}{n^2}$$

协方差与方差的形式相似，但与后者不同的是，协方差总是正的(因为是平方和)，方差可正可负。

用 $\mathrm{Cov}(X,Y)$ 除以 $\sqrt{S_x^2S_y^2}$ (两个方差的几何平均数)，得到比值 r，称为相关系数。相关性说明见图 13.1。使用示例 13.1 中的数据，有一个明显的趋势与 X 和 Y 之间的关系呈近似线性关系。由 $S_x^2=\left[\sum(x_i-\overline{x})^2\right]/n=\left[n\sum x_i^2-\left(\sum x_i\right)^2\right]/n^2$ 和 $S_y^2=\left[\sum(y_i-y)^2\right]/n=\left[n\sum y_i^2-\left(\sum y_i\right)^2\right]/n^2$，

用 r 表示 X、Y 之间的关系，$\mathrm{Cov}(X,Y)/\sqrt{S_x^2S_y^2}=r=\dfrac{n\sum(x_iy_i)-\sum x_i\sum y_i}{\sqrt{n\sum x_i^2-\left(\sum x_i\right)^2}\sqrt{n\sum y_i^2-\left(\sum y_i\right)^2}}$，$r$ 也被称为皮尔森相关系数。

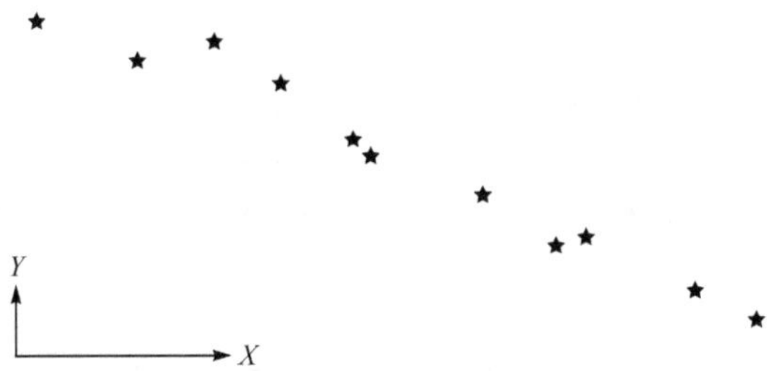

图 13.1　变量 X、Y 的相关性

例 13.1　相关性的例子

有 12 个观测值，由 x，y 组成，值为

观测值	x	y	x^2	y^2	xy
1	21	27	441	729	567
2	23	27	529	729	621
3	25	25	625	625	625
4	26	26	676	676	676
5	29	23	841	529	667
6	31	20	961	400	620
7	32	19	1024	361	608
8	35	17	1225	289	595
9	37	14	1369	196	518
10	38	15	1444	225	570
11	41	11	1681	121	451
12	43	9	1849	81	387
求和	381	233	12665	4961	6905

相关系数 r 为

$$r=\frac{n\sum(x_iy_i)-\sum x_i\sum y_i}{\sqrt{n\sum x_i^2-\left(\sum x_i\right)^2}\sqrt{n\sum y_i^2-\left(\sum y_i\right)^2}}$$
$$=(82860-88773)/\sqrt{6819\times5243}=-5913/5979=-0.989$$

相关系数为–0.989，表明了高水平的负相关。由于有两个变量 X、Y 和 12 对观测值，所以自由度为 12–2=10。

以这种方式表达 r 使程序更容易计算，在表格形式中得到原始观测值的和相对容易，不需要首先计算平均值然后再获得平均值与观测值数量间的差。分析方差时用第 12 章的残差来分析。这个过程简化了这个方法，残差和方差都可以算出(表 13.1)。

从 r 的方程可以看到(框注 13.1)，如果 $x=y$，那么 $r=1$，如果 $x=-y$，那么 $r=-1$。如果用 $2x$ 代替 x 或其他的数乘以 x，r 的值是一样的，y 同理。当相关系数 $r=1$时，x 和 y 之间完全一致；当相关系数 $r=-1$时，x 和 y 之间完全不一致；$r=0$ 时，x 和 y 之间不相关。

框注 13.1 协方差和相关系数

对两个独立变量 X、Y，协方差为

$$\mathrm{Cov}(X,Y)=\frac{n\sum(x_i y_i)-\sum x_i\sum y_i}{n^2}$$

相关系数为

$$r=\mathrm{Cov}(X,Y)/\sqrt{S_x^2 S_y^2}=\frac{n\sum(x_i y_i)-\sum x_i\sum y_i}{\sqrt{n\sum x_i^2-\left(\sum x_i\right)^2}\sqrt{n\sum y_i^2-\left(\sum y_i\right)^2}}$$

$$(-1\leqslant r\leqslant +1)$$

r 的显著性水平可以通过适当的统计表来检验，或者通过对数据进行适当的重新排列来说明。t-检验中的 t 等于 $\dfrac{r\sqrt{n-2}}{\sqrt{1-r^2}}$，计算 t 这个量时，可以使用 t 表查找。

表 13.1 计算 r 的框架

观测值	x	y	x^2	y^2	xy
1	x_1	y_1	x_1^2	y_1^2	x_1y_1
2	x_2	y_2	x_2^2	y_2^2	x_2y_2
…	…	…	…	…	…
n	x_n	y_n	x_n^2	y_n^2	x_ny_n
求和	Σx	Σy	Σx^2	Σy^2	Σxy

可以用矩阵的形式来展示本章目前为止研究的关系。在第 12 章，引入期望值的概念或对任何样本 x 最可能的期望值，用 $E(x)$来描述。期望值是所有可能样本的平均值，假设存在大量，实际上是无限数量的观测值。如果取不同样本集的平均值，将每个均值 m_i 称为整体平均值 m，那么期望值 $E(m)$也等于无限总体的平均值。

利用ε，可以定义残差ε_i，对于平均值m_i，$\varepsilon_i=m_i-x_i$。根据平均值的定义，残差之和等于 0，所以$E(\varepsilon_i)=0=E(m-m_i)$。

把总体作为一个整体就有 $E(\varepsilon^2)=n\sigma^2$，即如果从总体中取大量的观测值，残差平方和的平均值等于总体的方差。如果假定单个的值为$\varepsilon_1,\varepsilon_2,\cdots$，可以把它们看作矩阵 $\boldsymbol{V}$ 的第一行，转置矩阵为$\boldsymbol{V}^{\mathrm{T}}$，$\boldsymbol{V}\boldsymbol{V}^{\mathrm{T}}=\sum\varepsilon_i^2$，等于残差的平方和，等于变差，等于 $n\sigma^2$。得到公式为

$$E(\varepsilon^2)=E(\boldsymbol{V}^2)=E(\boldsymbol{V}\boldsymbol{V}^{\mathrm{T}})=n\sigma^2$$

进而，$\left(\boldsymbol{V}^{\mathrm{T}}\boldsymbol{V}\right)$是一个$n \times n$的矩阵，有

$$\begin{pmatrix} \varepsilon_1^2 & \varepsilon_1\varepsilon_2 & \varepsilon_1\varepsilon_3 & \cdots & \varepsilon_1\varepsilon_n \\ \varepsilon_2\varepsilon_1 & \varepsilon_2^2 & \varepsilon_2\varepsilon_3 & \cdots & \varepsilon_2\varepsilon_n \\ \varepsilon_3\varepsilon_1 & \varepsilon_3\varepsilon_2 & \varepsilon_3^2 & \cdots & \varepsilon_3\varepsilon_n \\ \cdots & \cdots & \cdots & & \cdots \\ \varepsilon_n\varepsilon_1 & \varepsilon_n\varepsilon_2 & \varepsilon_n\varepsilon_3 & \cdots & \varepsilon_n^2 \end{pmatrix}$$

$\boldsymbol{V}\boldsymbol{V}^{\mathrm{T}}$的结果是$n \times n$的矩阵，对角线上的项构成残差的平方和，上三角和下三角中的项构成协方差。这个矩阵称为分散矩阵或方差-协方差矩阵。

可以把这个矩阵写为

$$\begin{pmatrix} \sigma_1^2 & \sigma_{12} & \sigma_{13} & \cdots & \sigma_{1n} \\ \sigma_{21} & \sigma_2^2 & \sigma_{23} & \cdots & \sigma_{2n} \\ \sigma_{31} & \sigma_{32} & \sigma_3^2 & \cdots & \sigma_{3n} \\ \cdots & \cdots & \cdots & & \cdots \\ \sigma_{n1} & \sigma_{n2} & \sigma_{n3} & \cdots & \sigma_n^2 \end{pmatrix}$$

或者，为

$$\begin{pmatrix} \sigma_1^2 & \sigma_{12} & \sigma_{13} & \cdots & \sigma_{1n} \\ \sigma_{12} & \sigma_2^2 & \sigma_{23} & \cdots & \sigma_{2n} \\ \sigma_{13} & \sigma_{23} & \sigma_3^2 & \cdots & \sigma_{3n} \\ \cdots & \cdots & \cdots & & \cdots \\ \sigma_{1n} & \sigma_{2n} & \sigma_{3n} & \cdots & \sigma_n^2 \end{pmatrix}$$

由于$\varepsilon_1\varepsilon_2 = \varepsilon_2\varepsilon_1$，$\sigma_{12} = \sigma_{21}$，以此类推。如果所有的误差项和残差项真的都是随机的或独立的，那么协方差等于 0，分散矩阵简化为

$$\begin{pmatrix} \sigma_1^2 & 0 & 0 & \cdots & 0 \\ 0 & \sigma_2^2 & 0 & \cdots & 0 \\ 0 & 0 & \sigma_3^2 & \cdots & 0 \\ \cdots & \cdots & \cdots & & \cdots \\ 0 & 0 & 0 & \cdots & \sigma_n^2 \end{pmatrix}$$

方差σ^2越小，误差就可能越小，观测值就可能越精确。因此，可以逆向通过残差来衡量观测值，这就产生了权重矩阵，为

$$\boldsymbol{W} = \begin{pmatrix} 1/\sigma_1^2 & 0 & 0 & \cdots & 0 \\ 0 & 1/\sigma_2^2 & 0 & \cdots & 0 \\ 0 & 0 & 1/\sigma_3^2 & \cdots & 0 \\ \cdots & \cdots & \cdots & & \cdots \\ 0 & 0 & 0 & \cdots & 1/\sigma_n^2 \end{pmatrix}$$

该矩阵将在第 14 章讲解。

13.2 回　　归

对于特定的数据集，通过图形可以很容易地观察其相关性水平。假设有一系列的点，X、Y 成对出现 (x_A, y_A) 、(x_B, y_B) 、…，如图 13.2 所示。它们几乎沿着一条直线分布。它们和直线函数之间存在着某种程度的相关性，这很好地表达了 X 和 Y 之间的近似关系。

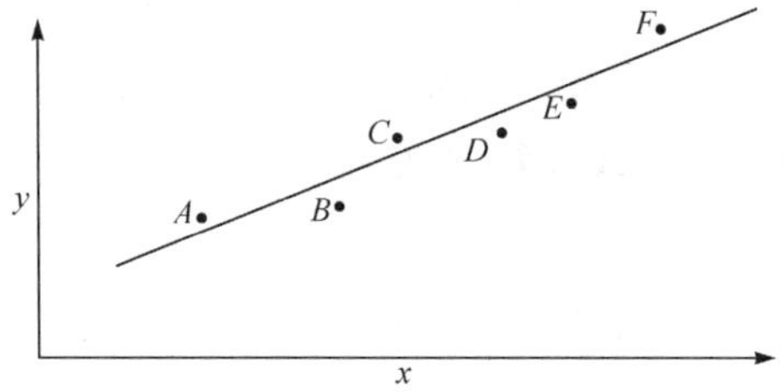

图 13.2　回归直线

通过计算相关系数(r)可以很好地表达它们之间的关系。用 $y = mx + c$ 的形式表达两者的关系还可以提供额外的信息。寻找 X、Y 之间最合适关系的过程称为回归，$y = mx + c$ 这个例子称为简单线性回归。

图 13.2 所画的直线实际上并不需要通过任何点,它可能已经通过了某点也可能没有。图 13.3 对这种情况进行了夸张表达。

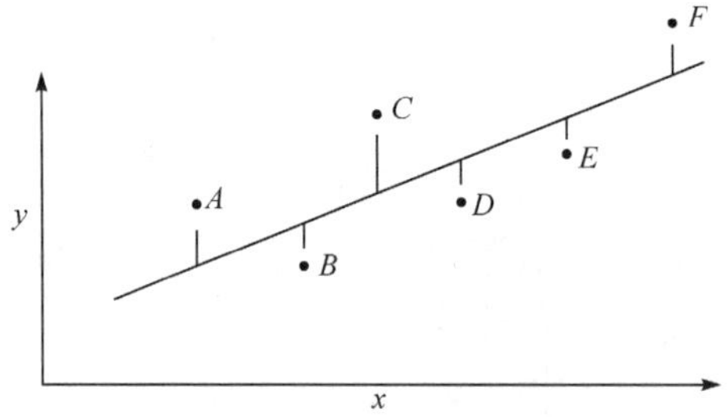

图 13.3　回归直线的残差

每一个点都有一对观测值 (x_A, y_A)、(x_B, y_B) ，任一点 i 有观测量(o^{x_i}, o^{y_i})。任一点有来自直线方程的计算值 $\left(c^{x_i}, c^{y_i}\right)$。

假设 Y 值依赖于 X，那么 $o^{x_i} = c^{x_i}$ ，意味着 X 值已经确定，$o^{y_i} \approx c^{y_i}$ 。

在实际中会存在不同，如图 13.3 中 A、B、C 上方或下方的短垂直线所示。如果直线的形式为 $y = mx + c$ ，那么 $o^{y_i} = m \times o^{x_i} + c + \varepsilon_i$ ，其中，ε 表示一个很小的量，有时候称为误差项。

$$\varepsilon_i = \text{观测得到的}y - \text{计算得到的}y = o^{y_i} - c^{y_i} = o^{y_i} - c - m \times o^{x_i}$$

从图 13.3 可以看到，ε 有时为正有时为负，通常情况下，如果 X、Y 之间存在很好的相关性，ε 的值会很小。ε 的值不仅取决于 X、Y 还取决于回归直线选择的常量 m 和 c(图 13.4)。

假设 ε 服从正态分布，m、c 最有可能的取值是那些确保 $\sum \varepsilon^2$ 最小的值，称为最小二乘解。该假设的基础存在于测量科学的各类问题中。第 12 章引进了残差、方差、标准差的概念。ε 是残差，通过最小化 $\sum \varepsilon^2$ ，对于任何问题，可以把找到最佳答案的可能性最大化。从相关系数

r 的公式可知，表达式的分母尽可能小时，相关性最大。

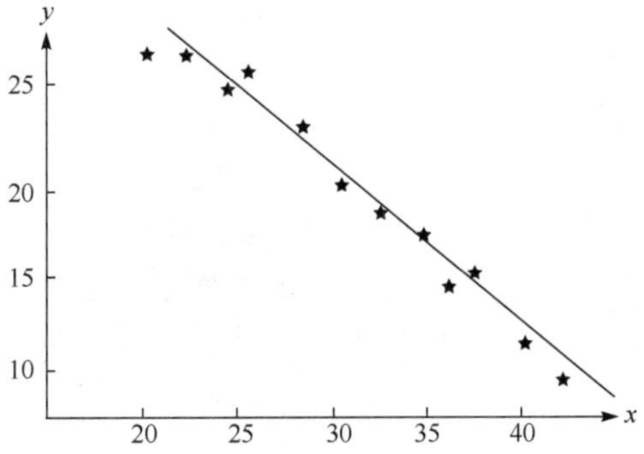

图 13.4　回归直线的例子

通常情况下，需要选择 m、c 使 $\sum\varepsilon^2$ 和 $\sum(y-c-mx)^2$ 最小。如果有 n 个观测值，这意味着 $\sum\left(y^2+c^2+m^2x^2-2cy-2mxy+2cmx\right)$ 最小，或称这种关系为 F，$F=\sum y^2+nc^2+m^2\sum x^2-2c\sum y-2m\sum xy+2cm\sum x$ 是最小值。

可以为 m、c 取任何值，但当对 m、c 的偏微分为 0 的时候 F 取值最小，这将在以下情况下发生：

$$(\text{对 } c \text{ 偏微分})\ \partial F/\partial c=2nc-2\sum y+2m\sum x=0$$

$$(\text{对 } m \text{ 偏微分})\ \partial F/\partial m=2m\sum x^2-2\sum xy+2c\sum x=0$$

因此，$m\sum x+cn=\sum y$，$m\sum x^2+c\sum x=\sum xy$。

计算得到 m、c，有

$$m=\frac{n\sum(x_iy_i)-\left(\sum x_i\right)(y_i)}{n\sum x_i^2-\left(\sum x^i\right)^2},\quad c=\frac{\sum(y_i)\sum x_i^2-\left(\sum x_i\right)(x_iy_i)}{n\sum x_i^2-\left(\sum x^i\right)^2}$$

运用这些值，我们可以找到最佳的直线来尽可能地趋近观测值 x、y。见例 13.2。

例 13.2　线性回归

两个变量 X、Y，Y 依赖于 X，最优直线形式为 $y=mx+c$，此处有

$$m=\frac{n\sum(x_iy_i)-\left(\sum x_i\right)(y_i)}{n\sum x_i^2-\left(\sum x^i\right)^2},\quad c=\frac{\sum(y_i)\sum x_i^2-\left(\sum x_i\right)(x_iy_i)}{n\sum x_i^2-\left(\sum x^i\right)^2}$$

利用例 13.1 的数据，

$$\sum x=381;\ \sum y=233$$

$$\sum x^2=12665;\ \sum y^2=4961;\ \sum xy=6905$$

$$m=(82860-88773)/(151980-145161)=-0.87$$

$$c=(2950945-2630805)/(151980-145161)=46.95$$

因此，$y=-0.87x+46.95$。

Y 和 X 可能不是彼此的线性函数，如 Y 可以 y^k 指数形式增长(这里 k 为某个常数，如 2 或 3)。

在 6.4 节讨论了线性化的各个方面，这里我们注意到一个相对简单的方法。

如果将 G 而不是 Y 视为依赖于 X 的函数，并且令 $G=\log(y^k)=k\log y$，那么仍然可以绘制 X 和 G 之间的回归线 $\log y_i$ 而不是 y_i，k 值仅影响线的斜率。只要关系能够正确解释，用对数绘制一组值不会使这个过程无效。

这个原则也可以应用于三维空间，X、Y 是自由独立变量，Z 依赖于 X、Y。如果 Z 是关于 X、Y 的函数，$Z=f(x,y)$ 可以得到一个面。特别地，如果这种关系是线性的，这个面将是平面。一般来说，这个面用 Z 表示，称为趋势面。趋势面分析是线性回归向三维或多维的扩展。

最小化残差的方差的技术可以扩展到不同条件下不同测量组合的情况。如果 $X=ax+by+cz+\cdots$，在框注 13.2 和 13.3 中可以看到这是可能的。

框注 13.2　关联独立变量的均值

由 m 个观测值 x，n 个观测值 y 组成 X，如 $X=ax+by$。由于 x 有 m 种取值，y 有 n 种取值，X 有 $m\times n$ 种取值。令 $x_i=\overline{x}+r_i$，$y_i=\overline{y}+\rho_i$，因此 $\sum r_i=0$，$\sum\rho_i=0$ $\left[\text{因为}(1/m)\sum x_i=\overline{x},(1/m)\sum y_i=\overline{y}\right]$。另外 $(1/m)\sum r_i^2=S_x^2$，$(1/n)\sum\rho_i^2=S_y^2$（因为 r_i、ρ_i 是关于各自平均值的残差）。因此，有

$$\overline{X}=\frac{1}{mn}\sum_{i=1}^{m}\sum_{j=1}^{n}\left(ax_i+by_j\right)=$$

$$\frac{1}{mn}\sum_{i=1}^{m}\sum_{j=1}^{n}\left(a\overline{x}+b\overline{y}+ar_i+b\rho_j\right)=\frac{1}{mn}\sum_{i=1}^{m}\sum_{j=1}^{n}\left(a\overline{x}+b\overline{y}\right)$$

既然 $\sum r_i=0$，$\sum\rho_j=0$，则 $\overline{X}=a\overline{x}+b\overline{y}$。

框注 13.3　独立变量的方差

续框注 13.2

$$X\text{的方差}=S^2=\frac{1}{mn}\sum_{i=1}^{m}\sum_{j=1}^{n}\left(ax_i+by_j-a\overline{x}-b\overline{y}\right)^2=\frac{1}{mn}\sum_{i}^{m}\sum_{j}^{n}\left(ar_i+b\rho_j\right)^2$$

变换得到 $S^2=a^2S_x^2+b^2S_y^2$。对 x、y 的真实值对 x、y、z、…也是真实的。对自变量求和时，方差是可加的。因此，如果 $X=ax+by+cz+\cdots$，此处 a、b、c 是系数，x、y、z 是相关变量并且面向所有可能的组合，那么，有

$$X\text{的平均值}\ \overline{X}=a\overline{x}+b\overline{y}+c\overline{z}+\cdots$$

$$X\text{的方差}\ S^2=a^2S_x^2+b^2S_y^2+c^2S_Z^2+\cdots$$

a、b、c 为任意值，x、y、z 的平均值为 $\overline{x}$、$\overline{y}$、$\overline{z}$，标准差为 S_x、S_y、S_z，那么有

$$X\text{的均值：}\ \overline{X}=a\overline{x}+b\overline{y}+c\overline{z}+\cdots$$

$$X\text{的方差：}\ \sigma^2x=a^2S_x^2+b^2S_y^2+c^2S_z^2+\cdots$$

由框注 13.2 和 13.3 推断，如果 $a=b=c=\cdots=1$，对于 $x,y,z,\cdots$ 所有可能的组合

$$X\text{的均值为}\ \overline{x}+\overline{y}+\overline{z}+\cdots$$

$$X\text{的方差为}\ S_x^2+S_y^2+S_z^2+\cdots$$

13.3 权　　重

在 12.3 节的研究中，假设所有观测值的可信度相等，则每个数量群体中的误差呈正态分布，它们的标准差 σ 相同。有时候观测值的可信度不一样，给它们不同的权重，实际上就是更多地倾向于某一组观测值。

因此，与 x 相比较，如果给 y 两倍的权重，给 z 三倍的权重，那么加权平均值就是 $(x+2y+3z)/6$。用 w_1、w_2、w_3 表示权重，加权平均值表示为

$$\frac{w_1x+w_2y+w_3z}{w_1+w_2+w_3}$$

例 13.3 描述了权重的用法。权重是相对值，不是绝对值。从理论角度来看，根据 12.3 节讨论的正态分布，单位权重 $x_i-\bar{x}$ 的误差概率与 $\mathrm{e}^{-(x_i-\bar{x})^2/2\sigma^2}$ 成比例。如果观测值 i 的权重等于 w_i，那么误差 $x_i-\bar{x}$ 的概率写为 $\mathrm{e}^{-w_i(x_i-\bar{x})^2/2\sigma^2}$。对于 n 个值 $x_1,x_2,x_3,\cdots,x_n$ 的全部集合，对自变量求和时，方差是可加的，即 $\mathrm{e}^{-\sum w_i(x_i-\bar{x})^2/2\sigma^2}$。

例 13.3　加权平均举例

一段距离通过三种不同的方法测量，结果估计为

$$a=19.412\pm0.005\text{，}\quad b=19.417\pm0.008\text{，}\quad c=19.419\pm0.010$$

观测值 a 的估计标准差为 0.005，方差为 0.000025，它的逆 $w_a=40000$，b 的逆 $w_b=15625$，c 的逆 $w_c=10000$。

通过这些逆方差分配权值，从 19.410 开始减少计算，那么，有

$$a=19.410+0.002\pm0.005$$

$$b=19.410+0.007\pm0.008$$

$$c=19.410+0.009\pm0.010$$

加权平均值是

$$19.410+\frac{0.002\times w_a+0.007\times w_b+0.009\times w_c}{w_a+w_b+w_c}$$

$$=19.410+80+109.375+90/65625=19.410+0.004=19.414$$

新的残差是−0.002、0.003、0.005，同时 $(n-1)=2$。因此，有

$$\sigma^2=\frac{1}{n-1}\sum_{i=1}^{i=n}w_i(x_i-\mu)^2=1/2\,\frac{0.002^2\times w_a+0.003^2\times w_b+0.005^2\times w_c}{w_a+w_b+w_c}$$

得到 $\sigma=0.002$，距离更好估计是 19.414 ± 0.02。

因为可能不知道总体的准确的平均值，可以用 m 代替 $\bar{x}$。$\mathrm{e}^{-\sum w_i(x_i-m)^2/2\sigma^2}$ 的值将会最大(概率最小时)，当选择 m 时 $\sum w_i(x_i-m)^2$ 最小。对 m 偏微分，得到 $-2\sum w_i(x_i-m)$，取最小值时它必须等于 0。因此，有

$$2\sum w_ix_i-2m\sum w_i=0\text{，或者 }m=\sum w_ix_i/\sum w_i$$

令 $m=\mu$ 作为 x 的加权平均值，即 $\mu=\sum w_ix_i/\sum w_i$。假设所有的权值已知，对观测值而言这

是最有可能的平均值。注意，如果所有观测值的权重一样，那么$\sum w_i = n$，平均值等于$\sum x_i / n$。

对赋予权重的观测值$\sigma^2 = \frac{1}{n}\sum_{i=1}^{i=n} w_i\left(x_i - \mu\right)^2$，严格来讲，对于小数据集，方差等于$\frac{1}{n-1}\sum_{i=1}^{i=n} w_i\left(x_i - \mu\right)^2$。

13.4　空间自相关

回归的假设是每一个误差项或残差都是随机数，与相邻的误差项或残差相互独立。唯一的假设是残差的平方和与误差的平方和最小，如果必须的话应该赋予权值，形成正态分布。在例 13.1 中描述了数据集 x、y 之间的线性关系，用最优直线作为假设，尽管 x、y 值之间相关，但残差不相关。如果连续观测值不是独立的，那么要么是我们拟合了错误类型的曲线，要么是残差之间存在某种顺序连接，在这种情况下，我们称其为自相关。假如试图用一条直线 $y = mx + c$ 拟合形如 $y = ax^2 + c$ 的关系，前者将会发生(图 13.5 显示了将直线拟合到椭圆曲线的一部分所产生的残差之间明显的相关性)。如果正确地建模这种关系，残差就会产生自相关。这意味着直线和曲线不是独立的。当协方差不为(接近)零时会出现这种情况，不为零时这种情况称为自协方差。为了从各种形式的统计分析中获得有效的结论，残差必须独立。

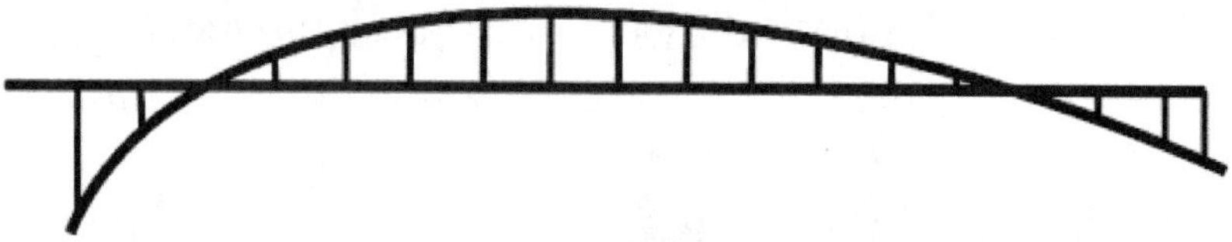

图 13.5　拟合直线到椭圆曲线的残差

在时间序列研究中，有一个问题是一个事件对后续事件的影响，例如，如果今天是晴天，那明天和后天也会是晴天。有两组数据集 x_s、x_t，分别在时间 s、t 发生。令它们的平均值 $E\left(x_s\right) = \overline{x_s}$，$E\left(x_t\right) = \overline{x_t}$，$E$ 是 x 的期望值，在此代表平均值。

相似的是，方差的期望值$\sigma^2 = E\left\{\left[x - E(x)\right]^2\right\} = E\left(x^2\right) - \left[E(x)\right]^2$，数据集 x_s、x_t 之间的自相关表示为$r_{s,t} = \frac{E\left[\left(x_s - \overline{x_s}\right)\left(x_t - \overline{x_t}\right)\right]}{\sigma_s \sigma_t} = \frac{\sum_{i=1}^{n}\left(x_{s,i} - \overline{x_s}\right)\left(x_{t,i} - \overline{x_t}\right)}{(n-1)\sigma_s \sigma_t} = \frac{\sum_{i=1}^{n}\left(x_{s,i} - \overline{x_s}\right)\left(x_{t,i} - \overline{x_t}\right)}{\sqrt{\sum_{i=1}^{n}\left(x_{s,i} - \overline{x_s}\right)^2 \sum_{i=1}^{n}\left(x_{t,i} - \overline{x_t}\right)^2}}$。

如果把两个数据集合在一起，那么$r_{s,t} = \frac{E\left[\left(x_s - \overline{x_s}\right)\left(x_t - \overline{x_t}\right)\right]}{\sigma^2}$，例如，$t = s + 1$、$t = s + 2$ 表示推迟一天、两天。

如 13.1 节所见，r 称为皮尔森相关系数或简称为总体相关系数，这种关系是基于 x 在不同实例中取不同值，在此与时间一起被称为线性或一维函数。

在许多地理分析中，假设相邻目标会影响它周围的事物，这意味着在二维或三维空间的不同点以及时间上的不同点的对象之间会互相影响。地理学家感兴趣的是，在不同点测量的量之间是否存在明显的空间相关性。如果存在，则称为空间自相关。这种相关性可以从三维空间中产生，但在此只考虑二维 x、y 之间。

传统的检验空间自相关的方法称为 Moran's I 统计：

$$I = N\frac{\sum_{i=1}^{i=n}\sum_{j=1}^{j=n}W_{i,j}\left(x_i-\overline{x}\right)\left(x_j-\overline{x}\right)}{\left(\sum_{i=1}^{i=n}\sum_{j=1}^{j=n}W_{i,j}\right)\sum_{i=1}^{i=n}\left(x_i-\overline{x}\right)^2} = \frac{N}{S}\times\frac{\sum_{i=1}^{i=n}\sum_{j=1}^{j=n}W_{i,j}\left(x_i-\overline{x}\right)\left(x_j-\overline{x}\right)}{\sum_{i=1}^{i=n}\left(x_i-\overline{x}\right)^2}$$

其中，N 为实例数；x_i 为变量在特定位置 i 的值；x_j 为在另一个位置 j 的值；$\overline{x}$ 为 n 个变量 x 的平均值；$W_{i,j}$ 为权重矩阵，用来比较两个位置 i，j；$S=\sum_{i=1}^{i=n}\sum_{j=1}^{j=n}W_{i,j}$ 为权重之和，所有概率之和为 1。

$W_{i,j}$ 是简单矩形网格情况下的邻接矩阵，由 0 和 1 组成；如果样本 j 接近权重为 1 的样本 i，但与 i 没有公共边，那 j 的权重为 0(图 13.6)。在更复杂的情况下，权重可能取决于样本 i，j 之间的距离，如 $1/d_{ij}$ 或 $1/d_{ij}^2$。

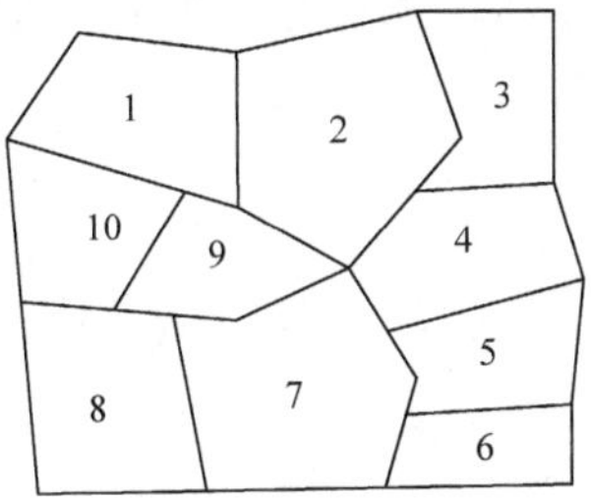

Area	1	2	3	4	5	6	7	8	9	10
1	0	1	0	0	0	0	0	0	1	1
2	1	0	1	1	0	0	0	0	1	0
3	0	1	0	1	0	0	0	0	0	0
4	0	1	1	0	1	0	1	0	0	0
5	0	0	0	1	0	1	1	0	0	0
6	0	0	0	0	1	0	1	0	0	0
7	0	0	0	1	1	1	0	1	1	0
8	0	0	0	0	0	0	1	0	1	1
9	1	1	0	0	0	0	1	1	0	1
10	1	0	0	0	0	0	0	1	1	0

图 13.6　多边形和邻接矩阵

规则格网仅基于所选点的正北、正南、正东、正西方向网格(类似于中国象棋游戏中的“车”移动的情况)，主对角线 (类似于中国象棋游戏中的“象”移动的情况)或两者的结合(类似于国际象棋游戏中的“王后”或“国王”移动的情况)，见图 13.7。

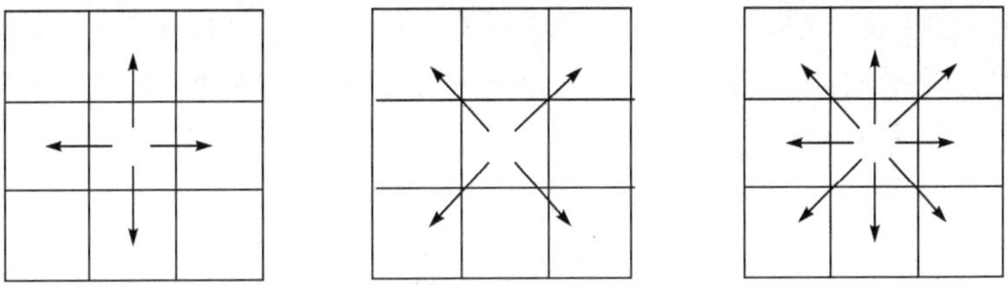

(a) 正北、正南、正东、正西　(b) 主对角线　(c) 正北、正南、正东、正西和主对角线结合

图 13.7　邻接情况

对下面的公式不予证明，如果 $E(I)$ 是 Moran's I 统计的期望值，没有自相关，那么 $E(I)=-1/(N-1)$。如果 $I>E(I)$，那么存在正的空间自相关，如果 $I<E(I)$，那么存在负的

空间自相关。如果 N 值很大，$-1/(N-1)$ 可以视为 0。

分布 I 的 z 统计为：$Z(I)=\left[I-E(I)\right]/\sigma_I$，$\sigma_I$ 是 I 的标准偏差，σ_I 的推导太复杂，在此不做说明。文献中有一种近似的表述是：

$$\sigma_I{}^2=\frac{\left\{n\left[\left(n^2-3n+3\right)S_1-nS_2+3S_0^2\right]\right\}-\left\{nk\left(n^2-n\right)S_1-2nS_2+6S_0^2\right\}}{(n-1)(n-2)(n-3)S_0^2}-\frac{1}{(n-1)^2}$$

其中，n 是观测值的数量，$S_0=\sum_{i=1}^{i=n}\sum_{j=1}^{j=n}W_{i,j}$ 是空间权重矩阵中元素之和。

$$S_1=\frac{\sum_{i=1}^{i=n}\sum_{j=1}^{j=n}\left(W_{i,j}+W_{j,i}\right)^2}{2}$$

如果权重矩阵是对称的，$S_1=2\sum_{i=1}^{i=n}\sum_{j=1}^{j=n}\left(W_{i,j}\right)^2$，那么 $S_2=\sum_{i=1}^{i=n}\left(W_{i,m}+W_{m,i}\right)^2$，$W_{i,m}$ 是权重第 i 列之和，$W_{m,i}$ 是第 i 行之和。如果矩阵对称，那么，有

$S_2=4\sum_{i=1}^{i=n}\left(\sum_{j=1}^{j=n}W_{i,j}\right)^2$，最终 $k=\frac{\sum_{i=1}^{n}\left(x_i-\overline{x}\right)^4}{\left(\sum_{i=1}^{n}\left(x_i-\overline{x}\right)^2\right)^2}$。这是基于数据矩阵中每个值的总和减去平均值的结果。

通过计算方差，I 的标准差也可以推导出来。$Z(I)$ 或 $\left[I-E(I)\right]/\sigma_I$ 服从正态分布，它的显著性可以通过标准统计表检验。

空间自相关的另一种衡量方法是 Geary's C 统计：

$$C=\frac{(n-1)}{2}\times\frac{\sum_{i=1}^{i=n}\sum_{j=1}^{j=n}W_{i,j}\left(x_i-x_j\right)^2}{\left(\sum_{i=1}^{i=n}\sum_{j=1}^{j=n}W_{i,j}\right)\sum_{i=1}^{i=n}\left(x_i-\overline{x}\right)^2}$$

C 的理论值等于 1，C 的取值为 0～2。如果 C=1 则没有空间自相关；如果 $0<C<1$，则有正的空间自相关；如果 $1<C<2$，则有负的空间自相关。

Geary's C 统计和 Moran's I 统计相似且逆相关，但不一样。Moran's I 统计取决于每个值之间的不同，数据集的平均值，和皮尔森相关系数相似，是协方差检验。Geary's C 统计更多关注相邻值，本质上是方差检验。

小　　结

自相关：当序列中的连续项相关时发生的情况。

自协方差：当一个序列中的相邻观测值不独立时发生。

相关系数：两个变量间的对应范围，系数 r 的表示形式为

$$r=\frac{n\sum x_iy_i-\sum x_i\sum y_i}{\sqrt{n\sum x_i^2-\left(\sum x_i\right)^2}\sqrt{n\sum y_i^2-\left(\sum y_i\right)^2}}$$

协方差：衡量两个变量 XY 之间的联系，表示为

$$\mathrm{Cov}(X,Y)=(1/n)\sum_{i=1}^{i=n}(x_i-\overline{x})(y_i-\overline{y})$$

误差项：观测值与计算值之差。

期望值 E：在一个离散性随机变量试验中每次可能结果的概率乘以其结果的总和。

Geary's C 统计：衡量空间自相关，其中 $C=\dfrac{(n-1)}{2}\times\dfrac{\sum\limits_{i=1}^{i=n}\sum\limits_{j=1}^{j=n}W_{i,j}\left(x_i-x_j\right)^2}{\left(\sum\limits_{i=1}^{i=n}\sum\limits_{j=1}^{j=n}W_{i,j}\right)\sum\limits_{i=1}^{i=n}(x_i-\overline{x})^2}$。

几何平均值：n 个数字计算结果的 n 次方根，例如，三个数 a、b、c，就是 $a\times b\times c$ 的三次方根。

Moran's I 统计：衡量空间自相关，表示为

$$I=N\frac{\sum\limits_{i=1}^{i=n}\sum\limits_{j=1}^{j=n}W_{i,j}(x_i-\overline{x})(x_j-\overline{x})}{\left(\sum\limits_{i=1}^{i=n}\sum\limits_{j=1}^{j=n}W_{i,j}\right)\sum\limits_{i=1}^{i=n}(x_i-\overline{x})^2}=\frac{N}{S}\times\frac{\sum\limits_{i=1}^{i=n}\sum\limits_{j=1}^{j=n}W_{i,j}(x_i-\overline{x})(x_j-\overline{x})}{\sum\limits_{i=1}^{i=n}(x_i-\overline{x})^2}$$

回归：衡量一个因变量和一个或 n 个自变量之间的关系。

残差：观测值与预测值之差。也称为误差项。

简单线性回归：衡量一个因变量和一个自变量之间的线性关系。

空间自相关：因为位置而不能独立时，映射数据所具有的属性。

趋势面：一种回归形式，第三维 Z 取决于 X,Y。

权重：观测值重要性的相对值。

第14章 最 优 解

14.1 最小二乘法解

回到回归背后的思想，可以看到，给出一系列观测值，每个观测值或测量值都包含些许误差，通过在最小方差的基础上分配残差(即残差平方和最小)，可以从大量的数中得到最有可能的值，这个原则称为最小二乘。尽管计算最小平方和的过程可以应用于任何残差集，但是对结果的解释，是在假设误差呈正态分布且权重相等或者已应用适当的权重的情况下进行的。

加权平均值给出了任何数据集最有可能的值，按照正态分布，可能的误差是 $\mathrm{e}^{-w_i(x_i-\overline{x})^2/2\sigma^2}$，当 $\sum w_i\left(x_i-\overline{x}\right)^2$ 最小时，$\mathrm{e}^{-w_i(x_i-\overline{x})^2/2\sigma^2}$ 最大，此时概率最大。

可以把这种思想扩展到线和曲面以外，但当处理一组观测值时，观测值的各种组合所面临的条件可以被确定。通常情况下，如果有 n 个被观察的值 $x_1,x_2,x_3,\cdots,x_n$ 线性相关，有 m 个独立关系，可以用 $ax_1+bx_2+cx_3+\cdots+nx_n+l=0$ 来表示，l 是数值，可以用普通写法来表示这种关系，如表 14.1 所示。另外，亦可以表示为形如 $\boldsymbol{MX}+\boldsymbol{L}=0$ 的矩阵形式，$\boldsymbol{M}$ 是由 a_s、b_s、c_s 等组成的 $m\times n$ 矩阵；$\boldsymbol{X}$ 是未知列向量；$\boldsymbol{L}$ 是常量列向量。在地理信息科学中，虽然观测值通常是角度、距离或时间，但是观测这些值的方法有着广泛的应用，从优化金融资产负债表到质量控制过程。关键问题是建立独立变量之间的线性关系。线性关系的建立不是一蹴而就的，线性关系需要加以“线性化”，在后续关于角度的举例中将会对线性化加以讨论。如果 $m=n$，即如果有与未知量相同数量的方程，那么可以算出所有 x_i 的精确值。如果 $m\neq n$，就必须建立最优解。

假设所有观测值的权重相等，每个观测值 x_i 都有微小误差，对于表 14.1 中的方程 j，令 $v_j=a_jx_1+b_jx_2+c_jx_3+\cdots+n_jx_n+l_j$：

表 14.1 满足条件：$\boldsymbol{MX}+\boldsymbol{L}=0$

$$
\begin{aligned}
1:&\quad a_1x_1+b_1x_2+c_1x_3+\cdots+f_1x_i+\cdots+n_1x_n+l_1=0\\
2:&\quad a_2x_1+b_2x_2+c_2x_3+\cdots+f_2x_i+\cdots+n_2x_n+l_2=0\\
&\quad\vdots\\
j:&\quad a_jx_1+b_jx_2+c_jx_3+\cdots+f_jx_i+\cdots+n_jx_n+l_n=0\\
&\quad\vdots\\
m:&\quad a_mx_1+b_mx_2+c_mx_3+\cdots+f_mx_i+\cdots+n_mx_n+l_m=0
\end{aligned}
$$

其中，$j=1,2,\cdots,m$；v_j 为残差。如果假设想让 m 个方程中每一个方程的误差最小化，那么必须通过适当修改 x_i，令 v_j 的平方和尽可能小。这将给出最可能的一致解。

v_j 有 $n+1$ 项，v_j^2 有 $(n+1)^2$ 项，所有项之和 $\sum v_j^2$ 将有 $m\times(n+1)^2$ 项。可以简化问题。

为 x_1 最小化 $\sum v_j^2$，令偏导数 $\partial\left(\sum v_j^2\right)/\partial x_1=0$；为 x_2 最小化 $\sum v_j^2$，令 $\partial\left(\sum v_j^2\right)/\partial x_2=0$，等等。

$$\frac{\partial\left(\sum v_j^2\right)}{\partial x_1}=\frac{\partial\left(v_1^2+v_2^2+v_3^2+\cdots\right)}{\partial x_1}=2\left(v_1\frac{\partial v_1}{\partial x_1}+v_2\frac{\partial v_2}{\partial x_2}+\cdots+v_m\frac{\partial v_m}{\partial x_1}\right)=0$$

令 $\frac{\partial v_1}{\partial x_1}=a_1$，

$$v_1\frac{\partial v_1}{\partial x_1}=a_1\left(a_1x_1+b_1x_2+c_1x_3+\cdots+f_1x_i+\cdots+n_1x_n+l_1\right)$$

$$v_2\frac{\partial v_2}{\partial x_1}=a_2\left(a_2x_1+b_2x_2+c_2x_3+\cdots+f_2x_i+\cdots+n_2x_n+l_2\right)$$

$$\cdots$$

对所有 m 个方程，把所有项加起来，对 x_1 求偏导，有 $\frac{\partial\left(\sum v_j^2\right)}{\partial x_1}=$ $2\left[\left(\sum a_j^2\right)x_1+\left(\sum a_jb_j\right)x_2+\cdots+\left(\sum a_jf_j\right)x_i+\cdots+\left(\sum a_jn_j\right)x_n+\left(\sum a_jl_j\right)\right]=0$，变差最小，概率最大($\sum a_jf_j$ 表示所有 m 项加起来，即 $a_1f_1+a_2f_2+\cdots+a_mf_m$)。类似地，有

$$\frac{\partial\left(\sum v_j^2\right)}{\partial x_2}=2\left[\left(\sum a_jb_j\right)x_1+\left(\sum b_j^{\ 2}\right)x_2+\cdots+\left(\sum b_jf_j\right)x_i+\cdots+\left(\sum b_jn_j\right)x_n+\left(\sum b_jl_j\right)\right]=0$$

n 个未知量，n 个方程求解 x。

如果用 $\sum a_i^2$ 表示 $[aa]$，$\sum a_jb_j$ 表示 $[ab]$，等等，为了简单，就用表 14.2 的表示方式。因此，有

$$[aa]=a_1^2+a_2^2+a_3^2+\cdots+a_m^2$$

$$[ab]=a_1b_1+a_2b_2+a_3b_3+\cdots+a_mb_m$$

$$\cdots$$

表 14.2 的方程称为正规方程。注意，在这 n 个方程中，x 的系数关于对角线对称，组成相关系数的平方和。

表 14.2 正规化方程：$\boldsymbol{M}^{\mathrm{T}}(\boldsymbol{MX}+\boldsymbol{L})=0$

$$[aa]x_1+[ab]x_2+[ac]x_3+\cdots+[af]x_i+\cdots+[an]x_n+[al]=0$$
$$[ab]x_1+[bb]x_2+[bc]x_3+\cdots+[bf]x_i+\cdots+[bn]x_n+[bl]=0$$
$$[ac]x_1+[bc]x_2+[cc]x_3+\cdots+[cf]x_i+\cdots+[cn]x_n+[cl]=0$$
$$\vdots$$
$$[an]x_1+[bn]x_2+[cn]x_3+\cdots+[fn]x_i+\cdots+[nn]x_n+[nl]=0$$

在表 14.1 中条件方程式 $\boldsymbol{MX}+\boldsymbol{L}=0$，其中，有

$$\boldsymbol{X}=\begin{pmatrix}x_1\\x_2\\x_3\\\cdots\\x_n\end{pmatrix};\ \boldsymbol{L}=\begin{pmatrix}l_1\\l_2\\l_3\\\cdots\\l_m\end{pmatrix};\ \boldsymbol{M}=\begin{pmatrix}a_1&b_1&c_1&\cdots&n_1\\a_2&b_2&c_2&\cdots&n_2\\a_3&b_3&c_3&\cdots&n_3\\\cdots&\cdots&\cdots&&\cdots\\a_m&b_m&c_m&\cdots&n_m\end{pmatrix};\ \boldsymbol{M}^{\mathrm{T}}=\begin{pmatrix}a_1&a_2&a_3&\cdots&a_m\\b_1&b_2&b_3&\cdots&b_m\\c_1&c_2&c_3&\cdots&c_m\\\cdots&\cdots&\cdots&&\cdots\\n_1&n_2&n_3&\cdots&n_m\end{pmatrix}$$

注意，得到

$$
\boldsymbol{M}^{\mathrm{T}} \times \boldsymbol{M} = \begin{pmatrix} [aa] & [ab] & [ac] & \dots & [an] \\ [ab] & [bb] & [bc] & \dots & [bn] \\ [ac] & [bc] & [cc] & \dots & [cn] \\ \dots & \dots & \dots & & \dots \\ [an] & [bn] & [cn] & \dots & [nn] \end{pmatrix}
$$

或者，得到

$$
\boldsymbol{M}^{\mathrm{T}}\boldsymbol{M}
$$

$$
= \begin{pmatrix} a_1a_1 + a_2a_2 + a_3a_3 + \cdots + a_ma_m & a_1b_1 + a_2b_2 + a_3b_3 + \cdots + a_mb_m & \cdots\cdots & a_1n_1 + a_2n_2 + a_3n_3 + \cdots + a_mn_m \\ b_1a_1 + b_2a_2 + b_3a_3 + \cdots + b_ma_m & b_1b_1 + b_2b_2 + b_3b_3 + \cdots + b_mb_m & \cdots\cdots & b_1n_1 + b_2n_2 + b_3n_3 + \cdots + b_mn_m \\ \cdots & \cdots & & \cdots \\ n_1a_1 + n_2a_2 + n_3a_3 + \cdots + n_ma_m & n_1b_1 + n_2b_2 + n_3b_3 + \cdots + n_mb_m & \cdots\cdots & n_1n_1 + n_2n_2 + n_3n_3 + \cdots + n_mn_m \end{pmatrix}
$$

及

$$
\boldsymbol{M}\boldsymbol{M}^{\mathrm{T}}
$$

$$
= \begin{pmatrix} a_1a_1 + b_1b_1 + c_1c_1 + \cdots + n_1n_1 & a_1a_2 + b_1b_2 + c_1c_2 + \cdots + n_1n_2 & \cdots\cdots & a_1a_m + b_1b_m + c_1c_m + \cdots + n_1 \\ a_2a_1 + b_2b_1 + c_2c_1 + \cdots + n_2n_1 & a_2a_2 + b_2b_2 + c_2c_2 + \cdots + n_2n_2 & \cdots\cdots & a_2a_m + b_2b_m + c_2c_m + \cdots + n_2 \\ \cdots & \cdots & & \cdots \\ a_ma_1 + b_mb_1 + c_mc_1 + \cdots + n_mn_1 & a_ma_2 + b_mb_2 + c_mc_2 + \cdots + n_mn_2 & \cdots\cdots & a_ma_m + b_mb_m + c_mc_m + \cdots + n \end{pmatrix}
$$

同时，

$$
\boldsymbol{M}^{\mathrm{T}}\boldsymbol{L} = \begin{pmatrix} a_1 & a_2 & a_3 & \cdots & a_m \\ b_1 & b_2 & b_3 & \cdots & b_m \\ c_1 & c_2 & c_3 & \cdots & c_m \\ \cdots & \cdots & \cdots & & \cdots \\ n_1 & n_2 & n_3 & \cdots & n_m \end{pmatrix} \times \begin{pmatrix} l_1 \\ l_2 \\ l_3 \\ \vdots \\ l_m \end{pmatrix} = \begin{pmatrix} [al] \\ [bl] \\ [cl] \\ \vdots \\ [nl] \end{pmatrix}
$$

表 14.3　加权正规化方程：$\boldsymbol{M}^{\mathrm{T}}\boldsymbol{WMX} + \boldsymbol{M}^{\mathrm{T}}\boldsymbol{WL} = 0$

$$
\begin{gathered}
[waa]x_1 + [wab]x_2 + \cdots + [waf]x_i + \cdots + [wan]x_n + [wal] = 0 \\
[wab]x_1 + [wbb]x_2 + \cdots + [wbf]x_i + \cdots + [wbn]x_n + [wbl] = 0 \\
[wac]x_1 + [wbc]x_2 + \cdots + [wcf]x_i + \cdots + [wcn]x_n + [wcl] = 0 \\
\vdots \\
[wan]x_1 + [wbn]x_2 + \cdots + [wfn]x_i + \cdots + [wnn]x_n + [wnl] = 0
\end{gathered}
$$

$\boldsymbol{M}^{\mathrm{T}}$ 有 n 行 m 列，$\boldsymbol{M}$ 有 m 行 n 列，所以 $\boldsymbol{M}^{\mathrm{T}}\boldsymbol{M}$ 是一个 $n\times n$ 的矩阵，$\boldsymbol{MM}^{\mathrm{T}}$ 是 $m\times m$ 的矩阵，因此表 14.2 可以简写为 $\boldsymbol{M}^{\mathrm{T}}(\boldsymbol{MX} + \boldsymbol{L}) = 0$ 。

一旦制定了必要的条件，就变成了列行的形式和转换相关矩阵求解 n 个未知量问题。例 14.1 给出了如何运用它的示例。

如果 m 个方程的权重不相等，需要最小化 $\sum w_j v_j^2$ 而不是 $\sum v_j^2$，正规化方程如表 14.3 所示，$\boldsymbol{W}$ 是权重矩阵。假设残差之间没有相关性，方差、协方差、权重矩阵 $\boldsymbol{W}$ 将会简化为对角矩阵。

在例 14.1，有条件 $m=5$ 影响 $n=3$ 个未知量，把它们简化为 3 个独立的方程式包含 3 个未知量。可能未知量比条件多，即 $m<n$。当做了冗余观测时会产生这种问题，例如，当测量三角形的 3 个角时，唯一的条件是 3 个测量值之和为 180°。在此，我们有 $x_1+x_2+x_3+r=0$，x_1、x_2、x_3 是每个角度的修正值，r 是补偿值。在这种情况下有

$$\boldsymbol{M}=(1,1,1),\quad \boldsymbol{M}^{\mathrm{T}}\boldsymbol{M}=\begin{pmatrix}1&1&1\\1&1&1\\1&1&1\end{pmatrix}$$

因此，源于 $\boldsymbol{M}^{\mathrm{T}}\boldsymbol{M}\boldsymbol{X}+\boldsymbol{M}^{\mathrm{T}}\boldsymbol{L}$ 的三个方程"$x_1+x_2+x_3+r=0$"是相等的，就没有解，必须采取不同的方法，如 14.2 节所述。

例 14.1　解决方程数比未知数多的问题

令

$$x+y+z-9.2=0$$

$$x+y+z-0.9=0$$

$$2x+3y+2z-20.6=0$$

$$3x-4y+5z-14.1=0$$

$$x+5y-3z-4.9=0$$

有三个值 (x,y,z) 和五个方程，假设权重相等。用矩阵的形式 $\boldsymbol{MX}+\boldsymbol{L}=0$，此处，有

$$\boldsymbol{M}=\begin{pmatrix}1&1&1\\1&1&-1\\2&3&2\\4&-4&5\\1&5&-3\end{pmatrix},\quad \boldsymbol{X}=\begin{pmatrix}x\\y\\z\end{pmatrix},\quad \boldsymbol{L}=\begin{pmatrix}-9.2\\-0.9\\-20.6\\-14.1\\-4.9\end{pmatrix}$$

$$\boldsymbol{M}^{\mathrm{T}}\boldsymbol{M}=\begin{pmatrix}1&1&2&3&1\\1&1&3&-4&5\\1&-1&2&5&-3\end{pmatrix}\times\begin{pmatrix}1&1&1\\1&1&-1\\2&3&2\\3&-4&5\\1&5&-3\end{pmatrix}=\begin{pmatrix}16&1&16\\1&52&-29\\16&-29&40\end{pmatrix}$$

$$\boldsymbol{M}^{\mathrm{T}}\boldsymbol{L}=\begin{pmatrix}1&1&2&3&1\\1&1&3&-4&5\\1&-1&2&5&-3\end{pmatrix}\times\begin{pmatrix}-9.2\\-0.9\\-20.6\\-14.1\\-4.9\end{pmatrix}$$

因此，$\boldsymbol{M}^{\mathrm{T}}(\boldsymbol{MX}+\boldsymbol{L})$ 或 $\boldsymbol{M}^{\mathrm{T}}\boldsymbol{MX}+\boldsymbol{M}^{\mathrm{T}}\boldsymbol{L}$ 给了三个方程，即

$$16x+1y+16z-98.5=0$$

$$1x+52y-29z-40=0$$

$$16x-29y+40z-105.3=0$$

从中得到 $x = 2.02$， $y = 2.93$， $z = 3.95$。

残差是−0.3、0.1、0.13、−0.01、−0.08，它们的平方和等于 0.1234。

14.2 测量修正

在地理信息科学的众多应用中，特别是在定位测量中，会有意识地进行一些冗余观测以改进精度，既要降低总体误差，又要减少残差的总体标准偏差，这样的观测提高了获得更高精度结果的可能性。

考虑这种情况，满足条件的观测值比条件多。必须满足基本的条件，同时确保 $\sum w_i\varepsilon_i^2$ 最小，w_i 是每个观测值的权重，ε_i 是观测量 (O_i) 的修正值。i 是观测的序列值，取值为 1～n，n 是观测量的总数。

如果每次观测的最优结果是 x_i， $x_i = O_i + \varepsilon_I$， $\sum w_i\varepsilon_i^2$ 最小时，对 ε 的偏微分必须等于 0。因此 $2w_1\varepsilon_1\delta\varepsilon_1 + 2w_2\varepsilon_2\delta\varepsilon_2 + \cdots + 2w_n\varepsilon_n\delta\varepsilon_n = 0$，或者 $w_1\varepsilon_1\delta\varepsilon_1 + w_2\varepsilon_2\delta\varepsilon_2 + \cdots + w_n\varepsilon_n\delta\varepsilon_n = 0$。

权重可以表示为对角矩阵 $\boldsymbol{W}$:

$$\boldsymbol{W} = \begin{pmatrix} w_1 & 0 & 0 & \cdots & 0 \\ 0 & w_2 & 0 & \cdots & 0 \\ \cdots & \cdots & \cdots & & 0 \\ 0 & 0 & 0 & 0 & w_n \end{pmatrix}$$

或者如第 13 章 13.1 节最后所示。

$$\boldsymbol{W} = \begin{pmatrix} 1/\sigma_1^2 & 0 & 0 & \cdots & 0 \\ 0 & 1/\sigma_2^2 & 0 & \cdots & 0 \\ 0 & 0 & 1/\sigma_3^2 & \cdots & 0 \\ \cdots & \cdots & \cdots & & \cdots \\ 0 & 0 & 0 & \cdots & 1/\sigma_n^2 \end{pmatrix}。$$

通常情况下，有 n 个观测值，m 个条件来满足表 14.4 的方程。在此 $x_i = o_i + \varepsilon_i$，$x$ 是调整值，o 是观测值，像一组角度，不同之处在于修正项 ε。$\boldsymbol{M}$ 是条件的 $m\times n$ 矩阵，$\boldsymbol{O}$ 和 $\boldsymbol{\varepsilon}$ 是 $n\times 1$ 列矩阵。

表 14.4 观测值和条件：$\boldsymbol{M}(\boldsymbol{O}+\boldsymbol{\varepsilon})+\boldsymbol{L}=0$

$$\begin{gathered} a_1(o_1+\varepsilon_1)+b_1(o_2+\varepsilon_2)+\cdots+f_1(o_i+\varepsilon_i)+\cdots+n_1(o_n+\varepsilon_n)+l_1=0 \\ a_2(o_1+\varepsilon_1)+b_2(o_2+\varepsilon_2)+\cdots+f_2(o_i+\varepsilon_i)+\cdots+n_2(o_n+\varepsilon_n)+l_2=0 \\ \vdots \\ a_i(o_1+\varepsilon_1)+b_i(o_2+\varepsilon_2)+\cdots+f_i(o_i+\varepsilon_i)+\cdots+n_i(o_n+\varepsilon_n)+l_i=0 \\ \vdots \\ a_m(o_1+\varepsilon_1)+b_m(o_2+\varepsilon_2)+\cdots+f_m(o_i+\varepsilon_i)+\cdots+n_m(o_n+\varepsilon_n)+l_m=0 \end{gathered}$$

表 14.4 的 m 个关系式必须实现，同时确保 $\sum\varepsilon^2$ 最小。n 个未知误差项和修正值必须满足 m 个关系式。如果不考虑未修正的观测值，将有 m 个方程式 $a_io_1 + b_io_2 + c_io_3 + \cdots + f_io_i + \cdots +$

$n_i o_n + l_i = r_i$。

r_i 是条件 i 的残差。方程式的形式为 $\boldsymbol{MO} + \boldsymbol{L} = \boldsymbol{R}$，最小二乘解需要 $\sum\varepsilon^2$ 和 $\sum r^2$ 为最小值。

可以把表 14.4 的 m 个方程写成表 14.5 的形式，$\boldsymbol{\varepsilon}$ 是观测量修正值的列向量，$\boldsymbol{R}$ 是残差的列向量。

如果对表 14.5 的方程求偏微分，假设 ε 是变量，将获得 m 个方程，n 个未知量，如表 14.6 所示，称为 E_1、E_2，等等。

接着，以列向量的形式引进 m 个常量。

$$\boldsymbol{K} = \begin{pmatrix} K_1 \\ K_2 \\ \vdots \\ K_i \\ \vdots \\ K_m \end{pmatrix}$$

表 14.5 优化关系式：$\boldsymbol{M\varepsilon} + \boldsymbol{R} = 0$

$$\begin{gathered} a_1\varepsilon_1 + b_1\varepsilon_2 + c_1\varepsilon_3 + \cdots + f_1\varepsilon_i + \cdots + n_1\varepsilon_n + r_1 = 0 \\ a_2\varepsilon_1 + b_2\varepsilon_2 + c_2\varepsilon_3 + \cdots + f_2\varepsilon_i + \cdots + n_2\varepsilon_n + r_2 = 0 \\ \vdots \\ a_i\varepsilon_1 + b_i\varepsilon_2 + c_i\varepsilon_3 + \cdots + f_i\varepsilon_i + \cdots + n_i\varepsilon_n + r_i = 0 \\ \vdots \\ a_m\varepsilon_1 + b_m\varepsilon_2 + c_m\varepsilon_3 + \cdots + f_m\varepsilon_i + \cdots + n_m\varepsilon_n + r_m = 0 \end{gathered}$$

表 14.6 微分方程：$\boldsymbol{M}(\delta\boldsymbol{\varepsilon}) = 0$

E_1	$a_1\delta\varepsilon_1 + b_1\delta\varepsilon_2 + c_1\delta\varepsilon_3 + \cdots + f_1\delta\varepsilon_i + \cdots + n_1\delta\varepsilon_n = 0$
E_2	$a_2\delta\varepsilon_1 + b_2\delta\varepsilon_2 + c_2\delta\varepsilon_3 + \cdots + f_2\delta\varepsilon_i + \cdots + n_2\delta\varepsilon_n = 0$
	$\vdots$
E_i	$a_i\delta\varepsilon_1 + b_i\delta\varepsilon_2 + c_i\delta\varepsilon_3 + \cdots + f_i\delta\varepsilon_i + \cdots + n_i\delta\varepsilon_n = 0$
	$\vdots$
E_m	$a_m\delta\varepsilon_1 + b_m\delta\varepsilon_2 + c_m\delta\varepsilon_3 + \cdots + f_m\delta\varepsilon_i + \cdots + n_m\delta\varepsilon_n = 0$

最初，K_1、K_2 等的数值未知。把它们应用到如表 14.6 的有区别的等效方程，以 $\boldsymbol{M}(\delta\boldsymbol{\varepsilon})\boldsymbol{K}$ 的形式把所有的方程式组合起来。方程变为 $E_1 \times K_1 + E_2 \times K_2 + \cdots$，$E_1$ 表示 $(a_1\delta\varepsilon_1 + b_1\delta\varepsilon_1 + c_1\delta\varepsilon_2 + \cdots + f_1\delta\varepsilon_i + n_1\delta\varepsilon_n)$。得到一个独立方程为

$$\begin{aligned} &K_1\left(a_1\delta\varepsilon_1 + b_1\delta\varepsilon_2 + c_1\delta\varepsilon_3 + \cdots + f_1\delta\varepsilon_i + \cdots + n_1\delta\varepsilon_n\right) \\ &+K_2\left(a_2\delta\varepsilon_1 + b_2\delta\varepsilon_2 + c_2\delta\varepsilon_3 + \cdots + f_2\delta\varepsilon_i + \cdots + n_2\delta\varepsilon_n\right) + \cdots \\ &+K_m\left(a_\mu\delta\varepsilon_1 + b_m\delta\varepsilon_2 + c_m\delta\varepsilon_3 + \cdots + f_m\delta\varepsilon_i + \cdots + n_m\delta\varepsilon_n\right) = 0 \end{aligned}$$

整理之后为

$$\begin{gathered} (a_1K_1 + a_2K_2 + \cdots + a_mK_m)\delta\varepsilon_1 + (b_1K_1 + b_2K_2 + \cdots + b_mK_m)\delta\varepsilon_2 + \cdots + \\ (n_1K_1 + n_2K_2 + \cdots + n_mK_m)\delta\varepsilon_n = 0 \end{gathered}$$

这与用残差平方加权和为最小值的条件(即 14.2 节展示的：$w_1\varepsilon_1\delta\varepsilon_1 + w_2\varepsilon_2\delta\varepsilon_2 + \cdots + w_n\varepsilon_n\delta\varepsilon_n = 0$)相同。那么必须有 n 个关系式，如表 14.7 所示。

表 14.7　相关之间的关系：$\boldsymbol{M}^{\mathrm{T}}\boldsymbol{K} = \boldsymbol{W}_{\varepsilon}$

$$
\begin{gathered}
(a_1K_1 + a_2K_2 + \cdots + a_mK_m) = w_1\varepsilon_1 \\
(b_1K_1 + b_2K_2 + \cdots + b_mK_m) = w_2\varepsilon_2 \\
\vdots \\
(n_1K_1 + n_2K_2 + \cdots + n_mK_m) = w_n\varepsilon_n
\end{gathered}
$$

得到了 n 个关系式和 m 个未知量 K，n 个未知量 ε。换句话说，$\varepsilon_1 = (a_1K_1 + a_2K_2 + \cdots + a_mK_m)/w_1$。量 K 称为关联词。替换原始方程(表 14.5)的值 ε，得到表 14.8 关于关联词的 m 个方程，重新整理得到表 14.9。解 m 个线性方程得到 K，代回表 14.7 中的方程得到值 ε。

表 14.8　相关方程

1	$a_1(a_1K_1 + a_2K_2 + \cdots + a_mK_m)/w_1 + b_1(b_1K_1 + b_2K_2 + \cdots + b_mK_m)/w_2 + \cdots + r_1 = 0$
2	$a_2(a_1K_1 + a_2K_2 + \cdots + a_mK_m)/w_1 + b_2(b_1K_1 + b_2K_2 + \cdots + b_mK_m)/w_2 + \cdots + r_2 = 0$
	$\vdots$
m	$a_m(a_1K_1 + a_2K_2 + \cdots + a_mK_m)/w_1 + b_m(b_1K_1 + b_2K_2 + \cdots + b_mK_m)/w_2 + \cdots + r_m = 0$

表 14.9　相关问题解法

1	$K_1(a_1a_1/w_1 + b_1b_1/w_2 + \cdots + n_1n_1)/w_n +$ $K_2(a_1a_2/w_1 + b_1b_2/w_2 + \cdots + n_1n_2)/w_n + \cdots +$ $K_m(a_1a_m/w_1 + b_1b_m/w_2 + \cdots + n_1n_m)/w_n + r_1 = 0$
2	$K_1(a_1a_2/w_1 + b_1b_2/w_2 + \cdots + n_1n_2)/w_n +$ $K_2(a_2a_2/w_1 + b_2b_2/w_2 + \cdots + n_2n_2)/w_n + \cdots +$ $K_m(a_2a_m/w_1 + b_2b_m/w_2 + \cdots + n_2n_m)/w_n + r_2 = 0$
	$\vdots$
m	$K_1(a_1a_m/w_1 + b_1b_m/w_2 + \cdots + n_1n_m)/w_n +$ $K_2(a_2a_m/w_1 + b_2b_m/w_2 + \cdots + n_2n_m)/w_n + \cdots +$ $K_m(a_ma_m/w_1 + b_mb_{2m}/w_2 + \cdots + n_{2m}n_m)/w_n + r_m = 0$

综上所述，如果 n 个修正值组成的列向量必须满足的条件是 $\boldsymbol{\varepsilon} = (\varepsilon_1, \varepsilon_2, \cdots, \varepsilon_i, \cdots, \varepsilon_m)^{\mathrm{T}}$，如果 $\boldsymbol{K}$ 是修正值的列向量 $(k_1, k_2, \cdots, k_i, \cdots, k_m)^{\mathrm{T}}$ 并且 $\boldsymbol{M}$ 是一组 m 个条件和 n 个未知修正值 ε，那么满足 $\boldsymbol{M\varepsilon} + \boldsymbol{R} = 0$，并且 $\sum r^2$ 是最小值。假设以权重为单位，如果 $\boldsymbol{MM}^{\mathrm{T}}\boldsymbol{K} + \boldsymbol{R} = 0$，可以得到值 k 及 $\boldsymbol{\varepsilon} = \boldsymbol{M}^{\mathrm{T}}\boldsymbol{K}$。

这是非常抽象的，所以举例来说明。图 14.1 中，如果 8 个内角都已测量(测量师称其为支撑四边形)，就会存在冗余测量。实际上，如果∠A、∠B 已知，只需要两次测量就可以确定∠C 和∠D，因此，如果有八个观测值就会有四个多余的观测值。这些可以用来提高由∠A 和∠B 测定∠C 和∠D 的精度。

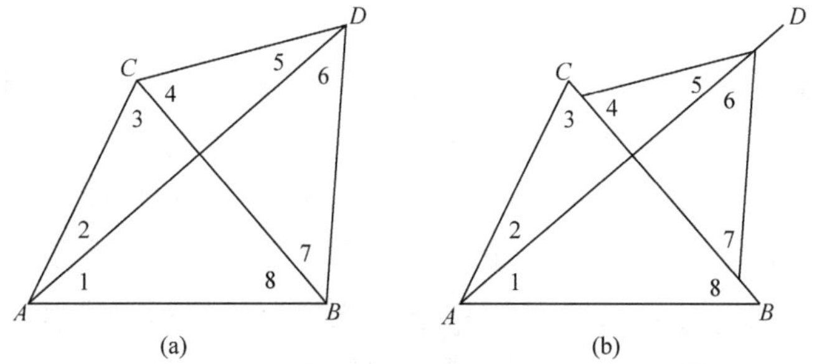

图 14.1　支撑四边形

如果在图 14.1(a)中得到支撑四边形，那么很显然，角度是

$$\angle 1+\angle 2+\angle 3+\angle 8=180°$$

$$\angle 4+\angle 5+\angle 6+\angle 7=180°$$

$$\angle 2+\angle 3+\angle 4+\angle 5=180°$$

$$\angle 6+\angle 7+\angle 8+\angle 1=180°$$

$$\angle 1+\angle 2+\angle 3+\angle 4+\angle 5+\angle 6+\angle 7+\angle 8=360°$$

有 5 个方程 4 个冗余观测值，因此如果$\angle A$、$\angle B$已知，那么根据$\angle 1$、$\angle 2$、$\angle 7$、$\angle 8$可以有效确定$\angle C$、$\angle D$，$\angle 3$、$\angle 4$、$\angle 5$、$\angle 6$冗余。然而这五个方程不是相互独立的，第五个方程式等于第一和第二个方程之和，第三和第四个之和。此外，$\angle 4+\angle 5=\angle 1+\angle 8$，同时$\angle 2+\angle 3=\angle 6+\angle 7$，不能区分这对角。图 14.1(b)的角和图 14.1(a)的角大小一样，但几何意义不同。

从中得到的结论是，在定义条件时必须小心，条件必须满足。在支撑四边形中，为了满足几何要求，需要确保规模是一致的。因此，有

$$AB/AC=\sin 3/\sin 8\;;\qquad AC/CD=\sin 5/\sin 2$$

$$CD/DB=\sin 7/\sin 4\;;\qquad DB/AB=\sin 1/\sin 6$$

接着把所有项相乘得到

$$\frac{AB}{AC}\times\frac{AC}{AD}\times\frac{CD}{DB}\times\frac{DB}{AB}=\frac{AB\times AC\times CD\times DB}{AC\times CD\times DB\times AB}=1$$

因此，有

$$\frac{\sin 3\times\sin 5\times\sin 7\times\sin 1}{\sin 8\times\sin 2\times\sin 4\times\sin 6}=1$$

或者，有

$$\sin 3\times\sin 5\times\sin 7\times\sin 1=\sin 8\times\sin 2\times\sin 4\times\sin 6$$

现在有四个独立的方程必须满足，即

$$\angle 4+\angle 5=\angle 1+\angle 8$$

$$\angle 2+\angle 3=\angle 6+\angle 7$$

$$\angle 1+\angle 2+\angle 3+\angle 4+\angle 5+\angle 6+\angle 7+\angle 8=360°$$

$$\sin 3\times\sin 5\times\sin 7\times\sin 1=\sin 8\times\sin 2\times\sin 4\times\sin 6$$

满足这四个方程将确保这个几何体是健壮的。这些方程式是条件方程式，必须准确地满足。

其中三个方程是线性形式，但目前，角度的 sin 值之间的关系不是线性的。可以把这种关

系表达为

$$\lg\sin 3\times\lg\sin 5\times\lg\sin 7\times\lg\sin 1=\lg\sin 8\times\lg\sin 2\times\lg\sin 4\times\lg\sin 6$$

在 lgsin 值之间是线性关系。每个观测角都有一个修正值 ε_i''，i 为 1～8。从 lg sin 表中可以观察到 1″ 弧段的差别，称为 ϕ_1；例如，$\lg\sin 52°48'12''=-0.0987787$，而 $\lg\sin 52°48'13''=-0.0987771$，因此 $\phi_1=0.0000016$。假设修正值很小，对数值的差别将是 $\varepsilon_i\phi_i$，在本例中是 $0.0000016\varepsilon_i$。因此，$\varepsilon_3\phi_3+\varepsilon_5\phi_5+\varepsilon_7\phi_7+\varepsilon_1\phi_1=\varepsilon_8\phi_8+\varepsilon_2\phi_2+\varepsilon_4\phi_4+\varepsilon_6\phi_6$，这给了一个误差项之间的线性方程式。

例 14.2 建立了基于对数正弦条件的关系，这是通过简化对数正弦条件为一组线性关系来实现的。例 14.3 总结了必须优化的修正值。

例 14.2　支撑四边形的角

角	观测值	lg sin (奇数角)	Δ1″	lg sin (平角/等角)	Δ1″
1	52°48′12.3″	−0.0987783	16		
2	89°33′15.8″			−0.0000131	0
3	15°13′58.9″	−0.5804649	77		
4	17°23′14.0″			−0.5245787	67
5	57°49′31.7″	−0.0724090	13		
6	68°09′09.5″			−0.0323685	8
7	36°38′19.6″	−0.2241944	28		
8	22°24′31.0″			−0.4188365	51
和	360°00′12.8″	−0.9758466		−0.9757968	

如果对每个角度的值调整一定的量，使 sin 值一致，那么，有

$$16\varepsilon_1+77\varepsilon_3+13\varepsilon_7+28\varepsilon_7-9758466=67\varepsilon_4+8\varepsilon_6+51\varepsilon_8-9757968$$

或

$$16\varepsilon_1+77\varepsilon_3-67\varepsilon_4+13\varepsilon_7-8\varepsilon_6+28\varepsilon_7-51\varepsilon_8-498=0$$

例 14.3　测量平差的一个例子

利用例 14.2 的数据：$\angle 1+\angle 8=75°12'43.3''$ 和 $\angle 4+\angle 5=75°12'45.7''$

因此，有

$$\varepsilon_1+\varepsilon_8+75°12'43.3''=\varepsilon_4+\varepsilon_5+75°12'45.7''$$

$$\varepsilon_1-\varepsilon_4-\varepsilon_5+\varepsilon_8-2.4=0 \qquad (式1)$$

同时，有

$$\angle 2+\angle 3=104°47'14.7'' \text{ 和 } \angle 6+\angle 7=104°47'29.1''$$

$$\varepsilon_2+\varepsilon_3-\varepsilon_6-\varepsilon_7-14.4=0 \qquad (式2)$$

$$\varepsilon_1+\varepsilon_2+\varepsilon_3+\varepsilon_4+\varepsilon_5+\varepsilon_6+\varepsilon_7+\varepsilon_8+12.8=0 \qquad (式3)$$

同时，有

$$\sin 1\times\sin 3\times\sin 5\times\sin 7=\sin 2\times\sin 42\times\sin 6\times\sin 8$$

因此，有

$$\lg\sin 1\times\lg\sin 3\times\lg\sin 5\times\lg\sin 7=\lg\sin 2\times\lg\sin 4\times\lg\sin 6\times\lg\sin 8$$

四个奇数角度 lg sin 的值加上–0.9758466 和均等的–0.9757968(例 14.2)。增加1″，lg sin 的改变可以从表格或计算机中看到。

如例 14.2 所示

$$16\varepsilon_1+77\varepsilon_3-67\varepsilon_4+13\varepsilon_7-8\varepsilon_6+28\varepsilon_7-51\varepsilon_8-498=0 \quad (式4)$$

因此，有四个线性方程(式1、式2、式3、式4)，八个未知数 ε_i，每一个代表一个角度的修正值。

在例 14.2 中，八个角中每一个角的正弦对数与每个对数在弧Δ1″的一秒内的差值置于表格中。这使我们能够以线性组合的形式表达误差，该线性组合源自一种关系，该关系表示为一系列相乘的正弦值。

例 14.3 展示了这个过程是如何进行的，让修正值之间的简单线性关系应用于每个角度。框图也显示了角度和之间的线性关系。四个独立方程联系八个未知量。此外，希望 $\sum\varepsilon^2$ 最小。使用公式推导，n=8，为观测角度的数量，m=4，为条件的数量。在例 14.4 中汇总四个条件方程式(式1、式2、式3、式4)，八个未知数。

例 14.4 相关的形成

方程式	$a=\varepsilon_1$	$b=\varepsilon_2$	$c=\varepsilon_3$	$d=\varepsilon_4$	$e=\varepsilon_5$	$f=\varepsilon_6$	$g=\varepsilon_7$	$h=\varepsilon_8$	r
式1	1	0	0	−1	−1	0	0	1	−2.4
式2	0	1	1	0	0	−1	−1	0	−14.4
式3	1	1	1	1	1	1	1	1	12.8
式4	16	0	77	−67	13	−8	28	−51	−498

在例 14.4 中，行是条件方程，列是修正值。在此，行称为式 1，如例 14.3 中的式 1 所示。

$$1\times\varepsilon_1-1\times\varepsilon_4-1\times\varepsilon_5+1\times\varepsilon_8-2.4=0$$

用例 14.4 的方程同时假设权重都为 1，可以用数字代替所有的表达式，如 $K_1(a_1a_1/w_1+b_1b_1/w_2+\cdots+n_1n_1/w_n)+K_2(a_1a_2/w_1+b_1b_2/w_2+\cdots+n_1n_2/w_n)+\cdots$

因此，第一个方程的系数为

K_1，来自$式1^2=1^2+0^2+0^2+(-1)^2+(-1)^2+0^2+0^2+1^2=4$

K_2，来自$式1\times式2=1\times0+0\times1+0\times1-1\times0-1\times0+0\times(-1)+0\times(-1)+1\times0=0$

K_3，来自$式1\times式3=1+0+0-1-1+0+0+1=0$

K_4，来自$式1\times式4=16+0+0+67-13+0+0-51=19$

得到

$$4\times K_1+0\times K_2+0\times K_3+19\times K_4-2.4=0$$

相似地，可以推导第二个方程的系数为

$$式\times式2，式2^2，式2\times式3，式2\times式4$$

第三个方程的系数为

$$式1\times式3,\ 式2\times式3,\ 式3^2,\ 式3\times式4$$

第四个方程的系数为

$$式1\times式4,\ 式2\times式4,\ 式3\times式4,\ 式4^2$$

因此，用例 14.4 的数在表 14.9 的方程中替换它们，得到

$$4\times K_1+0\times K_2+0\times K_3+19K_4-2.4=0 \quad ①$$

$$0\times K_1+4\times K_2+0\times K_3+57K_4-14.4=0 \quad ②$$

$$0\times K_1+0\times K_2+8\times K_3+8K_4+12.8=0 \quad ③$$

$$19\times K_1+57\times K_2+8\times K_3+14292K_4-498=0 \quad ④$$

从①式，得到

$$K_1=0.6-4.75K_4$$

从②式，得到

$$K_2=3.6-14.25K_4$$

从③式，得到

$$K_3=-1.6-K_4$$

从④式，得到

$$K_4=(294.2)/(13381.5)=0.022$$

所以，$K_1=0.496$；$K_2=3.287$；$K_3=-1.622$；$K_4=0.022$。

代换回来，使用例 14.4 并向下读取列，在列头为“$a=\varepsilon_1$”的列下，有

$$\varepsilon_1=1\times式1+0\times式2+1\times式3+16\times式4$$

$$\varepsilon_2=0\times式1+1\times式2+1\times式3+0\times式4$$

$$\varepsilon_3=0\times式1+1\times式2+1\times式3+77\times式4$$

以此类推。

在例 14.5 中显示结果。

例 14.5　完成的解决方案

$$\varepsilon_1=1\times K_1+0\times K_2+1\times K_3+16\times K_4=-0.774=-0.8$$

$$\angle 1=52°48'11.5''$$

$$\varepsilon_2=0\times K_1+1\times K_2+1\times K_3+0\times K_4=1.665=\pm1.7$$

$$\angle 2=89°33'17.5''$$

$$\varepsilon_3=0\times K_1+1\times K_2+1\times K_3+77\times K_4=3.358=+3.4$$

$$\angle 3=15°14'02.3''$$

$$\varepsilon_4=-1\times K_1+0\times K_2+1\times K_3-67\times K_4=-3.591=-3.6$$

$$\angle 4=17°23'10.4''$$

$$\varepsilon_5=-1\times K_1+0\times K_2+1\times K_3+13\times K_4=-1.832=-1.8$$

$$\angle 5=57°49'29.9''$$

$$\varepsilon_6=0\times K_1+(-1)\times K_2+1\times K_3-8\times K_4=-5.085=-5.1$$

$$\angle 6=68°09'04.4''$$

$$\varepsilon_7 = 0\times K_1 + (-1)\times K_2 + 1\times K_3 + 28\times K_4 = -4.293 = -4.3$$

$$\angle 7 = 36°38'15.3''$$

$$\varepsilon_8 = 1\times K_1 + 0\times K_2 + 1\times K_3 - 51 = -2.248 = -2.2$$

$$\angle 8 = 22°24'28.8''$$

用矩阵的形式可以更美观地表达，总结为

如果 $\boldsymbol{M}=\begin{pmatrix} 1 & 0 & 0 & -1 & -1 & 0 & 0 & 1 \\ 0 & 1 & 1 & 0 & 0 & -1 & -1 & 0 \\ 1 & 1 & 1 & 1 & 1 & -1 & 1 & 1 \\ 16 & 0 & 77 & 67 & 13 & -8 & 28 & -51 \end{pmatrix}$；$\boldsymbol{R}=\begin{pmatrix} -2.4 \\ -14.4 \\ 12.8 \\ -498 \end{pmatrix}$；

$$\boldsymbol{M}^{\mathrm{T}}=\begin{pmatrix} 1 & 0 & 1 & 16 \\ 0 & 1 & 1 & 0 \\ 0 & 1 & 1 & 77 \\ -1 & 0 & 1 & -67 \\ -1 & 0 & 1 & 13 \\ 0 & -1 & 1 & -8 \\ 0 & -1 & 1 & 28 \\ 1 & 0 & 1 & -51 \end{pmatrix}$$

那么

$$\boldsymbol{M}\times\boldsymbol{M}^{\mathrm{T}}\times\boldsymbol{K}=\begin{pmatrix} 4 & 0 & 0 & 19 \\ 0 & 4 & 0 & 57 \\ 0 & 0 & 8 & 8 \\ 19 & 57 & 8 & 14292 \end{pmatrix}\times\boldsymbol{K}=-\boldsymbol{R}=-\begin{pmatrix} -2.4 \\ -14.4 \\ 12.8 \\ -498 \end{pmatrix}$$

这里 $\boldsymbol{K}=\begin{pmatrix} K_1 \\ K_2 \\ K_3 \\ K_4 \end{pmatrix}$。

得到

$$\boldsymbol{K}=-\begin{pmatrix} 4 & 0 & 0 & 19 \\ 0 & 4 & 0 & 57 \\ 0 & 0 & 8 & 8 \\ 19 & 57 & 8 & 14292 \end{pmatrix}^{-1}\times\begin{pmatrix} -2.4 \\ -14.4 \\ 12.8 \\ -498 \end{pmatrix}$$

$$=-\begin{pmatrix} 0.2517 & 0.0051 & 0.0004 & -0.0004 \\ 0.0051 & 0.2652 & 0.0011 & -0.0011 \\ 0.0004 & 0.0011 & 0.1251 & -0.0001 \\ -0.0004 & -0.0011 & -0.0001 & 0.0001 \end{pmatrix}\times\begin{pmatrix} -2.4 \\ -14.4 \\ 12.8 \\ -498 \end{pmatrix}=\begin{pmatrix} 0.496 \\ 3.287 \\ -1.622 \\ 0.022 \end{pmatrix}$$

因此，有

$$\varepsilon = \boldsymbol{M}^{\mathrm{T}}\boldsymbol{K} = \begin{pmatrix} 1 & 0 & 1 & 16 \\ 0 & 1 & 1 & 0 \\ 0 & 1 & 1 & 77 \\ -1 & 0 & 1 & -67 \\ -1 & 0 & 1 & 13 \\ 0 & -1 & 1 & -8 \\ 0 & -1 & 1 & 28 \\ 1 & 0 & 1 & -51 \end{pmatrix} \times \begin{pmatrix} 0.496 \\ 3.287 \\ -1.622 \\ 0.022 \end{pmatrix} = \begin{pmatrix} -0.774 \\ 1.665 \\ 3.358 \\ -3.591 \\ -1.832 \\ -5.085 \\ -4.293 \\ -2.248 \end{pmatrix}$$

某种程度上有些曲折的运算致使例 14.5 提供了一种方法，四舍五入到最近的 0.1，令 $\sum\varepsilon^2 = 80.6$。这是最小二乘值。

返回到 14.1 节最后的那个问题，三角形有三个角和一个修正值：

$x_1 + x_2 + x_3 + r = 0$，$\boldsymbol{M} = (1,1,1)$，$\boldsymbol{M} \times \boldsymbol{M}^{\mathrm{T}} = 3$，$\boldsymbol{M} \times \boldsymbol{M}^{\mathrm{T}} \times \boldsymbol{K} = 3 \times \boldsymbol{K} = -r$，因此 $\boldsymbol{K} = (-r/3)$，且 $\boldsymbol{X} = \begin{pmatrix} -r/3 \\ -r/3 \\ -r/3 \end{pmatrix}$，$x_1 = x_2 = x_3 = -r/3$，这意味着对每个角度应用相等的校正作为最佳最小二乘解。

很多类型的观测值可以用这种方法处理，假设知道必须实现的条件和不同观测值的相对权重。尽管普通写法乏味，但一旦形成方程，计算机就可以“接手”了，并且为每个观测值提供最有可能的值。

最小二乘调整技术在测量和制图中有很多应用，实际上在其他领域需要最佳解决方案。对数在理想情况下适合电子数据处理，但是结果的质量取决于观测值的质量和调整过程的潜在假设。例如，如果观测值不独立，某种程度上与其他值相关，那么最小二乘过程的潜在假设就不完全有效。用方差和协方差分析的检验自相关的技术是可行的，这在第 13 章已经讲到。

14.3 卫星定位

全球定位系统(GPS)利用一些数学过程确定地球表面一点的坐标。一系列的卫星绕地球旋转传输关于它们位置和时间的数据，接收机接收信号。本质上，如果卫星 i 在时间 t_i 的位置是 (x_i,y_i,z_i)，它的信号被位于 (x,y,z) 处的地面站 R 在当地地面站的时间 t_r 时接收，卫星和点 R 之间的距离是 $\sqrt{(x-x_i)^2+(y-y_i)^2+(z-z_i)^2}$。该系统的坐标是直角笛卡儿坐标系和地心坐标系，它们相对于名义上的地心来表达，Z 轴穿过南北极，X 轴的方向由穿过格林尼治(图 14.2 中 G)的子午线决定，Y 轴与 X 轴成直角。

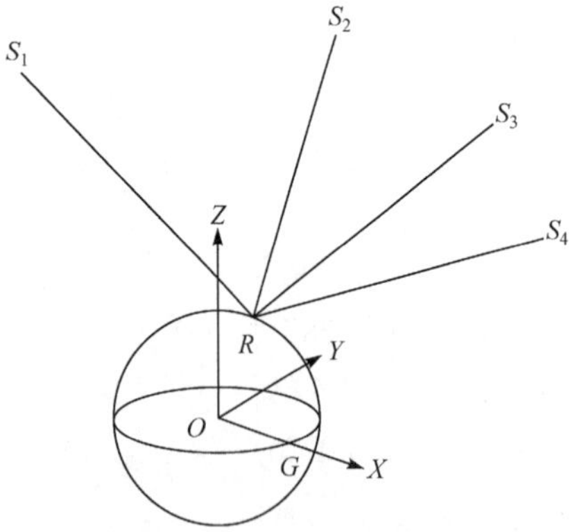

图 14.2　四颗卫星和接收机

信号以光速传递的时间是 $t_r - e - t_i$，e 是两个时钟之间的时间误差。因此两者之间的距离是 $(t_r - e - t_i) \times c$，c 是光速。光速精确已知，等于 299792458m/s。

通过时间测量得出空间点间的距离。想象在每颗卫星周围都有一个半径为(t_r-e-t_i)的球体，而接收机 R 位于球体与地球表面相交的点上。

由毕达哥拉斯公式，有

$$\sqrt{(x-x_i)^2+(y-y_i)^2+(z-z_i)^2}=(t_r-e-t_i)\times c$$

在这个方程中有四个未知量，即 x,y,z,e。因此需要四组观测值解出未知量，也就是说必须观测四颗卫星。这里假设时钟误差 e 对于每组观测值都相同。实际上，卫星发射的信号是基于相同的参考系统。e 仅仅取决于接收站，在相同的空间，相同的设备在相同的时间对所有的观测都是一样的。因此所需要的卫星是四颗这个假设是有效的。

可以把这四种关系表达为

$$\sqrt{(x-x_i)^2+(y-y_i)^2+(z-z_i)^2}+ec=(t_r-t_i)\times c\ ,\quad i=1,2,3,4$$

其中，$(t_r-t_i)\times c$ 称为伪距，通常指定为 ρ_i。

这四个方程不是线性的，但是可以用牛顿的方法迭代解决，将在例 14.7 中加以讨论。另外，如果把 ec 写成 l，方程可以表达为

$$(x-x_i)^2+(y-y_i)^2+(z-z_i)^2=(\rho_i-l)^2=\rho_i^2-2l\rho_i+l^2$$

或

$$F_i=\left(x_i^2+y_i^2+z_i^2-\rho_i^2\right)-2\left(x_ix+y_iy+z_iz-l\rho_i\right)+\left(x^2+y^2+z^2-l^2\right)=0$$

把这个关系式称为 F_i。当接收机位于给定点，$(x^2+y^2+z^2-l^2)$ 对于所有观测都是一样的。如果有五颗或更多的卫星观测，那么可以通过使用成对观测来消除该项，从而提供 x、y、z 和 l 之间的四个或更多线性关系。也可以用最小二乘的方法确定最优解决方案，F_i 不被看作 0 而是残差，必须使平方和最小。观测的越多，位置测得就越精确。

方程 F_i 是二次方程，这意味着将有两种可能的解决方案，尽管其中只有一个是接收机所在的点 R。假设有 n 颗卫星。令 $\boldsymbol{S}_i=\begin{pmatrix}x_i\\y_i\\z_i\\\rho_i\end{pmatrix}$，$x_i,y_i,z_i$ 是每颗卫星的地心坐标，$i=1,2,\cdots,n$；ρ_i 是卫星 i 的伪距。

令 $\boldsymbol{X}=\begin{pmatrix}x\\y\\z\\l\end{pmatrix}$ 代表地面接收机的坐标 (x,y,z)，l 是由时钟误差乘以光速表示的距离。

如果 $\boldsymbol{N}=\begin{pmatrix}1&0&0&0\\0&1&0&0\\0&0&1&0\\0&0&0&-1\end{pmatrix}$，那么 $\boldsymbol{X}^{\mathrm{T}}\times\boldsymbol{N}=[x\,y\,z-l]$。

$\left(\boldsymbol{X}^{\mathrm{T}}\boldsymbol{N}\right)\boldsymbol{X}=x^2+y^2+z^2-l^2$，这是一个常数，对所有从地面的观测而言，称为 k，因此 $k=\left(\boldsymbol{M}^{\mathrm{T}}\boldsymbol{N}\right)\boldsymbol{X}=K$。

令 $\boldsymbol{A}$ 为 n 行 1 列的列矩阵 $(x_i^2+y_i^2+z_i^2-\rho_i^2)$；$\boldsymbol{B}$ 是由元素 $[x_iy_iz_i-\rho_i]$ 组成的 n 行 4 列的矩阵，$i=1,2,\cdots,n$。

$$\boldsymbol{A}=\begin{pmatrix} x_1^2+y_1^2+z_1^2-\rho_1^2 \\ x_2^2+y_2^2+z_2^2-\rho_2^2 \\ x_3^2+y_3^2+z_3^2-\rho_3^2 \\ x_4^2+y_4^2+z_4^2-\rho_4^2 \\ \cdots \\ x_n^2+y_n^2+z_n^2-\rho_n^2 \end{pmatrix};\quad \boldsymbol{B}=\begin{pmatrix} x_1 & y_1 & z_1-\rho_1 \\ x_2 & y_2 & z_2-\rho_2 \\ x_3 & y_3 & z_3-\rho_3 \\ x_4 & y_4 & z_4-\rho_1 \\ & \cdots & \\ x_n & y_n & z_n-\rho_n \end{pmatrix};\quad \boldsymbol{BX}=\begin{pmatrix} x_1x+y_1y+z_1z-\rho_1 l \\ x_2x+y_2y+z_2z-\rho_2 l \\ x_3x+y_3y+z_3z-\rho_3 l \\ x_4x+y_4y+z_4z-\rho_4 l \\ \cdots \\ x_nx+y_ny+z_nz-\rho_n l \end{pmatrix}$$

方程 F_i 表明，必须满足条件 $\boldsymbol{A}-2\boldsymbol{BX}+\boldsymbol{K}=0$。因为所有测量中都有潜在误差，在每四颗卫星的观测中都存在微小的差别。现在，假设有四颗卫星，n=4，$\boldsymbol{B}$ 是一个正方形矩阵，$\boldsymbol{B}^{-1}$ 是 $\boldsymbol{B}$ 的逆，最后 $\boldsymbol{K}$ 是 n=4 的列向量，每一行等于 k，$k=x^2+y^2+z^2-l^2$。

方程 F_i 可以写为

$$\boldsymbol{A}-2\boldsymbol{BX}+\boldsymbol{K}=0$$

或者为

$$\boldsymbol{BX}=0.5(\boldsymbol{A}+\boldsymbol{K})$$

或者为

$$\boldsymbol{X}=0.5\boldsymbol{B}^{-1}(\boldsymbol{A}+\boldsymbol{K})$$

如果为了方便，将 $0.5\boldsymbol{B}^{-1}$ 写成 $\boldsymbol{C}$，$\boldsymbol{C}$ 是一个 4×4 矩阵，那么 $\boldsymbol{X}=\boldsymbol{C}(\boldsymbol{A}+\boldsymbol{K})$，$\boldsymbol{X}^{\mathrm{T}}=(\boldsymbol{A}+\boldsymbol{K})^{\mathrm{T}}\boldsymbol{C}^{\mathrm{T}}$，$\boldsymbol{C}$ 和 $\boldsymbol{A}$ 的元素都是观测量，因此是已知的。

$\boldsymbol{K}$ 中的每个元素，即 k，是标量常量，由 x,y,z,l 组成。如果知道 k，将会有至少四个包含 x,y,z,l 的线性方程。

现在 $k=(\boldsymbol{X}^{\mathrm{T}}\times\boldsymbol{N})\times\boldsymbol{X}=(\boldsymbol{A}+\boldsymbol{K})^{\mathrm{T}}\times\boldsymbol{C}^{\mathrm{T}}\times\boldsymbol{N}\times\boldsymbol{C}\times(\boldsymbol{A}+\boldsymbol{K})$，如果在 $\boldsymbol{A}$ 中记 $a_j=x_j^2+y_j^2+z_j^2-\rho_j^2$，所有的都是观测量，那么，有

$$\boldsymbol{A}+\boldsymbol{K}=\begin{pmatrix} a_1+k \\ a_2+k \\ a_3+k \\ a_4+k \end{pmatrix},\quad (\boldsymbol{A}+\boldsymbol{K})^{\mathrm{T}}=[a_1+k,a_2+k,a_3+k,a_4+k]$$

$\boldsymbol{C}$ 中元素将是

$$\boldsymbol{C}=\begin{pmatrix} c_{11} & c_{12} & c_{13} & c_{14} \\ c_{21} & c_{22} & c_{23} & c_{24} \\ c_{31} & c_{32} & c_{33} & c_{34} \\ c_{41} & c_{42} & c_{43} & c_{44} \end{pmatrix}$$

因此，有

$$(\boldsymbol{A}+\boldsymbol{K})^{\mathrm{T}}\times\boldsymbol{C}^{\mathrm{T}}=[a_1+k,a_2+k,a_3+k,a_4+k]\times\begin{pmatrix} c_{11} & c_{12} & c_{13} & c_{14} \\ c_{21} & c_{22} & c_{23} & c_{24} \\ c_{31} & c_{32} & c_{33} & c_{34} \\ c_{41} & c_{42} & c_{43} & c_{44} \end{pmatrix}$$

所以，$(\boldsymbol{A}+\boldsymbol{K})^{\mathrm{T}}\times\boldsymbol{C}^{\mathrm{T}}$ 是一个 4×1 行的向量 $[v_1,\ v_2,\ v_3,\ v_4]$。

$$v_1 = c_{11}(a_1+k)+c_{12}(a_2+k)+c_{13}(a_3+k)c_{14}(a_4+k)$$
$$v_2 = c_{21}(a_1+k)+c_{22}(a_2+k)+c_{23}(a_3+k)c_{24}(a_4+k)$$
$$v_3 = c_{31}(a_1+k)+c_{32}(a_2+k)+c_{33}(a_3+k)c_{34}(a_4+k)$$
$$v_4 = -\left[c_{41}(a_1+k)+c_{42}(a_2+k)+c_{43}(a_3+k)c_{44}(a_4+k)\right]$$

在此，有

$$\boldsymbol{C}\times(\boldsymbol{A}+\boldsymbol{K})=\begin{pmatrix} c_{11} & c_{12} & c_{13} & c_{14} \\ c_{21} & c_{22} & c_{23} & c_{24} \\ c_{31} & c_{32} & c_{33} & c_{34} \\ c_{41} & c_{42} & c_{43} & c_{44} \end{pmatrix}\times\begin{pmatrix} a_1+k \\ a_2+k \\ a_3+k \\ a_4+k \end{pmatrix}$$

这是一个 4×1 列的向量 $\begin{pmatrix} v_1 \\ v_2 \\ v_3 \\ v_4 \end{pmatrix}$。

如果行向量 $(v_1,\ v_2,\ v_3,\ v_4)$ 称为 $(p_1+q_1k, p_2+q_2k, p_3+q_3k, p_4+q_4k)$，那么列向量的元素都一样，除了最后的星座改变。因此有

$$(\boldsymbol{X}^{\mathrm{T}}\times\boldsymbol{N})\times\boldsymbol{X}=k=(p_1+q_1k)^2+(p_2+q_2k)^2+(p_3+q_3k)^2-(p_4+q_4k)^2$$

或 $$\left(q_1^2+q_2^2+q_3^2-q_4^2\right)k^2+\left(2p_1q_1+2p_2q_2+2p_3q_3-2p_4q_4-1\right)/k+\left(p_1^2+p_2^2+p_3^2-p_4^2\right)=0$$

在 k 中这是一个二次式，k 有两个可能的值，而只有一个是接收机的值，另一个在空间的另一个地方。现在 $F_i=\left(x_i^2+y_i^2+z_i^2-\rho_i^2\right)-2\left(x_ix+y_iy+z_iz-l\rho_i\right)+k$，有四个包含 x、y、z、l 的线性方程。四颗卫星就可以直接解出方程，如例 14.6。如果超过四颗需要得到一个最小二乘解决方案，再运用 14.1 节、14.2 节描述的原则，就能获得一个对点 R 坐标更精确的解。

例 14.6 卫星定位

考虑四颗卫星，它们的(x,y,z)已知，随之伪距范围可知：

x	y	z	t_r-t_s	$(t_r-t_s)\times c$	A
15629930.79	17229314.77	12797138.77	71410508.00	21408331.72	2.46594×10^{14}
1198579.24	15672887.77	21381561.43	76622350.95	22970802.93	1.76589×10^{14}
4927877.54	24742040.32	8352009.51	80056010.16	24000188.06	1.302×10^{14}
18740047.66	−4918293.33	18270380.04	70918574.34	21260853.72	2.57162×10^{14}

A 列由 $x_i^2+y_i^2+z_i^2-\rho_i^2$ 组成。这里对所有数字进行了四舍五入。

拥有元素 $\left[x_jy_jz_j-\rho_j\right]$ 的矩阵

$$\boldsymbol{B}=\begin{bmatrix} 15629930.79 & 17229314.77 & 12797138.77 & -21408331.72 \\ 1198579.24 & 15672887.77 & 21381561.43 & -22970802.92 \\ 4927877.54 & 24742040.32 & 8352009.51 & -24000188.06 \\ 18740047.66 & -4918293.33 & 18270380.04 & -21260853.72 \end{bmatrix}$$

$$0.5\boldsymbol{B}^{-1}=\begin{bmatrix}0.000000044454 & -0.00000001484 & -0.00000002227 & -0.0000000359\\0.000000037673 & 0.00000007393 & -0.0000001620 & -0.0000002763\\0.000000034215 & 0.000000037870 & -0.0000005129 & -0.0000001747\\0.000000059872 & 0.000000017754 & -0.0000005996 & -0.0000003530\end{bmatrix}$$

定义 $p_1=c_{11}a_1+c_{12}a_2+c_{13}a_3+c_{14}a_4$，$q_1=c_{11}+c_{12}+c_{13}+c_{14}$，以此类推。给出值 p_1、q_1 的值为

变量	1	2	3	4
p	4518807.6085	1379841.7715	3953880.9441	−1013796.077
q	0.00000000375	0.00000000124	0.0000000333	0.0000000333

反过来 $k=4.0865\times10^{13}$。接收机的坐标和误差项变为

$$\left(x_i^2+y_i^2+z_i^2-\rho_i^2\right)-2\left(x_ix+y_iy+z_iz-l\rho_i\right)+k=0$$

或
$$2\left(x_ix+y_iy+z_iz-l\rho_i\right)=\left(x_i^2+y_i^2+z_i^2-\rho_i^2\right)+k$$

如下所示：

x	y	z	l	指数值
31259861.58	34458629.54	25594277.54	−42816663.44	2.87081×10^{14}
2397158.48	31345775.54	42763122.86	−45941605.86	2.17076×10^{14}
9855755.08	49484080.64	16704019.02	−48000376.13	1.70686×10^{14}
37480095.32	−9836586.66	36540760.08	−42521707.44	2.97648×10^{14}

解这四个二次方程：

$x=4670813.04$；$y=1429701.03$；$z=4088501.02$；时间误差 $l=299792.477$

(l 表明接收机的时钟误差精确到 1s)。

计算时应该谨慎。卫星的轨道离地心大约 26500000m。上面方程中 $\boldsymbol{B}$ 的值超过 1000000000000000000000000000，即使以千米而不是米做单位，也超过 1000000000000000。计算系统必须能够处理如此大的数据。在例 14.6 中展示了部分计算，但只有部分打印输出。

应该注意上面的描述都是简化了的，例如，假设了完美的测量条件，忽视相对论理论。

还可以利用一系列的迭代提出解决方案，有四颗卫星，接收站的大概位置和迟滞时间已知。如果 O 代表旧坐标，$X_O=\left(x_o,y_o,z_o,l_o\right)$，一个更好的新的估计是 $X_n=\left(x_n,y_n,z_n,l_n\right)$。

令 $\boldsymbol{F}=\begin{bmatrix}f_1\\f_2\\f_3\\f_4\end{bmatrix}$，在此，有

$$f_i=\sqrt{\left(x_o-x_i\right)^2+\left(y_o-y_i\right)^2+\left(z_o-z_i\right)^2}-\rho_i+l\text{，}\quad i=1,2,3,4$$

$$\partial f_i/\partial x=\left(x-x_i\right)/\sqrt{\left(x_o-x_i\right)^2+\left(y_o-y_i\right)^2+\left(z_o-z_i\right)^2}$$

$$\partial f_i/\partial y=\left(y-y_i\right)/\sqrt{\left(x_o-x_i\right)^2+\left(y_o-y_i\right)^2+\left(z_o-z_i\right)^2}$$

$$\partial f_i/\partial x=\left(z-z_i\right)/\sqrt{\left(x_o-x_i\right)^2+\left(y_o-y_i\right)^2+\left(z_o-z_i\right)^2}$$

方程的偏导数是 $\partial f_i / \partial l = 1$。

然后使用 Newton-Raphson(牛顿-拉夫逊)方法，这是对第 6 章中讨论的内容的扩展。这些偏导数组成矩阵，为

$$\boldsymbol{J} = \begin{bmatrix} \partial f_1/\partial x & \partial f_1/\partial y & \partial f_1/\partial z & \partial f_1/\partial l \\ \partial f_2/\partial x & \partial f_2/\partial y & \partial f_2/\partial z & \partial f_2/\partial l \\ \partial f_3/\partial x & \partial f_3/\partial y & \partial f_3/\partial z & \partial f_3/\partial l \\ \partial f_4/\partial x & \partial f_4/\partial y & \partial f_4/\partial z & \partial f_4/\partial l \end{bmatrix}$$

这就是 $\boldsymbol{F}$ 的雅可比行列式。从卫星的坐标和接收站位置的假设值可以计算得出，如 $\partial f_1 / \partial x = (x - x_i) / \sqrt{(x_o - x_i)^2 + (y_o - y_i)^2 + (z_o - z_i)^2}$，接着计算逆矩阵 $\boldsymbol{J} = \boldsymbol{J}^{-1}$。通过计算 $\boldsymbol{X}_n = \boldsymbol{X}_o - \boldsymbol{J}^{-1}\boldsymbol{F}_o$，得到一个新的坐标，在此 $\boldsymbol{J}^{-1}$ 是一个 4×4 的方阵，或者

$$\begin{bmatrix} x_n \\ y_n \\ z_n \\ l_n \end{bmatrix} = \begin{bmatrix} x_0 \\ y_0 \\ z_0 \\ l_0 \end{bmatrix} - \boldsymbol{J}^{-1} \begin{bmatrix} f_1 \\ f_2 \\ f_3 \\ f_4 \end{bmatrix}$$

接着用 x_n 代替 x_0，等等，重复这个过程。如果原始估计值合理的接近正确值，迭代会收敛得很快。见例 14.7。

例 14.7　利用迭代进行卫星定位

地心坐标为(x, y, z)的四颗卫星，其视时差为 $(t_r - t_s)$

x	y	z	$(t_r - t_s)$	$(t_r - t_s)\times c$
15629930.79	17229314.77	12797138.77	71410508.00	21408331.72
1198579.24	15672887.77	21381561.43	76622350.95	22970802.93
4927877.54	24742040.32	8352009.51	80056010.16	24000188.06
18740047.66	−4918293.33	18270380.04	70918574.34	21260853.72

假设接收站的大概位置为(4671000,1430000,4089000)，零时钟误差。

通过毕达哥拉斯公式计算到每个卫星的距离，21108012.509、22670470.636、23700009.711 和 20960688.688，这些数据来自实验点。伪距范围是 21408331.720、22970802.929、24000188.064 和 21260853.719，这些距离包含时钟误差。

以估计位置为基础利用偏微分方程，有 $\partial f_1 / \partial x = (x - x_i) / \sqrt{(x_o - x_i)^2 + (y_o - y_i)^2 + (z_o - z_i)^2}$，依次计算，可以得到下表所示的元素的雅可比矩阵形式：

x 方向位置偏差	y 方向位置偏差	z 方向位置偏差	$\partial f_i / \partial l$
−0.519183451549186	−0.748498455879073	−0.412551336422655	1
0.1531693283319	−0.628257260285913	−0.762779110723671	1
−0.010838710329384	−0.983629990443701	−0.188042391302602	1
−0.671211135864479	0.302866638866031	−0.676570329051984	1

雅可比行列式的逆为

$$\begin{bmatrix} -2.02362048365 & 0.6221991481610 & 1.203438354395 & 0.1979829258089 \\ -1.644050579201 & -0.35795426276 & 0.8253402169906 & 1.176664888486 \\ -1.594018146643 & -1.783706488009 & 2.593669274997 & 0.7840553596546 \\ -1.938813875222 & -0.6807634043134 & 2.312592882192 & 1.3069843973743 \end{bmatrix}$$

利用 $\boldsymbol{X}_n = \boldsymbol{X}_o - \boldsymbol{J}^{-1}\boldsymbol{F}_o$，新的近似坐标变为

(4670808.109，1429697.652，4088490.454)　l=299783.064

下一个迭代为(4670813.115，1429701.081，4088501.240)　l=299792.677

下一个迭代为(4670813.009，1429701.009，4088501.012)　l=299792.473

下一个迭代为(4670813.011，1429701.010，4088501.016)　l=299792.477

所以，利用四颗卫星已经获得了核实的位置和误差项。注意：任何与例 14.6 不同之处都是由于四舍五入引起的计算误差。

小　结

相关性：最小二乘解决方案中引入的位置常数。

离差矩阵：也称为方差-协方差矩阵，如果 $\boldsymbol{V}$ 是由误差项组成的行矩阵，它的转置矩阵是 $\boldsymbol{V}^{\mathrm{T}}$，那么离差矩阵是 $\boldsymbol{V}^{\mathrm{T}}\boldsymbol{V}$。

误差项：观测值与计算值之差。

雅可比行列式：给定方程的偏导数组成的矩阵。

最小二乘：使残差平方和最小的解决方案。

正规方程组：一组方程，根据最小二乘给出一组最好的估计值。令 $\boldsymbol{M}^{\mathrm{T}}(\boldsymbol{MX}+\boldsymbol{L})=0$，$(\boldsymbol{MX}+\boldsymbol{L})=0$ 代表标准方程。

伪距：通过测量光从卫星传递到接收机的时间计算出来的距离，假设时钟是同步的。光速是 299792458m/s。

残差：观测值与预测值之差，也称为误差项。

方差-协方差矩阵：离差矩阵的另一种名称。

延 伸 阅 读

有许多优秀的书籍涵盖基础数学和更具体的技术方法，如代数学、微积分、几何和统计分析等。CRC 出版集团旗下的泰勒和弗朗西斯出版社出版了大量关于数学和地球科学的教科书，有兴趣的读者可以访问 www.crcpress.com。下面选取的几本书目，是大量著作中极少的一部分。

GIS 理论著作

Heywood I, Cornelius C, Carver S. 2011. 地理信息系统导论. 3 版. New York: Pearson.

Longley P A, Goodchild M F, Maguire D J, and et al. 2011 地理信息系统与科学. 3 版. Hoboken: John Wiley and Sons.

GIS 数学方法著作

Allan A L. 2006. 地图制图数学方法. 2 版. Scotland: Whittles Publishing.

Borowski E J, Borwein J M. 2005. 柯林斯网络数学词典. New York: Collins.

de Smith M J, Goodchild M F, Longley P A. 2008. 地理空间分析——原理、技术和软件工具. 2 版. Leicester: Matador.

Ghilani G D, Wolf P R. 2006. 平差计算——空间数据分析. 4 版. Hoboken: John Wiley and Sons.

GIS 专题著作

Ghilani G D., Wolf P R 2008. 基础测量学——地理信息科学引. New York: Pearson.

Iliffe J C, Lott R. 2008. 空间基准和地图投影——遥感、GIS 和测量. 2 版. Scotland: Whittles Publishing.

Mikhail E, Bethel J, McGlone J C. 2001. 现代摄影测量学. Hoboken: John Wiley and Sons

Salomon D. 2013. 计算机图形学. New York: Springer.

Vince J. 2010. 计算机图形学中的数学方法. New York: Springer.

Wolf P R. Dewitt B A. 2000. 摄影测量元素及其在 GIS 中的应用. New York: Thomas Casson.